Discrete Mathematics

이산수학

강후경 · 김창한 지음

KYOWOO

P·R·E·F·A·C·E 머리말

수학의 역할은 논리력, 문제해결 능력, 창의적 사고력, 끈기를 향상시키는 것에 도움을 주는 학문이라 생각합니다. 따라서 인문학, 사회과학, 자연과학, 공학 등 거의 모든 학문 분야에 필요한 기초과목으로 인식하고 있고, 앞에서 언급한 능력을 향상시키는 과목의 역할을 수행하고 있는 상황입니다. 정보화시대를 넘어서 4차산업혁명의 시대를 걷고 있는 현재는 더욱더 이러한 기초교육이 필요합니다.

컴퓨터와 정보과학등에 필요한 수학 분야가 이산수학입니다. 이산수학은 유한한 것 나아가 셀 수 있는 것 즉, 정수를 주 대상으로 다루는 수학이라 할 수 있는 분야입니다. 이러한 분야는 중고등학교에서 수학을 포기한 분들도 할 수 있도록 기본적인 정의부터 전개됩니다. 특히, 본 책에서는 최대한 설명을 자세히 하여 처음부터 배우는 독자도 잘 이해할 수 있도록 기술하려 노력하였습니다. 참고로 행렬을 배우지 않은 독자인 경우, 4장 부울대수 전후에서 행렬 관련 내용을 추가하여 탐구할 것을 권고 드립니다. 상황에 따라 기초적인 논리 훈련이 불필요한 경우는 3, 4, 5, 6, 7, 8, 11장을, 증명의 의미를 인식시키고 정수의 응용분야에 관심이 없는 경우는 2, 3, 4, 6, 7, 8, 11장을 탐구할 것을 권고 드립니다.

끝으로, 이 책을 통하여 컴퓨터과학을 기본으로 데이터과학, 인공지능 등 다양한 분야를 공부하는 독자들에게 각각 필요한 기초적인 역량향상에 도움이 되기를 기원합니다. 또한 이 책의 출판을 도와주신 교우사 여러분에게 감사를 드립니다.

저자 일동

C·O·N·T·E·N·T·S 목 차

목 차 CONTENTS

목 차 C·O·N·T·E·N·T·S

제11장 상태기계

CHAPTER 1 기초개념

1-1 이산수학이란?

컴퓨터의 출현은 현대생활의 거의 모든 면에 영향을 끼쳐왔고 앞으로도 절대적인 영향을 미칠 것으로 예상된다. 컴퓨터공학 또는 컴퓨터과학의 이론적 배경이 되는 수학을 이산수학(Discrete Mathematics)이라고 하며, 주로 다음과 같이 요약한다.

- 이산 객체(discrete objects)를 다루는 수학이다.
- 가산 집합(countable set)이다.
- 대부분 정수를 취급한다.
- 연속적인 문제나 기법들이 이산적인 문제나 기법들과 유사성이 많다.
- 논리적 접근이 가능한 것과 대부분 유한한 것들에 관하여 다룬다.
- 디지털 컴퓨터 시스템의 이론적인 배경이다.

1-2 실수의 분류

이 절에서는 실수의 분류에 관하여 다룬다. 자연수의 집합을 $\mathbb{N}$(Natural Number), 정수의 집합을 $\mathbb{Z}$(Integer), 유리수의 집합을 $\mathbb{Q}$(Quotient Number), 무리수의 집합을 $\mathbb{Q}^c$ (Irrational number), 실수의 집합을 $\mathbb{R}$(Real Number)이라 할 때, 우리는 실수를 다음과 같이 분류한다.

- 실수 : 유리수와 무리수로 구성($\mathbb{R} = \mathbb{Q} \cup \mathbb{Q}^c$, $\mathbb{Q} \cup \mathbb{Q}^c = \varnothing$)
- 유리수(Quotient Number) : 정수와 정수 아닌 유리수.
- 정수 : 음의 정수, 0, 양의 정수(자연수).
- 정수 아닌 유리수 : 유한소수와 무한 소수로 구성.

- 무한 소수 : 순환소수와 비 순환 소수(무리수)로 구성.

또한, 이들 간의 포함관계는 $\mathbb{N} \subset \mathbb{Z} \subset \mathbb{Q} \subset \mathbb{R}$ 및 $\mathbb{Q}^C \subset \mathbb{R}$로 나타내며, 그림으로 나타내면 다음과 같이 표현된다.

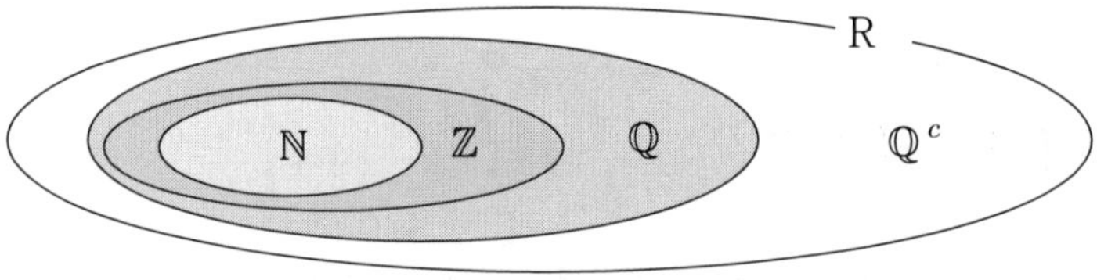

[그림 1-1] 실수의 분류

모든 자연수의 집합은 수학의 가장 기본적인 대상이며 자연수의 정의는 이탈리아의 기호 논리학자 페아노(Giuseppe Peano : 1858~1932)에 의해 1에서부터 시작하는 것으로 정의하고 있으나 때로는 0에서부터 시작하는 것이 편리한 경우도 있다. 또한, 위에서 언급한 무한소수에서 순환소수는 유리수의 범주에 속하며 비 순환소수는 무리수 범주에 속한다.

1-3 명제와 논리연산자

인간이 사고할 때, 논리적인가 아닌가 하는 것은 사고하는 사람이 문제를 객관적으로 명확하게, 그리고 사고하는 법칙을 체계적으로 추구하여 분석하는 것을 보고 결정한다. Layman은 증명은 **"진리를 확인하는 과정"**이라고 정의하였다. 사회에서 또는 과학에서 무엇이 진리인가를 결정하는 데는 다음과 같이 여러 가지 방법이 있다.

- 법 : 법관과 배심원
- 종교 : 내적 신념
- 교육 : 존경할만한 권위
- 과학 : 실험이나 관찰에 의한 증거
- 통계 : 표본추출

위에서 예시한 몇 가지의 방법은 틀릴 가능성도 내재되어 있다. 이와 같이 일반적인 문제는 위 방법들이 모든 사람을 확신시킬 수 없다는 데 있다. 그러므로 수학에서는 어떤 주장을 확신시키는 증명에 초점을 맞춘다. 기본 아이디어는 모든 것을 상세히 서술하여 모든 사람이 믿게 만드는 것이다. 그러기 위해서는 이미 잘 알려진 사실이나 성질 등을 이용하여 정의하고 증명한다.

정의 1-3-1. 명제 (proposition)

참(true)과 거짓(false)을 분명히 판단할 수 있는 문장이다.

명제는 참이거나 거짓이거나 둘 중의 어느 한 쪽만 만족하는데, 우리의 생활 속에서의 지식은 명제들로 이루어져 있다. 다음의 예를 보자.

- 집합이 n개의 원소를 가지고 있으면, 2^n개의 부분집합을 가지고 있다.
- 무한히 많은 n에 대하여 $2^n + n$은 소수이다.
- 모든 자연수 n에 대하여 $n^2 + n + 41$ 은 소수이다.
  - * 증거 : 43, 47, 53, 61, 71, …는 소수이다.
  - * n=41일 때 1763=41×43.
- 모든 자연수 n에 대하여, $1+2+3+\cdots=n=\dfrac{n(n+1)}{2}$ 이다.
- 모든 지도는 4색으로, 인접한 어느 지역도 같은 색으로 칠하지 않고 표시할 수 있다(4색 문제라고도 함).
  - * 1879년에 처음 증명되었다.
  - * 10년 뒤에 오류를 발견하기 전까지는 증명을 인정했다.
  - * 최근에 컴퓨터의 도움으로 증명되었다.
  - * 이것이 옳은 증명인지에 대해서는 아직도 논란의 대상이 되고 있다(컴퓨터가 제대로 일을 수행했는지에 대한 증명이 필요하므로).
- 수학은 재미있다.
- $A^2=0$ 이면 $A=0$ 이다.
- 2보다 큰 모든 짝수는 두 소수의 합으로 표시할 수 있다(Goldbach의 가설 1742)
  - * 100=3+97=11+89=17+833=29+71=41+59=47+53, 6=3+3, 10=3+7=5+5,

위의 예에서 참과 거짓을 명확하게 판별할 수 있는 명제와 모호한 명제들을 발견할 수 있는데, 모호한 명제는 다루지 않거나 모호하지 않게 해야 한다. 우리는 실생활에서 다양한 명제들에 대한 참과 거짓을 알고 싶다.

예제 1

다음 문장이 명제인지 아닌지를 판별하여라.

1. 모든 삼각형의 내각의 합은 180° 이다.
2. 집합 $A=\{a,b,c\}$ 의 부분집합의 개수는 8개이다.
3. 의사들은 부자이다. 4. $3x^2=9$ 5. 열심히 땀을 흘려라.

풀이 n≥3인 자연수인 자연수에 대하여, 볼록다각형의 내각의 합은 (n-2)×180° 이고, 명령문은 명제가 아니다.

1, 2는 명제이고, 3, 4, 5는 명제가 아니다.

유제 1

다음 문장이 명제인지를 판별하여라.

1. $a+b \geq 5$
2. 43은 소수(prime number)이다.
3. $a^4+b^4+c^4=d^4$ 을 만족하는 정수해는 없다.
   (반례 : $95800^4+217519^4+414560^4=422481^4$)
4. 6.25 참전용사는 모두 죽었다.

우리가 관심을 가지는 것은 의미의 명제가 참인가 혹은 거짓인가 하는 것이다. 명제의 참과 거짓을 그것의 **진리 값**(true value)이라 하고 대문자 T 와 F 또는 1과 0으로 표기한다. 따라서 각 명제는 T 또는 F 중의 어느 하나를 진리 값으로 가진다. 한편, 명제를 나타내기 위하여 일반적으로 p, q, r, … 등과 같은 소문자로 표시하고, 이를 명제변수(proposition value)라 한다.

예제 2

다음 명제 p, q, r 및 s의 진리 값을 말하여라.

1. p : 모든 실수 a, b에 대하여, a+b=b+a이다.
2. q : 6은 완전수이다.
3. r : 임의의 두 행렬 A, B에 대하여, AB=BA이다.
4. s : n+13은 양의 정수이다.

풀이 해답은 다음과 같으며 이유는 독자 스스로 생각해 본다.
1과 2는 참이다.
3과 4는 거짓이다.

유제 2

다음 명제 p, q, r 및 s의 진리 값을 말하여라.

1. p : 어떤 자연수 n에 대하여, $n^2 = 2^n$.
2. q : 유리수와 무리수의 집합을 각각 $\mathbb{Q}$, $\mathbb{Q}^C$ 이라 할 때, $\mathbb{Q} \cap \mathbb{Q}^C \neq \phi$ 이다.
3. r : 짝수이면서 홀수인 자연수가 적어도 하나는 존재한다.
4. s : 이순신 장군은 세종대왕보다 훌륭하다.

지금부터 우리는 단순 명제들이 합성되어 이루어지는 합성명제의 진리 값을 유도해 내기 위하여 단순 명제들을 합성하는 데 사용되는 연산자가 필요하다.

정의 1-3-2. 논리연산자(logical operator)

단순명제들을 합성하는데 사용되는 연산자이다.

단순명제들을 결합하여 새로운 합성명제를 만들어내는 논리연산자로는 “and(그리고)”, “or(또는)”, “not(부정)”등이 있다. 이들 논리연산자를 이용하여 주어진 명제들을 결합하여 새로운 합성명제를 만들고, 합성명제의 진리 값은 주어진 명제들을 명제변수로 표기하여 명제변수가 가질 수 있는 가능한 모든 진리 값의 조합에 대해서 각 논리연산자에 따라 합성해가는 **진리표**(truth table)를 구성함으로써 가능하다. 이 때, 각 명제변수의 진리 값은 T나 F의 두 가지 값을 가지므로 n개의 명제변수가 있을 경우 2^n개의 진리 값의 조합이 있으며, 각 조합에 대해 합성명제의 진리 값을 진리표에 나타낸다.

정의 1-3-3. 논리연산자 기호

1. 부정(not, negation) : (∼)
2. 논리곱(and, conjunction) : (∧)
3. 논리합(or, disjunction) : (∨)
4. 배타적 논리합(exclusive disjunction) : (⊕)
5. 함축(implication) : (→)
6. 논리적 동치(equivalence) : (↔)

위에서 언급한 논리연산자의 기호에 대하여 좀 더 구체적인 예를 들어 보자. p, q를 임의 명제라 할 때, p의 부정은 ∼p이고, 논리곱과 논리합은 각각 p∧q, p∨q이며, 배타적 논리합은 p⊕q와 같이 표시하고, 함축은 조건문(conditional statement)이라고 하며, p→q로 나타내고 논리적 동치는 쌍 조건문(biconditional statement)이라고 하며, p↔q로 나타낸다. 정의1-2-3에 나타난 논리연산자를 명제 또는 합성명제들에 대한 진리표는 다음과 같다. 먼저 부정에 대한 진리표를 만들어 보자.

[표 1-1] 명제의 부정을 나타내는 진리표

p	∼p
T	F
F	T

이제 논리곱, 논리합, 배타적 논리합, 조건문 그리고 쌍조건문의 진리표는 다음과 같다.

[표 1-2] 논릭곱,합, 조건, 쌍조건문 진리표

p	q	p∧q	p∨q	p⊕q	p→q	p↔q
T	T	T	T	F	T	T
T	F	F	T	T	F	F
F	T	F	T	T	T	F
F	F	F	F	F	T	T

논리연산자 →는 주어진 전제라는 명제로부터 결론이라는 또 다른 명제를 도출해내는 수학적 추론에서 많이 이용하고 있다. 실제로 p→q에 대하여 다음과 같은 여러 가지 표현 방법이 사용되고 있다.

- p이면 q이다(If p, then q).
- p는 q를 함축한다(p implies q).
- p는 q의 충분조건이다.
- q는 p의 필요조건이다.

예제 3

다음 합성명제의 진리 값을 진리표를 이용하여 구하여라.

1. ~(p∧q)　　2. p∧(P∨q)　　3. (P∨q)→r

풀이 진리표는 다음과 같다.

1. ~(p∧q)

[표 1-3] ~(p∧q)의 진리표

p	q	p∧q	~(p∧q)
T	T	T	**F**
T	F	F	**T**
F	T	F	**T**
F	F	F	**T**

2. $p \wedge (p \vee q)$

[표 1-4] $p \wedge (p \vee q)$의 진리표

p	q	p∨q	p∧(p∨q)
T	T	T	**T**
T	F	T	**T**
F	T	F	**F**
F	F	F	**F**

3. $(P \vee q) \rightarrow r$

[표 1-5] $(P \vee q) \rightarrow r$의 진리표

p	q	r	p∨q	(p∨q)→r
T	T	T	T	**T**
T	T	F	T	**F**
T	F	T	T	**T**
F	T	T	T	**T**
F	F	T	F	**T**
F	T	F	T	**F**
T	F	F	T	**F**
F	F	F	F	**T**

유제 3

다음 합성명제의 진리 값을 진리표를 이용하여 구하여라.

1. $\sim(\sim p \vee q)$
2. $(P \wedge q) \rightarrow q$
3. $\sim(p \vee q) \vee (\sim p \wedge q)$
4. $(p \rightarrow q) \wedge (q \rightarrow r) \rightarrow (p \rightarrow r)$

예제 4

「명제 p : 3은 짝수이다. 명제 q : 5는 소수이다.」에 대하여, 다음 합성명제들을 설명하고 진리 값을 구하여라.

1. $\sim p$　　2. $p \wedge q$　　3. $(p \wedge q) \rightarrow p$　　4. $p \rightarrow (p \vee q)$

풀이 명제 p는 거짓이고 q는 참이다.

1. $\sim p$: 3은 짝수가 아니다. p가 거짓(F)이므로 $\sim p$는 참(T)이다.
2. $p \wedge q$: 3은 짝수이고 5는 소수이다. 진리 값은 $F \wedge T = F$이므로 거짓이다.
3. 3이짝수이고 5가 소수이면 3은 짝수이다. $[(F \wedge T) \rightarrow F] = F$이므로 거짓이다.
4. 3이 짝수이면 3은 짝수이거나 5는 소수이다.
   $[F \rightarrow (F \vee T)] \Leftrightarrow [F \rightarrow T] \Leftrightarrow T$이므로 참이다.

유제 4

「명제 p : $\sin 10° + \sin 20° = \sin 30°$ 이다. 명제 q : $\log_2 3 + \log_2 5 = \log_2 15$ 이다.」에 대하여, 다음 합성명제들을 설명하고 진리 값을 구하여라.

1. $p \vee q$　　2. $(p \rightarrow q) \rightarrow p$　　3. $(p \wedge q) \rightarrow q$

논리연산자 ↔는 p, q가 임의의 명제일 때, $p \leftrightarrow q$는 $(p \rightarrow q) \wedge (q \rightarrow p)$와 같은 진리 값을 가지며, 논리적 동치이고 p와 q는 서로 필요충분조건이다. 한편, 명제 $p \rightarrow q$에 대하여, $\sim q \rightarrow \sim p$을 **대우**(contra positive)명제 또는 대우라 하고, $q \rightarrow p$는 **역**(converse), $\sim p \rightarrow \sim q$를 **이**(inverse)라 한다. 대우, 역, 이에 대한 연관성을 그림으로 표시하면 [그림 1-2]와 같다.

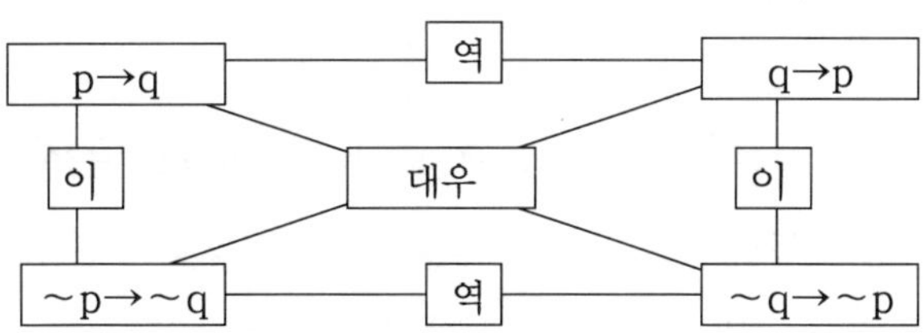

[그림 1-2] 대우, 역, 이의 관계

예제 5

다음 문장의 대우, 역 및 이를 기술하여라.

1. 사슴은 동물이다.

2. 내전공은 컴퓨터 과학이다.

풀이 p와 q를 각각 다음의 명제라 하자.

1. 명제 p를 사슴, 명제 q를 동물이라 하자.
   대우 : ~q→~p(동물이 아니면 사슴이 아니다.)
   역 : q→p(동물이면 사슴이다.)
   이 : ~p→~q(사슴이 아니면 동물이 아니다.)

2. 명제 p를 내 전공, 명제 q를 컴퓨터과학이라 하자.
   대우 : ~q→~p(컴퓨터과학이 아니면 내 전공이 아니다.)
   역 : q→p(컴퓨터과학이면 내 전공이다.)
   이 : ~p→~q(내 전공이 아니면 컴퓨터과학이 아니다.)

유제 5

다음 문장의 대우, 역 그리고 이를 기술하여라.

1. $x \geq 1$이고 $y \geq 1$이면, $x+y \geq 2$이다.
2. 인간이 새라면 인간은 하늘을 날 수 있다.

1-4 명제 계산

여러 개의 단순명제를 결합한 복합명제, 즉 논리식은 괄호를 쓰지 않으면, 명제변수의 결합에 애매한 경우가 발생할 수 도 있다. 예를 들어 「합성명제 $a \rightarrow b \wedge c$」의 경우 연산자의 순서에 따라 진리 값이 달라진다. 실제로 합성명제 「$p \rightarrow p \wedge q$」와 「$p \rightarrow (p \wedge q)$」의 진리표를 구해보자.

[표 1-6] $p \to p \wedge q$의 진리표

p	q	$p \to p$	$p \to p \wedge q$
T	T	T	T
T	F	T	F
F	T	T	T
F	F	T	F

[표 1-7] $p \to (p \wedge q)$의 진리표

p	q	$p \wedge q$	$p \to (p \wedge q)$
T	T	T	T
T	F	F	F
F	T	F	T
F	F	F	T

우선순위에 관계없이 왼쪽에서 오른쪽으로 진리표를 작성했을 때와 우선순위에 따라 진리표를 작성했을 때, 진릿값이 달라짐을 [표 1-6]과 [표 1-7]을 통하여 우리는 알 수 있다. 여기에 연산자의 우선순위가 필요하다.

연산자 우선순위

1. $\sim$(not) 2. $\wedge$(and) 3. $\vee$(or) 4. $\to$(imply) 5. $\leftrightarrow$(equivalence)

동일한 우선순위를 가질 때는 왼쪽에서 오른 쪽으로 연산한다. $\sim$는 우선순위가 가장 높으므로 「$\sim a \vee b$」는 「$(\sim a) \vee b$」를 의미하고 「$\sim\sim a \to b$」는 「$(\sim(\sim a)) \to b$」을 의미한다. 한편, 「$c \leftrightarrow a \wedge b \to c$」는 $c \leftrightarrow ((a \wedge b) \to c)$를 의미한다.

예제 6

다음 합성명제의 연산순서를 괄호를 사용하여 명확하게 표현하여라.

1. $p \wedge q \wedge \sim r \leftrightarrow q \wedge r$ 2. $p \to q \leftrightarrow \sim r \wedge p$

풀이 연산자의 우선순위를 적용하면 다음과 같이 표현된다.

1. $((p \wedge q) \wedge (\sim r)) \leftrightarrow (q \wedge r)$:
   ①$(\sim r)$, ②$(p \wedge q)$, ③(②∧①), ④$(q \wedge r)$, ⑤(③↔④).
2. $(p \rightarrow q) \leftrightarrow ((\sim r) \wedge p)$:
   ①$(\sim r)$, ②(①∧p), ③$(p \rightarrow q)$, ④(③↔②).

유제 6

다음 합성명제들의 연산순서를 괄호를 사용하여 명확하게 표현하여라.

1. $p \rightarrow \sim p \rightarrow \sim p$
2. $p \wedge q \rightarrow \sim p \leftrightarrow q$

정의 1-4-1. 항진명제(tautology)와 모순명제(contradiction)

항진명제 : 단순명제들의 진릿값에 관계없이 그 합성명제의 진릿값이 항상 참일 때이다. 예 : $p \vee \sim p$

모순명제 : 단순명제들의 진릿값에 관계없이 그 합성명제의 진릿값이 항상 거짓일 때이다. 예 : $p \wedge \sim p$

항진명제와 모순명제는 $p \vee \sim p \equiv t$, $p \wedge \sim p \equiv c$와 같이 표현하는 데, 성분명제와는 상관없이 명제자체가 가지고 있는 구조에 의하여 결정된다. 예를 들어 $p \vee \sim p$의 성분 p대신에 $r \rightarrow s$를 넣어 얻어진 명제 $(r \rightarrow s) \vee \sim (r \rightarrow s)$도 항진명제이다.

예제 7

다음 합성명제는 항진명제인지 모순명제인지를 확인하여라.

1. $[(p \rightarrow q) \rightarrow r] \vee \sim [(p \rightarrow q) \rightarrow r]$
2. $(p \rightarrow q) \wedge \sim (p \rightarrow q)$

풀이 항진명제와 모순명제의 구조에 의하여 쉽게 판단이 가능하다.

1. $[p \rightarrow q) \rightarrow r] \Leftrightarrow s$라 하자. $s \vee \sim s$이므로 항진명제이다.
2. $[p \rightarrow q] \Leftrightarrow t$라 하자. $t \wedge \sim t$이므로 모순명제이다.

우리는 [예제7]에서 항진명제인지 또는 모순명제인지를 진리표를 이용하여 확인하면 더욱 의미가 확실해 진다.

예제 8

합성명제 p→(q→p∧q)는 항진명제임을 진리표를 이용하여 증명하여라.

풀이 우선순위에 따라 진리표를 이용한다.

[표 1-8] p→(p→(p∧q))의 진리표

p	q	p∧q	q→(p∧q)	p→(p→p∧q)
T	T	T	T	T
T	F	F	T	T
F	T	F	F	T
F	F	F	T	T

유제 7

다음 합성명제는 항진명제임을 진리표를 이용하여 증명하여라.

1. ((p→q)→p)→p　　　2. (p∧q)→(p→q)

이제 우리는 합성명제의 좀 더 효율적인 계산을 위하여 논리적 동치관계를 이용하자. 이를 위하여 자주 사용되는 중요한 논리적 동치관계들이 있다. 예를 들어 항등법칙, 지배법칙, 멱등법칙 등을 [표 1-9]을 통하여 열거하여 보자.

[표 1-9] 논리적 동치관계

동치관계	법칙(laws)
p∧T↔p　p∨F↔p	항등법칙(identity)
p∨T↔T　p∧F↔F	지배법칙(domination)

$p \wedge p \leftrightarrow p \quad p \vee p \leftrightarrow p$	멱등법칙(idempotent)
$\sim(\sim p) \leftrightarrow p$	이중부정법칙(double negation)
$p \wedge q \leftrightarrow p \wedge q \quad p \vee q \leftrightarrow q \vee p$	교환법칙commutative)
$(p \vee q) \vee r \leftrightarrow p \vee (q \vee r),\ \wedge$	결합법칙(associative)
$p \vee (q \wedge r) \leftrightarrow (p \vee q) \wedge (p \vee r)$ $p \wedge (q \vee r) \leftrightarrow (p \wedge q) \vee (p \wedge r)$	분배법칙(distribute)
$\sim(p \wedge q) \leftrightarrow \sim p \vee \sim q$ $\sim(p \vee q) \leftrightarrow \sim p \wedge \sim p$	De Morgan′s laws
$p \rightarrow q \leftrightarrow \sim p \vee q$	함축(implication)
$p \vee (p \wedge q) \leftrightarrow p \quad p \wedge (p \vee q) \leftrightarrow p$	흡수법칙(absorption)
$(p \vee \sim p) \leftrightarrow T \quad (p \wedge \sim p) \leftrightarrow F$	보 법칙(complement)

논리적 동치관계를 사용하기 위해서는 먼저 논리적 동치관계가 참임을 신뢰해야한다. 그러기위해서는 반드시 각각의 합성명제들에 대하여 증명이 필요하다. 일반적으로 이들을 증명하는 데는 진리표를 이용하는 방법이 있고 또 다른 방법으로는 이미 증명된 논리적 동치관계를 이용하여 새로운 논리적 동치관계가 참임을 증명한다.

예제 9

다음 합성명제들이 논리적 동치임을 보여라.

1. $p \rightarrow q \leftrightarrow \sim p \vee q$ 2. $p \vee (p \wedge q) \leftrightarrow p$ 3. $(p \vee q) \wedge \sim(\sim p \wedge q) \leftrightarrow p$

풀이 1과 2는 진리표를 이용하고 3은 논리적 동치관계를 이용한다.

1. $p \rightarrow q \leftrightarrow \sim p \vee q$

[표 1-10] $p \rightarrow q \leftrightarrow \sim p \wedge q$의 진리표

p	q	~p	p→q	~p∨q
T	T	F	T	T
T	F	F	F	F
F	T	T	T	T
F	F	T	T	T

2. $p \vee (p \wedge q) \leftrightarrow p$

[표 1-11] $p \rightarrow q \leftrightarrow \sim p \wedge q$의 진리표

p	q	$p \wedge q$	$p \vee (p \wedge q)$	p
T	T	T	T	T
T	F	F	T	T
F	T	F	F	F
F	F	F	F	F

3. $(p \vee q) \wedge \sim(\sim p \wedge q) \leftrightarrow (p \vee q) \wedge (p \vee \sim q)$

$\leftrightarrow p \vee (q \wedge \sim q)$

$\leftrightarrow p \vee F \leftrightarrow p.$

유제 8

다음 합성명제들의 진릿값이 참임을 보여라.

1. $[(p \vee q) \wedge \sim p] \rightarrow p$
2. $[(p \rightarrow q) \wedge (q \rightarrow r)] \rightarrow (p \rightarrow q)$
3. $[(\sim p \vee q) \wedge \sim p] \rightarrow \sim p$

1-5 술어논리(predicative logic)

지금까지 설명한 명제만으로는 수학적 구조에 필요한 모든 문장을 생성하기에는 문제점이나 보완점이 필요하다. 이 절에서는 술어와 한정기호를 이용한 술어논리에 대하여 다양한 유형을 다루고자 한다.

1-5-1 술어(predicate)

명제와 술어는 비슷하지만 술어는 변수에 따라 값이 달라진다. 예를 들어 「x는 소수이다」, 「$x \geq 2$」 또는 「$x+y=z$」 등은 x값에 따라 참과 거짓이 명확해지므로 명제가 될 수도 있고 되지 않을 수도 있다.

정의 1-3-1. 술어(predicate)

술어는 변수의 집합에서 명제로 가는 함수이다.

「x는 짝수이다」 또는 「x가 y를 사랑한다.」와 같은 문장에서 x나 y는 변수이고 「짝수이다」 나 「사랑한다.」는 술어에 해당한다. 여기서 「x는 짝수이다」 와 「x가 y를 사랑한다.」를 각각 F(x), G(x,y)로 나타낼 때, F(x), G(x,y)를 변수 x, y에 대한 명제함수 또는 술어라고 한다.

예제 10

술어 P(x,y,z)를 x+y〉z로 정의할 때, 다음의 진릿값을 구하여라.

1. P(1,2,3)　　2. P(2,3,4)

풀이 진릿값은 다음과 같다.

1. P(1,2,3) : 1+2〉3이므로 거짓
2. P(2,3,4) : 2+3〉4이므로 참.

유제 9

술어를 A(x) : x는 짝수, B(x) : x〉2와 같이 정의할 때, 다음의 진릿값을 구하여라.

1. A(2), B(2).　　2. A(7), B(7).

예제 11

「p:장미는 빨갛다. q:제비꽃은 파랗다. r:설탕은 달다.」 일 때, 다음의 합성명제들을 p, q, r와 논리연산자를 이용하여 표현하여라.

1. 장미는 빨갛고 제비꽃은 파랗다.
2. 장미는 빨갛다. 그리고 제비꽃이 파랗거나 설탕이 달다.
3. 제비꽃이 푸를 때마다 장미는 빨갛고 설탕은 달다.

4. 장미는 오직 제비꽃이 푸르지 않거나 설탕이 쓸 때에만 빨갛다.
5. 장미는 빨갛다. 그리고 만약 설탕이 쓰면 제비꽃이 푸르지 않거나 설탕이 달다.

풀이 명제논리에 대한 예제이다.

1. $p \wedge q$ 2. $p \wedge (q \vee r)$ 3. $q \rightarrow (p \wedge r)$
4. $(\sim q \vee \sim r) \rightarrow p$ 5. $(p \wedge \sim q) \rightarrow (\sim q \vee r)$

예제 12

「p : 너는 축구를 잘한다. q : 너는 달리기를 잘한다. r : 너는 축구부에 속해있다.」라고 할 때, 다음 명제를 p, q, r와 논리연산자를 사용하여 표시하여라.

1. 네가 축구부에 속하기 위해서는 축구를 잘하면 충분하다.
2. 축구를 잘하고 달리기를 잘하기 위해서는 축구부에 들어가는 것이 필요하다.
3. 네가 축구부에 들어가기 위한 필요충분조건은 달리기를 잘하거나 축구를 잘하는 것 이다.
4. 너는 축구도 못하고 달리기도 못하면서 축구부에 있다.

풀이 기계어와 자연어의 차이를 생각하고, 명제들의 논리연산자의 개념을 정확히 이해한다.

1. $p \rightarrow r$ 2. $r \rightarrow (p \wedge q)$
3. $r \leftrightarrow (q \vee p)$ 4. $(\sim p \wedge \sim q) \wedge r$.

유제 10

「p : 오늘은 맑은 날 q : 오늘은 비오는 날 r : 오늘은 월요일」라고 할 때, 다음 합성명제들을 p, q, r 과 논리연산자를 이용하여 표시하여라.

1. 만약 오늘 비가 오면, 오늘은 맑은 날이다.
2. 월요일은 맑았다. 따라서 오늘은 맑을 것이다.
3. 오늘은 월요일이고 비오는 날이다.

1-5-2 한정기호(quantifier)

많은 명제는 주어진 집합의 모든 변수에 대해 참이거나 또는 어떤 변수에 대해서만 참인 경우가 있다. 이와 같이 각각의 변수에 따라 값을 한정화(quantification) 하는 방법으로 전체 한정화와 존재 한정화 등이 있다.

정의 1-5-1. 한정기호(quantifier)

- 전체 한정자(universal quantifier) : P(x)가 술어이고, 모든 x값에 대하여, p(x)가 참일 때,「∀xP(x)」와 같이 표현한다.
- 존재 한정자(existential quantifier) : P(x)가 술어이고, 어떤 x값에 대하여, p(x)가 참일 때,「∃xP(x)」와 같이 표현한다.
- 유일 한정자(unique quantifier) : P(x)가 술어이고, 유일한 x값에 대하여, p(x)가 참일 때,「∃!xP(x)」와 같이 표현한다.

전체 한정자에서 기호 "∀" 는 모든(for all)의 의미이며, "∃" 는 어떤(there exists)를 의미한다. 여기에 ∀xP(x)는 x가 가질 수 있는 모든 값에 관하여 P(x)는 참이며, x의 어떤 특정한 값에 성립하지 않는 다면 거짓이라는 뜻이다. 역으로 ∃xP(x)는 x가 가질 수 있는 모든 값 중에서 적어도 어느 하나의 값만 성립하여도 참이라는 의미이다.

예제 13

모든 실수 x에 대하여, P(x)를 다음과 같이 정의할 때, ∀xP(x)의 진릿값은?

1. P(x) : $x^2+4x+5>0$
2. P(x) : $x+3=x-6$
3. P(x) : $x^n-1=(x-1)(x^{n-1}+x^{n-2}+\cdots+1)$, $n \in N$(자연수 집합 N)

풀이 1. 참 2. 거짓 3. 참

유제 11

모든 실수 x에 대하여, P(x)를 다음과 같이 정의할 때, $\forall x$P(x)의 진릿값은?

1. P(x) : $x \rangle 1 \rightarrow x^2 > 1$
2. P(x) : $x^3 - 3x + 2 = 0$
3. P(x) : $a^{x^2 - x - 6} > 0$, $(0 < a < 1)$

예제 14

모든 실수 x에 대하여, $P(x)$를 다음과 같이 정의할 때, $\exists x$P(x)의 진릿값은?

1. P(x) : $x \rangle 1 \rightarrow x^2 > 1$
2. P(x) : $x^3 - 3 + 2 = 0$
3. P(x) : $a^{x^2 - x - 6} > 0$, $(0 < a < 1)$

풀이 모든 x값 중에서 어떤 x값만 성립하여도 참이다.

1. x=2일 때 : P(2)는 참
2. x=1일 때 : P(1)은 참
3. 지수의 성질에 의하여 항상 성립한다. 참

우리는 한정기호를 이용하여 술어에 포함된 각개 변수가 가지는 값의 범위를 한정시킬 수가 있다. 이처럼 변수에 특정한 값을 할당하거나 한정자를 사용해서 한정시킨 변수를 **한정변수**(bound variable)라 하고 한정시키지 않은 변수를 **자유변수**(free variable)라 한다. 술어에 있는 변수를 한정시키는 방법은 존재한정자나 전체한정자를 사용하여 변수에 특정한 값을 할당하는 것이다.

예제 15

다음 술어에서 한정변수와 자유변수를 판별하여라.

1. P(x) : 「$x^2 = 16$」이라고 할 때, ∃xP(x)
2. P(x,y,z) : 「$x^2 + y^2 = z^2$」라고 할 때, ∃x∀yP(x,y,z)
3. P(x) : 「2x-4=0」 라고 할 때, ∃!xP(x)

풀이 전체한정자 또는 존재한정자가 붙은 변수가 한정변수이다.

1. x는 한정변수이다.
2. x, y가 한정변수이다.
3. x=2는 유일하므로 한정변수이다.

한정자가 한정하는 순서는 문장의 의미에 미치는 영향이 매우 크다. 예를 들어 $P(x,y)$:「학생 x는 y시간에 잔다.」를 생각해보자. $\forall y \exists x P(x,y)$는「모든 수업시간마다 자는 학생이 있다.」는 의이고 $\exists x \forall y P(x,y)$는「어떤 학생은 모든 수업시간에 잔다.」라는 의미이므로 한정자의 순서에 따라 엄청난 의미의 차이가 있음을 본다. 그러나 예외적으로 다음이 성립한다.

한정자의 예외적 관계

1. $\forall x \forall y P(x,y) \leftrightarrow \forall y \forall x P(x,y)$
2. $\exists x \exists y P(x,y) \leftrightarrow \exists y \exists x P(x,y)$

예제 16

x, y가 실수일 때, 다음 명제의 진릿값을 판별하여라.

1. $P(x,y)$:「x+y=10」이라고 할 때, $\exists x \forall y P(x,y)$
2. $P(x,y)$:「x+y=10」이라고 할 때, $\forall y \exists x P(x,y)$
3. $P(x,y)$:「x+y=10」이라고 할 때, $\exists x \exists y P(x,y)$
4. $P(x,y)$:「x+y=10」이라고 할 때, $\forall x \forall y P(x,y)$

풀이 한정자의 우선순위에 유의하여 판단한다.

1. $\exists x$에서 x=1을 택했을 때, $\forall y$에서 y=9만 성립하므로 거짓.
2. $\forall y$에서 y값만 결정되면 $\exists x$에서 x값은 존재한다. 참
3. $\exists x$에서 x=3을 택했을 때, $\exists y$에서 y=7이 존재한다. 참
4. $\forall x$에서 임의 x값이 결정되면 $\exists y$값만 존재하므로 거짓

유제 12

x, y가 실수일 때, 다음 명제의 진릿값을 판별하여라.

1. P(x,y) : 「x+y=y+x」라고 할 때, $\forall x \forall y P(x,y)$
2. P(x,y) : 「x+y=y+x」라고 할 때, $\forall y \forall x P(x,y)$
3. P(x,y) : 「x+y=y+x」라고 할 때, $\forall x \exists ! y P(x,y)$
4. P(x,y) : 「x+y=y+x」라고 할 때, $\exists x \exists ! y P(x,y)$

이제 부정논리연산자(~)가 한정된 문장에 어떤 영향을 미치는지 알아보자. P(x)가 술어일 때, 「모든 x에 대하여, P(x)는 참이다」라는 것의 부정의 의미를 생각해 보면, 「어떤 x에 대하여 P(x)는 참이 아니다」 또는 「P(x)가 참이 아닌 어떤 x가 존재한다.」와 같은 의미가 된다. 여기에 부정논리 연산자를 다음과 같이 한정한다.

부정논리연산자(~)의 한정화

1. $\sim \forall x P(x) \leftrightarrow \exists x \sim P(x)$
2. $\sim \exists x P(x) \leftrightarrow \forall x \sim P(x)$

실제로 $\sim[\exists x P(x)]$는 [「P(x)가 참인 어떤 x가 존재한다.」라는 것은 거짓이다]의 의미도 되지만, $\forall x \sim P(x)$와 동치이므로 「모든 x에 대하여 P(x)는 참이 아니다」의 의미도 된다. 여기에 이들 두 가지 논리적 동치관계를 확장하면 다음과 같은 해석이 가능하다.

$$\begin{aligned}\sim \exists x \forall y \forall z P(x,y,z) &\leftrightarrow \forall x \sim \forall y \forall z P(x,y,z) \\ &\leftrightarrow \forall x \exists y \sim \forall z P(x,y,z) \\ &\leftrightarrow \forall x \exists y \exists z \sim P(x,y,z)\end{aligned}$$

이처럼 일련의 한정자들을 통하여 부정 논리연산자를 전달하는 것은 정리 등을 증명하는 데 유용하게 사용된다. 이제 지금까지 언급한 전체 한정자, 존재 한정자, 유일한정자 그리고 부정한정자를 이용하여 다양한 술어논리의 예를 접해보자.

예제 17

x≥1 인 자연수 x에 대하여 술어「P(x) : x는 짝수이다」라고 하고「Q(x) : x^2-1은 홀수이다.」라고 할 때,

1.「x가 짝수이면 x^2-1은 홀수이다」를 한정자와 술어를 이용하여 표현하라.
2. 그 부정을 서술문으로 기술하라.

풀이 동치관계 (p→q ⇔∼p∨q)를 이용한다.

1. ∀x [P(x)→ Q(x)]
2. ∼[∀x, P(x)→ Q(x)] ⇔∃x,[P(x)∧∼Q(x)]
   : x는 짝수이고 x^2-1은 홀수가 아닌 자연수 x가 존재한다.

유제 13

다음 술어를 정의하고 명제들을 술어 식으로 표현하라.

1. 컴퓨터를 전공한 사람으로서 전산수학을 알지 못하는 사람은 없다.
2. 어떤 사람도 공부를 1등하고 운동도 1등할 수는 없다.

예제 18

다음 술어논리를 서술하라.

1. ∀x∀yP(x, y)
2. ∃xP(x, y)
3. ∼(∀x P(x))
4. ∃y(∀xP(x, y))

풀이 설명은 아래와 같다.

1. 모든x, y에 대하여 p(x, y)가 성립한다.
2. P(x, y)를 만족하는 x가 존재한다.
3. 모든x에 대하여 p(x)가 성립하는 것은 아니다.
4. 모든x에 대하여 p(x, y)가 성립하는 y가 존재한다.

유제 14

다음 술어논리를 서술하라.

1. $\sim[\forall x \exists y P(x, y)]$
2. $\exists x \sim P(x, y)$
3. $\sim(\exists x\ P(x))$
4. $\exists y(\sim \forall x \sim P(x, y))$

예제 19

「x는 '인간은' 이고 p(x)는 'x 는 생각한다.', q(x)는 'x는 동물이다'」라고 할 때, 다음을 논리 연산자와 한정 기호를 이용하여 표현하여라.

1. 모든 인간은 동물이다.
2. 생각하는 인간이 존재한다.
3. 모든 인간은 생각하는 동물이다.
4. 생각하지 않는 인간도 있다.

풀이 해답은 아래와 같다.

1. $\forall x\ q(x)$
2. $\exists x\ p(x)$
3. $\forall x\ (p(x) \wedge q(x))$
4. $\exists x\ (\sim p(x)) \Leftrightarrow \sim(\forall x\ p(x))$

유제 15

「x는 '수학자' 이고 y는 '정리'이며 t(x, y)는 'x가 y를 증명했다'」인 명제일 때, 다음을 한정기호 및 논리연산자를 이용하여 표현하라.

1. 하나의 정리도 증명하지 못한 수학자가 있다.
2. 모든 수학자는 정리를 증명해 보았다.
3. 모든 정리는 수학자에 의하여 증명되었다.
4. 최소한 두 명의 수학자가 A정리를 증명하였다.

풀이 아래와 같다.

1. $\exists x \forall y \sim t(x, y)$ 2. $\forall y \exists x\, t(x, y)$
3. $\forall y \exists x T(x,y)$ 4. $\exists(x_1,x_2) \wedge (x_1 \neq x_2) \wedge T(x_1,A) \wedge T(x_2,A)$.

예제 20

다음 네 문장에 대하여 술어를 정의하고 한정기호 및 논리연산자를 이용하여 나타내어라.

1. 모든 사람은 누군가를 사랑한다.
2. 어떤 사람은 모든 사람을 사랑한다.
3. 모든 사람은 누군가에게 사랑을 받고 있다.
4. 어떤 사람은 모든 사람에게 사랑을 받고 있다.

풀이 먼저 변수와 술어를 정의한다. 이제「x가 y를 사랑한다.」를 술어 L(x,y)라 정의하자. 그러면「y는 x로부터 사랑을 받는다.」는 술어 L(y,x)가 된다.

1. $\forall x \exists y\, L(x,y)$ 2. $\exists x \forall y\, L(x,y)$ 3. $\forall y \exists x\, L(y,x)$ 4. $\exists y \forall x\, L(y,x)$

유제 16

다음 문장을 술어 논리의 논리식으로 나타내어라.

1. x가 누군가를 사랑한다.
2. x는 누군가에게 사랑을 받는다.
3. x는 모든 사람들에게 사랑을 받는다.
4. 누군가를 사랑하는 사람은 모든 사람에게 사랑받게 된다.

풀이 아래와 같다.

1. $(\exists y)L(x; y)$ 2. $(\exists y)L(y,x)$
3. $(\forall z)L(z,x)$ 4. $(\forall x)[(\exists y)L(x,y) \rightarrow (\forall z)L(z,x)]$

예제 21

다음 술어를 정의하고 명제들을 논리적 술어 식으로 표현하라.

1. 어떤 수학과 졸업생도 일을 대충 처리하지 않고, 어떤 물리학과 졸업생은 일을 대충 처리하지 않는다. 그러므로 어떤 물리학과 졸업생은 수학과 졸업생이 아니다.
2. 모든 사자는 사납고, 어떤 사자는 채식을 하지 않는다. 그러므로 채식을 하는 동물은 사납지 않다.
3. 황금은 무겁고, 황금만이 그를 침묵시킬 수 있다. 그러므로 가벼운 것은 그를 침묵시킬 수 없다.

풀이 설명은 다음과 같다.

1. 「$M(x)$: x는 수학과 졸업생이다
$P(x)$: x는 물리학과 졸업생이다
$Q(x)$: x는 일을 대충 처리한다.」라고 술어를 정의하자.
어떤 수학과 졸업생도 일을 대충 처리하지 않는다. … $[\forall x, M(x) \Rightarrow \sim Q(x)]$
어떤 물리학과 졸업생은 일을 대충 처리하지 않는다. … $[\exists x, P(x) \wedge \sim Q(x)]$
그러므로 어떤 물리학과 졸업생은 수학과 졸업생이 아니다. … $\Rightarrow [\exists x, P(x) \wedge \sim M(x)]$
$\therefore [\forall x, M(x) \Rightarrow \sim Q(x)] \wedge [\exists x, P(x) \wedge \sim Q(x)] \Rightarrow [\exists x, P(x) \wedge \neg M(x)]$.
2. 「$L(x)$: x는 사자이다. $F(x)$: x는 사납다. $V(x)$: x는 채식을 한다.」와 같이 술어를 정의하자.
모든 사자는 사납다. $\Leftrightarrow \forall x, L(x) \rightarrow F(x)$
어떤 사자는 채식을 하지 않는다. $\Leftrightarrow \exists x, L(x) \wedge \sim V(x)$(여기서 x는 사자이다)
그러므로 채식을 하는 동물은 사납지 않다. $\Leftrightarrow [\Rightarrow \exists x, V(x) \wedge \sim F(x)$(여기서 x는 동물이다)]
$\therefore [\forall x, L(x) \rightarrow F(x)] \wedge [\exists x, L(x) \wedge \sim V(x)] \Rightarrow [\exists x, V(x) \wedge \sim F(x)]$
3. 「$H(x)$: x는 무겁다. $S(x)$: x는 그를 침묵시킨다.」와 같이 술어를 정의하자.
황금은 무겁다 $\Leftrightarrow H(\text{황금})$
황금만이 그를 침묵시킬 수 있다 $\Leftrightarrow [\forall x, (x=\text{황금}) \leftrightarrow S(x)]$
그러므로 가벼운 것은 그를 침묵시킬 수 없다. $\Leftrightarrow [\Rightarrow \{\forall x, \sim H(x) \rightarrow \sim S(x)\}]$
$\therefore H(\text{황금}) \wedge [\forall x, (x=\text{황금}) \leftrightarrow S(x)] \Rightarrow [\forall x, \sim H(x) \rightarrow \sim S(x)]$.

유제 19

다음 술어를 정의하고 명제들을 논리적 술어 식으로 표현하라.

1. 모든 대학생은 학생이다.
2. 철수는 배우이다.
3. 모든 사람은 누군가를 좋아한다.

4. 영희는 철수를 비난한다.
5. 어떤 학생은 공부도 잘하고 운동도 잘한다.

이제, 한정기호가 논리곱과 논리합에 어떠한 영향을 미치는 지를 조사해보자. 실제로 한정자로 한정되는 변수가 논리곱이나 논리합 연산자의 한쪽에만 있을 때, 어떤 영향을 미치는 지를 생각해 보자. P(x)는 한정변수를 가진 술어이고, Q(y)는 자유변수를 가진 술어일 때, 다음은 논리적 동치이다.

$\forall x[P(x) \lor Q(y)] \Leftrightarrow [\forall xP(x) \lor Q(y)]$ $\forall x[P(x) \land Q(y)] \Leftrightarrow [\forall xP(x) \land Q(y)]$

$\exists x[P(x) \lor Q(y)] \Leftrightarrow [\exists xP(x) \lor Q(y)]$ $\exists x[P(x) \land Q(y)] \Leftrightarrow [\exists xP(x) \land Q(y)]$

위에서 한정자가 어느 한 쪽에만 있는 경우를 생각했는데, 이번에는 한정기호가 양쪽에 있을 때는 어떤 영향을 미치는지 생각해보자.

한정자의 한정범위 : 분배법칙이 성립하는 경우

1. $(\forall x)[P(x) \land Q(x)] \Leftrightarrow \forall xP(x) \land \forall x\, Q(x)$
2. $(\exists x)[P(x) \lor Q(x)] \Leftrightarrow \exists x\, P(x) \lor \exists x\, Q(x)$

논리곱에서는 전체 한정자가 분배법칙이 성립하고 논리합에서는 존재한정자가 분배법칙이 성립한다. 여기에 분배법칙이 성립하지 않는 경우는 다음과 같다.

1. $\exists x[P(x) \land Q(x)] \neq \exists xP(x) \land \exists xQ(x)$
2. $\forall x[P(x) V Q(x)] \neq \forall xP(x) V \forall xQ(x)$

실제로「$\forall x[P(x)VQ(x)] \neq \forall xP(x)V\forall xQ(x)$」을 생각해보자. $\forall x[P(x)VQ(x)]$의 의미는「모든 x에 대하여, P(x)가 참이거나 Q(x)가 참이다」라는 뜻으로 x가 가지는 임의의 c에 대하여 P(c)가 참이거나 또는 Q(c)가 참이라는 의미이고,「$\forall xP(x)V\forall xQ(x)$」의 의미는「모든 $x = x_1$에 대하여 $P(x = x_1)$가 참이거나 또는 모든 $x = x_2$에 대하여 $Q(x = x_2)$가 참이다」라는 뜻으로 x가 가질 수 있는 각각의 임의의 값 x_1, x_2에 $P(x_1)$와 $Q(x_2)$가 참인 값을

가진다는 것이다. 여기에 두 명제는 논리적 동치가 아님을 알 수 있다.

예제 22

두 명제 $\exists x[P(x) \rightarrow Q(x)]$와 $[\forall x P(x) \rightarrow \exists x Q(x)]$가 논리적 동치임을 보여라.

풀이 $P(x) \rightarrow Q(x) \Leftrightarrow \sim P(x) \vee Q(x)$을 이용한다.

$$\begin{aligned} \exists x[P(x) \rightarrow Q(x)] &\leftrightarrow \exists x[\sim P(x) \vee Q(x)] \\ &\leftrightarrow [\exists x \sim P(x) \vee \exists x Q(x)] \\ &\leftrightarrow [\sim \forall x P(x) \vee \exists x Q(x)] \\ &\leftrightarrow [\forall x P(x) \rightarrow \exists x Q(x)]. \end{aligned}$$

유제 18

두 명제 $\exists x[P(x) \vee Q(x)] \leftrightarrow \exists x P(x) \vee \exists x Q(x)]$임을 보여라.

이산수학 연습문제

1. 다음의 설명문이 명제인지 아닌지를 판별하여라.

(1) sin15° 는 실수이다.

(2) 어떤 자연수 n에 대하여, $n^2 = n + 12$ 이 성립한다.

(3) 내일은 비가 옵니까?

(4) 2로도 나누어지고 동시에 3으로도 나누어지는 수는 6으로도 나누어진다.

(5) 행렬 A에 대하여, $A^2 = 0$ 이면 A=0이다.

2. 다음 합성명제의 진릿값을 구하여라.

(1) $\log_2 3 + \log_2 5 = \log_2 8$ 이면 $\log_2 3 \cdot \log_2 5 = \log_2 15$ 이다.

(2) tan45° 가 정수이거나 $\log_2 3$ 은 자연수이다.

3. 다음 문장의 역, 이, 대우를 기술하여라.

(1) 나는 오늘 날씨가 맑으면, 나는 자전거를 탄다.

(2) x〉1, y〉1이면 x+y〉2 이다.

(3) 내가 보고서를 완성하면, 나는 휴식을 취한다.

4. 다음 합성명제의 진리 값을 진리표를 이용하여 구하여라.

(1) $\sim(\sim p \wedge q)$ (2) $\sim(\sim p \vee \sim q)$

5. 다음 합성명제가 동치임을 진리표를 이용하여 확인하라.

(1) $p \rightarrow q \Leftrightarrow \sim p \vee q$ (2) $p \leftrightarrow q \Leftrightarrow (p \rightarrow q) \wedge (q \rightarrow p)$

6. 어떤 명제 p, q에 대한 「Nor」 또는 「Not … or」를 $(p \downarrow q) \Leftrightarrow (p \wedge q)'$와 같이 표현할 때, 다음 서술문을 이 기호만으로 표현하여라.

(1) p' (2) $p \vee q$ (3) $p \wedge q$

(4) $p \rightarrow q$ (5) $p \leftrightarrow q$

7. 모든 실수 x에 대하여, P(x) :「$|x| > 5$」라 하고, Q(x) :「x〉5」라 할 때, 다음 명제의 진릿값을 구하여라.

(1) $\forall x[P(x) \rightarrow Q(x)]$ $\quad\quad$ $\forall x[Q(x) \rightarrow P(x)]$

(2) $\forall x[\sim P(x) \rightarrow \sim Q(x)]$ $\quad\quad$ $\forall x[\sim Q(x) \rightarrow \sim P(x)]$

8. 모든 정수 x에 대하여, 다음 술어「P(x) : x는 2의 배수, Q(x) : x는 홀수, R(x) : x는 5로 나누어진다.」라고 할 때, 다음 서술문을 기술하여라.

(1) $\forall x[P(x) \wedge Q(x)]$

(2) $\exists x[P(x) \rightarrow R(x)]$

(3) $\sim[\forall x, P(x)] \wedge Q(x) \wedge [\sim R(x)]$

9. 수학식이 다음과 같이 주어졌을 때, 이 식의 부정을 간소화하여라.

∀a〉0, ∃b〉0, |x-p|〈b → |f(x)-f(p)|〈a

CHAPTER 2

증명방법

2-1 논리적 증명계

논리적 증명계는 다음과 같은 것으로 구성되어 있다.

- 명제 또는 술어의 연산 등을 설명하기 위한 언어.
- 공리(axiom) : 참이라고 받아들여지는 명제.
- 정의(definition) : 논의의 대상을 보편적인 것으로 하기 위해, 사용되는 용어 또는 기호의 의미를 확실하게 규정한 문장이나 식.
- 추이율(inference rules) : 참인 명제들을 결합해서 새로운 참인 명제를 만드는데 필요한 규칙. [예 : 명제논리(긍정적 논법)]
- 정리(theorem) : 공리에 추이율을 적용하여 유도할 수 있는 명제.
- 증명(proof) : 어떤 명제가 참임을 확인하는 과정.

2-1-1 완비성과 무모순성

진정한 증명은 순전히 기계적으로 입증할 수 있어야 한다. 만약 증명이 기계적이라면 증명을 찾는 어디에 창의성이 있는 것일까? 일반적으로 증명을 하는 것이 확인하는 것보다 힘들다는 것을 알고 있다. Hilbert는 그가 제기한 유명한 23개중의 하나인 임의의 진정한 공리를 증명하는 기계적인 방법을 찾으라는 문제를 제시하였다. 실제로 그와 같은 방법이 존재하지 않는다는 증명은 20세기의 수학의 위대한 성과중의 하나이다. 거기에는 실제로 서로 다른 몇 가지의 장애물이 있다.

논리적 증명계는 위에서 언급한 무모순성과 완비성을 가지고 있어야 하는데, Russel과 Whitehead는「Principia Mathematica」에서 수학을 완전히 공리화 하려고 하였으나 실패했다. 또한, Gödel의 정리는 다음과 같다.

> **무모순성과 완비성**
>
> - 무모순성(consistent) : 공리계에 논리적 모순이 없는 것(어느 명제도 자신과 자신의 부정이 동시에 성립할 수 없다.)
> - 완비성(complete) : 논리적 증명계가 모든 명제의 증명 또는 성립하지 않는 다는 것을 증명하는데 사용할 수 있을 경우.

- 완비성과 무모순성을 가진 산수의 공리화는 불가능하다.
- "산수는 무모순성이다"는 산수에서는 증명할 수 없는 명제이다.

Goldbach는 수학에는 증명할 수 없는 진실이 있다고 하였다. 이처럼 우리가 증명할 수 있는 범주는 그리 넓지 않다. 그러면 우리는 어떻게 증명할 것인가? 개략적으로 살펴보자. 수학에서 가장 흔하게 접하는 증명중의 하나가 논리적 함축(P→Q)이다. 「P→Q」가 참이 되는 경우는 P, Q가 모두 참이거나 P는 거짓이고 Q는 참인 경우이다. 이제 P→Q」가 참임을 증명하는 방법은 다음 몇 가지 경우이다.

- P가 참이라 가정하고 Q가 참임을 증명하는 경우 : 직접증명
- Q가 거짓이라 가정하고 P가 거짓임을 증명하는 경우 : 대우증명
- P가 항상 거짓임을 증명하는 경우 : 무의미(vacuous) 증명
- Q가 항상 참임을 증명 : 자명한(trivial) 증명
- P가 참이고 Q가 거짓인 경우 : 모순증명

이제 다음 절에서는 논리적 함축과 더불어 실제 증명 방법에 관하여 논하여 보자.

2-1-2 직접 증명법(direct proof)

우리가 어떤 명제를 증명하는 방법으로는 대부분 직접증명법과 간접증명법을 사용한다. 그중에 직접증명법은 명제를 변형하지 않고, 논리적 함축이 참임을 밝히는 방법이다. 우리는 어떤 명제가 참임을 밝히기 위해서는 우리가 원하는 주장이 나올 때까지 알고 있는 공리와 정의 그리고 정리를 혼합하여 추론한다. 지금부터 직접증명을 위하여, 논리적 함축(삼단논법)을 이용하자.

정의 2-1-1 직접증명(direct proof)

P가 참이라고 가정하고, 공리와 정리를 적용하여 Q가 참임을 보임으로써 P→Q가 참임을 증명하는 방법이다.

예제 1

다음을 직접증명법으로 증명하여라. 단, a, b는 정수이다.

1. a, b가 3의 배수이면, a+b도 3의 배수이다.
2. a가 2의 배수이면 a^2 도 2의 배수이다.
3. 실수 x, y 에 대하여, $x^2+y^2=0$ 이면 $x=0$, $y=0$ 이다.

풀이 먼저 명제 P와 Q를 설정한다.

1. P : a, b이고 Q : a+b 라 하자.
   P에서 a, b가 3의 배수임이 참이라 하면, a=3s, b=3t(s, t는 정수). 한편,
   Q에서 a+b=3s+3t=3(s+t)=3u(u는 정수)이므로 3의 배수이다.
   ∴ P→Q이 참이다.
2. P : a이고 Q : a^2이라 하자.
   a=2k(k는 정수)이므로 $a^2=(2k)^2=4k^2=2(2k^2)=2l(2k^2$ 은 정수)
   ∴ P→Q이 참이다.
3. P : $x^2+y^2=0$ 이고, Q : x=0, y=0이라 하자.
   x, y가 실수이므로 x^2, $y^2 \geq 0$ 이다. 여기에 다음이 성립한다.
   P : $0=x^2+y^2 \geq x^2 \geq 0$, $0=x^2+y^2 \geq y^2 \geq 0$
   Q : $0 \leq x^2 \leq 0 \Leftrightarrow x=0$, $0 \leq y^2 \leq 0 \Leftrightarrow$ y=0.
   ∴ P→Q이 참이다.

유제 1

다음을 증명하여라. 단, n은 정수이다.

1. n이 홀수이면 n^2이 홀수이다.
2. n이 짝수이면 n^2+4는 짝수이다.

3. a〉0이고 b〉0 이면 ab〉0이다.

4. a, b, c가 삼각형의 세 변이고, $a^3+b^3+c^3=3abc$ 이면 정삼각형이다.

2-1-3 간접증명법(indirect proof)

간접증명법이란 직접 증명하지 않고, 간접적으로 증명하는 방법으로, 대우증명법, 모순증명법, 반례증명법, 존재증명법 등이 있다.

정의 2-1-2. 대우증명(contrapositive proof)

P→Q가 참임을 증명하는 대신 논리적 동치인 ~Q→~P이 참임을 증명하는 방법이다.

예제 2

다음 명제들이 참임을 대우증명법으로 증명하여라.

1.두 정수 m, n의 곱이 홀수면, m, n은 모두 홀수임을 증명하여라.

2. $a^2+b^2=c^2$ 이면 자연수 a, b, c 중 적어도 하나는 3의 배수이다.

3. 두 자연수 m, n이 서로 소이면 m, m-n도 서로소이다.

풀이 명제 P, Q를 설정하고, 대우명제를 이용한다.

1. P : 두 정수 m, n 의 곱이 홀수다.
 Q : 두 정수 m, n 은 홀수다.
 ~P : 두 정수 m, n 의 곱은 홀수가 아니다(짝수다).
 ~Q : 두 정수 m, n 은 홀수가 아니다(짝수다).
 ~Q → ~P : 두 정수 m, n이 짝수면, mn은 짝수다.
 m, n이 짝수이므로, m = 2k(k∈Z), n = $2l$ (l∈Z)가 되고,
 mn = (2k)($2l$) = 2(2kl) 이므로 짝수다. 여기에
 ~Q → ~P :「두 정수 m, n이 짝수면, mn은 짝수다.」는 참이다.
 ∴ 명제 P→Q 는 참이다.

2. P : $a^2+b^2=c^2$ Q : a, b, c 중 적어도 하나는 3의 배수.

$\sim$P : $a^2+b^2 \neq c^2$ $\sim$Q : a, b, c 모두 3의 배수가 아니다.

$\sim$Q → $\sim$P : a, b, c 모두 3의 배수가 아니면 $a^2+b^2 \neq c^2$

a, b, c가 3의 배수가 아니므로

a=3k±1, b=3l±1, c=3m±1(k, l, m ∈N)로 둘 수 있다.

$a^2+b^2=3(3k^2+3l^2\pm 2k\pm 2l)+2$, $c^2=3(3m^2\pm 2m)+1$ 이므로$a^2+b^2 \neq c^2$.

$\sim$Q → $\sim$P :「a, b, c 모두 3의 배수가 아니면 $a^2+b^2 \neq c^2$ 」는 참이다.

∴ 명제 P→Q 는 참이다.

3. P : m, n이 서로소 Q : m, m-n은 서로소

$\sim$P : m, n은 공약수를 가진다. $\sim$Q : m, m-n은 공약수를 가진다.

$\sim$Q → $\sim$P :「m, m-n이 공약수를 가지면 m, n도 공약수를 가진다.」

m, m-n이 공약수를 가지므로 m=aG, m-n=bG(a, b는 서로소인 자연수, G는 1아닌 자연수)로 둘 수 있다.

n=m-(m-n)=aG-bG=(a-b)G이므로 m, n은 공약수 G를 갖는다.

$\sim$Q → $\sim$P :「m, m-n이 공약수를 가지면 m, n도 공약수를 가진다.」는 참이다.

∴ 명제 P→Q 는 참이다.

유제 2

다음 명제들이 참임을 대우증명법으로 증명하여라.

1. p, q가 정수일 때, $x^2+px+q=0$ 이 적어도 하나의 정수해를 가지면 p, q중 적어도 하나는 짝수이어야 한다.
2. 실수 a, b에 대하여, a+b〉2 이면 a〉1이거나 b〉1이다.
3. 정수 n에 대하여, n^2이 3의 배수이면 n도 3의 배수이다.
4. 실수 a, b, c에 대하여 $a^2>bc$ 이고 $ac>b^2$ 이면 $a \neq b$ 이다.

정의 2-1-3. 모순증명(proof by contradiction) : 귀류법

P→Q가 참인 것과 P∧$\sim$Q가 거짓임이 동치이므로 P∧$\sim$Q가 참이라 가정하고 모순이 유도되면 원래의 명제가 참임이 증명된다.

모순증명법은 귀류법이라고도 하는데, 기존의 전통적인 방법으로는 주어진 문제를 쉽게 증명할 수 없는 경우에 유용하며, 주어진 문제의 명제를 부정해 놓고 논리를 전개하여 모순됨을 보임으로써 본래의 명제가 사실임을 증명하는 형태이다. 위의 설명은 다음과 같다.

$$P \to Q\text{가 참} \Leftrightarrow \sim P \vee Q\text{가 참} \Leftrightarrow \sim[P \to Q]\text{가 거짓} \Leftrightarrow P \wedge \sim Q \text{ 가 거짓}$$

여기에 $P \wedge \sim Q$ 가 거짓이면 $P \to Q$는 참이 되고, $P \wedge \sim Q$ 가 참이면 $P \to Q$는 거짓이 된다.

예제 3

다음 명제들을 모순증명법을 이용하여 증명하여라.

1. 세 자연수 a, b, c에 대하여 $a^2 + b^2 = c^2$ 이면 a, b, c중 적어도 하나는 짝수이다.
2. 소수(prime number)의 개수는 무한개이다.
3. n이 자연수일 때, $\sqrt{n(n+1)}$ 은 무리수이다.
4. 세 양수 a, b, c에 대하여 a+b+c=3이면 $\sqrt{a} + \sqrt{b} + \sqrt{c} \leq 3$ 이다.

풀이 명제 P, Q를 설정하고 $P \wedge \sim Q$가 모순(거짓)임을 찾는다.

1. P : $a^2 + b^2 = c^2$ Q : a, b, c중 적어도 하나는 짝수이다.
   $\sim Q$: a, b, c가 모두 홀수.
   가정에서 a, b, c가 홀수이므로 a^2, b^2, c^2 도 홀수이다. 한편,
   $a^2 + b^2$은 홀수+홀수이므로 짝수, c^2은 홀수이다.
   여기에 $a^2 + b^2 \neq c^2$ 가 되어 a, b, c가 모두 홀수라는 가정에 모순.
   $\therefore P \wedge \sim Q$가 모순이므로 $P \to Q$가 참이다.
2. 소수의 개수를 유한개라고 하자. p_1, $p_2, \cdots, p_n$ 이 유한개의 모든 소수이고, 그 중 최대의 소수가 p_n 이라 하자. 이 때,
   $N = p_1 p_2 \cdots p_n + 1$ 이라고 하면 N은 자연수이고 p_1, $p_2, \cdots, p_n$ 중 어느 소수로도 나누어떨어지지 않으므로 N은 소수이다. 그런데
   $N > p_n$ 이므로 p_n이 최대의 소수라는 것에 모순.
   $\therefore$소수의 개수는 무한개이다.
3. $\sqrt{n(n+1)}$ 을 유리수라 가정하면 $\sqrt{n(n+1)} = \dfrac{a}{b}$ (a, b는 서로소인 자연수)로 나타낼 수 있다. 이제 양변을 제곱하면

$n(n+1)=\frac{a^2}{b^2}$ 인데, a, b가 서로소로서 $\frac{a^2}{b^2}$ 이 자연수가 되려면

$b^2=1$ 인 경우밖에 없다. $n(n+1)=a^2 \Leftrightarrow 4n^2+4n=4a^2$

$\Leftrightarrow (2n+1)^2-4a^2=1 \Leftrightarrow (2n+1+2a)(2n=1-2a)=1$

2n+1+2a=1, 2n+1-2a=1인 경우 : n=a=0.

2n+1+2a=-1, 2n+1-2a=-1인 경우 : n=-1, a=0.

여기에 n이 자연수라는 가정에 모순.

$\therefore \sqrt{n(n+1)}$ 은 무리수이다.

4. P : a+b+c=3 Q : $\sqrt{a}+\sqrt{b}+\sqrt{c}\leq 3$ ~Q : $\sqrt{a}+\sqrt{b}+\sqrt{c}>3$.

~Q에서 양변을 제곱하면 $a+b+c+2(\sqrt{ab}+\sqrt{bc}+\sqrt{ca})>9$

$\sqrt{ab}+\sqrt{bc}+\sqrt{ca}>3$ … ①

$\sqrt{ab}+\sqrt{bc}+\sqrt{ca} \ <\frac{a+b}{2}+\frac{b+c}{2}+\frac{c+a}{2}=3$ …②

①≠②이므로 가정에 모순.

∴ P∧~Q가 모순이므로 P→Q가 참이다.

유제 3

다음 명제를 모순증명법을 이용하여 증명하여라.

1. 두 홀수의 곱은 홀수이다.
2. $\sqrt{3}$ 은 무리수이다.
3. 계수가 모두 홀수인 이차방정식 $ax^2+bx+c=0$ 은 유리수 해를 가지지 않는다.
4. 정수 n이 짝수이면 n+5는 홀수이다.
5. 무리수의 제곱근은 무리수이다.

위에서 다룬 증명방법은 수학의 무모순성을 가진다는 가정 하에 성립하는 것이다. 만약 수학이 무모순성을 가지지 않는다면 틀린 사실을 증명할 수도 있을 것이다. 우리는 기약분수, 제곱근, 나누기와 같은 여러 가지 용어를 인용도, 증명하지도 않고 자유롭게 사용하였다.

Pytagoras와 그의 추종자들은 무리수에 대한 이 증명을 알았지만 공리적으로 무리수의 존재를 부정하였으므로 이 증명을 감추었다. 그들은 무리수의 존재는 부정하였지만

모든 선분은 길이를 가진다는 공리를 가지고 있으므로 그들의 체계는 무모순성을 가지지 못했다.

정의 2-1-4. 반례증명(proof by counter example)

어떤 정리가 거짓임을 밝히기 위하여 반대 예를 보여줌으로써 정리를 증명하는 방법이다.

임의의 정리가 거짓임을 증명할 때, 이 정리가 성립되지 않는 하나의 반대 예를 찾아내는 것이다. 이 방법은 $\forall x P(x)$와 같은 모양의 정리가 거짓임을 증명하는데 주로 사용하는 방법으로, 명제의 부정 $\sim[\forall x P(x)] \Leftrightarrow [\exists x \sim P(x)]$가 참임을 보이는 방법이다. 즉, 술어 P(x)를 만족시키지 않는 어떤 c가 존재함을 보여주면 되며, 이때 c를 반례라고 한다.

예제 4

다음 명제들이 반례를 들어 거짓임을 보여라.

1. p가 양의 정수이고 $x = p^2 + 1$ 이면 x는 소수이다.
2. 모든 x에 대하여, $(x+1)^2 > x^2$ 이다.
3. x, y가 무리수이면 x+y도 무리수이다.
4. $||x| - |y|| = |x+y|$ 의 필요충분조건은 xy〉0 이다.
5. $n! + 1$ 은 소수(prime number)이다.

풀이 명제들이 거짓일 경우에 대한 하나의 예만 찾는다.

1. p=3일 때 x=10이므로 소수가 아니다.
2. x=-1일 때, 0〉x^2 인데, 모든 실수 x에 대하여 $x^2 \geq 0$ 이므로 명제는 거짓.
3. $x = 2 + \sqrt{3}$, $y = 2 - \sqrt{3}$ 인 경우 x+y=1이 되어 명제는 거짓.
4. xy〉0에서 x〉0, y〉0일 때, $||x| - |y|| = |x-y|$ 이므로 명제는 거짓.
5. n=5일 때, 5!+1=121=11^2 이므로 명제는 거짓.

유제 4

다음 명제들이 반례를 들어 거짓임을 보여라.

1. 두 행렬 A=$\begin{pmatrix} a & b \\ c & d \end{pmatrix}$, $B=\begin{pmatrix} 1 & 2 \\ 3 & 4 \end{pmatrix}$ 에 대하여, AB≠BA이다.
2. 두 함수 f, g에 대하여 $f \circ g = g \circ f$ 이다. 단, $(f \circ g)(x) = f\{g(x)\}$.
3. 실수 a, b에 대하여, a+b〉0이면 ab〉0이다.
4. a+b, ab가 정수이면 a, b는 정수이다.

정의 2-1-5. 존재증명(existence proof)

임의의 x에 대하여, 명제 P(x)가 참인 x가 적어도 하나가 존재함을 보이는 증명하는 방법이다.

앞에서 다룬 직접증명이 아닌 간접증명의 한 패턴으로 존재증명은 임의의 명제를 증명하기 위하여, 어떤 문제를 해결하고자 할 때, 그에 대한 해가 존재하는지 여부가 중요한 의미를 가지는 경우가 있다. 임의의 술어 P(x)에 대하여, 이 명제를 만족하는 x가 존재하느냐? 를 밝히는 것이 존재증명의 목적이며, 실제로 명제 ∃xP(x)이 참임을 만족시키는 x가 존재함을 보이는 것이다.

예제 5

다음 술어들에 대하여 x가 존재함을 보여라.

1. P(x) : x는 정수이고, 어떤 x에 대하여 $x^2 = 289$ 이다.
2. P(x) : ax+b=0이다. 단,a(≠0),b는 실수이다.
3. P(x) : 어떤 x에 대하여, tanx=1이다.
4. P(x,3) : x, 3이 서로소일 때, ax+3b=1을 만족하는 정수 a, b가 존재한다.
5. P(x) : x는 자연수이고, $\sum_{n=1}^{\infty} \frac{1}{n^x}$ 이 발산한다.

풀이 무한급수의 수렴과 발산에 관한 정의를 생각해 본다.

1. x=17일 때, P(x)는 참이다.
2. $x = -\frac{b}{a}$ 일 때, P(x)는 참이다.
3. $x = 45°$ 일 때, P(x)는 참이다.
4. 2a+3b=1 ⇔ 2(-1)+3(1)=1이므로 P(x)는 참이다.
5. x=1일 때, $1+\frac{1}{2}+\frac{1}{3}+\cdots$ 는 발산. P(x)는 참이다.

유제 5

다음 술어들에 대하여 x가 존재함을 보여라.

1. P(x) : $x^3 - 3x + 2 = 0$ 을 만족하는 실수 x가 존재한다.
2. P(x) : $x^2 + 4x + 4 \leq 0$ 을 만족하는 실수 x가 존재한다.
3. P(x) : 0행렬이 아닌 행렬 A, B에 대하여, AB=0을 만족하는 A, B가 존재한다.
4. P(x) : 어떤 자연수 x에 대하여, $2^x = x^2$ 이다.
5. P(x) : $\log_3 x + 2 = x$ 를 만족하는 정수 x가 존재한다.

2-1-4 그 외의 증명법

앞 절에서 우리는 직접증명법과 간접증명법에 관하여 다루었다. 이 절에서는 경우에 의한 증명과 예를 들어서 증명 그리고 무의미 증명과 자명한 증명, 필요충분조건을 만족하는 증명 등을 예제를 통하여 다루어 보자.

예제 6

다음 명제들을 괄호속의 조건에 따라 증명하여라.

1. 실수 x, y에 대하여, $\max(x,y) = \frac{x+y}{2} + \frac{|x-y|}{2}$ 이다(경우에 의한 증명).
2. 어떤 무리수 a, b에 대하여, a^b은 유리수이다(예를 들어서 증명).

3. 무의미 증명의 예를 들어라.

4. 자명한 증명의 예를 들어라.

5. 모든 정수 n에 대하여, n-1이 짝수이면 n은 홀수이다(필요충분조건 증명).

풀이 다음과 같다.

1. 최댓값 x가 x≥y인 경우 : $|x-y|=x-y$ 이므로

$$\max(x,y)=\frac{x+y}{2}+\frac{|x-y|}{2}=\frac{x+y}{2}+\frac{x-y}{2}=x.$$

최댓값 y가 x⟨y인 경우 : $|x-y|=-(x-y)$ 이므로

$$\max(x,y)=\frac{x+y}{2}+\frac{|x-y|}{2}=\frac{x+y}{2}+\frac{-x+y}{2}=y.$$

∴ 두 가지 경우 모두 만족되므로 증명되었다.

2. $\sqrt{2}^{\sqrt{2}}$를 생각하자. 이것이 유리수이면 증명은 끝났다. 유리수가 아니라면 무리수이다. $\sqrt{2}$는 무리수임을 우리는 증명했다.

$$\left(\sqrt{2}\right)^{\sqrt{2}^{\sqrt{2}}}=\left(\sqrt{2}^{\sqrt{2}}\right)^{\sqrt{2}}=\sqrt{2}^{2}=2$$

∴ 2는 유리수이므로 증명되었다.

3. 함축(P→Q)에서 가정이 거짓임을 증명한다. P가 거짓이면, P→Q는 참이다.
 - x가 2보다 큰 짝수인 소수이면, x는 어떤 수의 제곱이다.
4. 함축(P→Q)에서 Q가 항상 참임을 증명한다. Q가 참이면 , P→Q는 참이다.
 - xy=0이면 $(x+y)^2=x^2+y^2$ 이다.
5. 논리적 동치가 필요충분조건 증명이다.
 (1) n-1이 짝수라 하자. n-1=2k(k는 정수), n=2k+1이므로 홀수이다.
 (2) n이 홀수라 하자. n=2t±1(t는 정수), n-1=2t이므로 짝수이다.
 ∴(1), (2)에서 모두 성립하므로 명제는 참이다.

유제 6

다음 명제들을 괄호속의 조건에 따라 증명하여라.

1. 자연수 n에 대하여, n^3-n 은 짝수이다(경우에 의한 증명).

2. x+y와 xy가 정수이지만 x, y는 각각 무리수이다(예를 들어서 증명).

3. 무의미 증명(빈 증명)의 예를 들어라.

4. 자명한 증명의 예를 들어라.

5. 두 복소수 α, β에 대하여, 명제 p, q는 다음과 같다. p↔q임을 보여라.

p : α의 켤레복소수가 β이다.

q : α+β는 실수이고, α-β는 0이거나 순허수이다.

힌트 다음을 참고하여라.

1. n이 홀수와 짝수의 경우로 나누어 생각한다.
2. x, y를 각각 $x = 2 + \sqrt{3}$, $y = 2 - \sqrt{3}$ 라 둔다.

2-1-5 증명에서의 오류

앞 절에서 우리는 여러 형태의 증명법에 관하여 알아보았다. 실제로 증명은 미리 알려진 사실과 증명된 결과, 또는 이전에 증명된 문장으로 이루어진다. 이 때 섬세한 주의를 기울이지 않는 다면 증명에서 오류가 날 수 있다. 예를 들어 다음과 같은 경우를 생각해 보자.

$$
\begin{aligned}
1 &= \sqrt{1} \\
&= \sqrt{(-1)(-1)} \\
&= \sqrt{-1}\sqrt{-1} \\
&= (\sqrt{-1})^2 \\
&= -1 .
\end{aligned}
$$

위의 증명과정에서 1 = -1임을 보여주고 있는데, 이런 과정은 거짓이다. 그러면 오류는 어디에서 일어났는가? 위의 증명은 $\sqrt{(-1)(-1)} = \sqrt{-1}\sqrt{-1}$ 의 계산에서 일어났다. $\sqrt{ab} = \sqrt{a}\sqrt{b}$ 이 성립하는 경우는 $a \geq 0, b \geq 0$인 경우에만 성립한다는 사실을 간과하고 a〈0, b〈0인 경우에도 적용했기 때문이다. 다음 예제를 통하여 증명의 필요성의 의미를 되새기자.

예제 7

다음은 「1=2」임을 증명한 것이다. 어느 부분에서 오류가 발생했는가?

풀이 a, b를 양의 정수라 하자.

1. a=b … 주어진 정의
2. $a^2 = ab$ … 양변에 a를 곱한다.
3. $a^2 - b^2 = ab - b^2$ … 양변에 b^2 을 뺀다.
4. $(a-b)(a+b) = b(a-b)$ … 양변을 각각 인수분해 한다.
5. $a+b=b$ … 양변을 $a-b$ 로 나누었다.
6. $2b=b$ … a대신 b를 대입한다. $\because (a=b)$
7. 2=1. … 양변을 b로 나누었다.

∴ 4번에서 오류가 발생했다. a=b에서 a-b=0이므로 a-b로 나눌 수 없다.

예제 8

다음 명제들의 주장을 증명하였다. 증명에서 어느 부분이 잘못되었는가?

1. 명제「주장 : 모든 정수는 음수가 아니다.」의 증명 : 0은 음수가 아니다. n이 음수가 아니면 n+1도 음수가 아니다.
2. 명제「주장 : 어떠한 수의 문제도 숙제로 많은 것은 아니다.」의 증명 : 기본단계 : 당연히 0문제는 많지 않다. 귀납단계 : n개의 문제가 숙제로 많지 않으면 (n+1)개의 문제도 숙제로 많지 않다.
3. 명제「주장 : 모든 자연수는 소수이거나 완전제곱수이다.」의 증명 : P(n) :「n보다 작거나 같은 자연수는 소수이거나 완전제곱수이다」라는 술어라 하자. 귀납적 가정으로 사용하면, P(1)은 참이다. n에 대하여 생각할 때,

   (1) n이 소수이면 끝났고,

   (2) n이 소수가 아니라면 n-1보다 작거나 같은 r, s에 대해서 n=rs를 만족한다.

   귀납적 가정에 의하여, $r=s^2$, $s=v^2$ 이다. 그러므로 n=rs=$u^2v^2=(uv)^2$ 이다.

풀이 증명에 대한 설명은 다음과 같다.

1. 주장은 모든 정수에 대하여 언급하고, 증명은 자연수에 대해서만 언급했다.
2. 「많지 않다」가 제대로 정의되지 않은 관계이다.
3. 증명에서 r, s가 소수인 경우를 무시했다.

이처럼 우리는 어떤 증명에서도 세심한 주의가 필요함을 일깨워 준다. 때로는 위대한 수학자도 엉터리 증명을 제시할 때도 있다. 몇 가지 실제적인 증명들을 열거해보자.

- Andrew Wiles는 최근에 Fermat의 마지막 정리의 증명을 발표했다. 이 증명은 수백 쪽에 달하는 논문이다. 이 증명에서 수학자들이 치명적인 오류를 발견하는 데는 여러 달이 걸렸다. Wiles는 수백 쪽에 달하는 다른 증명을 제시하여 현재는 그 증명이 받아들여지고 있다.
- Kempe의 4색 문제의 잘못된 증명을 10년간이나 믿었다.(1879–1890)
- Poincare는 1900년에 3차원구의 매우 간단한 위상적 특성화를 주장했다. 나중에 이것이 당연하지 않다는 것을 발견하고 1904년에 이것을 "가설" 이라고 바꾸었다. 실제로 Poincare의 가설은 수학의 가장 큰 알려진 문제로 되어있다.
- 1940년에 Paul Erdos는 「양의 밀도를 가진 모든 자연수의 집합은 임의의 길이를 가진 등차수열을 포함한다.」라는 등차수열에 관한 조합문제를 가설로 내세우며 증명하거나 틀리다는 것을 증명하면 1000불을 주겠다고 하였다. Endre Szemeredi가 1972년에 가설을 증명하였으나 그 증명이 너무 길고 엉망으로 쓰여져 Erdos는 그것을 믿을지에 대한 확신을 가지지 못했다. 결국 Andras Hajnal이 나서서 똑같은 증명을 좀 더 명확히 하여 Szemeredi의 이름으로 발표하였다. 이 정리를 새로 정리하는 가운데 Hajnal는 Erdos가 이 증명을 믿을 수 있다하여 Szemeredi으로부터 500불에 샀다.
- Newton이 중력을 계산할 때, 공의 무게가 중심에 있다는 가정을 어떻게 증명할지 몰라서 principia의 출판을 20년이나 미루었다는 이야기가 있다. 그것의 증명은 미분의 발견이 필요했다.

2-2 수학적 귀납법

이산구조의 가장 중요한 증명방법중의 하나인 수학적 귀납법에 대하여 집중적으로 설명하고자 한다. 수학적 귀납법을 최초로 사용한 사람은 16세기 이탈리아의 과학자 마우로리코(Maurolico)로 알려져 있다. 17세기 페르마(Fermat) 와 파스칼(Pascal)이 이 방법을 사용했는데, 페르마는 이 방법을「무한하강의 방법(method of infinite descent)이라고 불렀다. 1883년 드모르강(De Morgan)이 이런 과정을 신중히 기술하여 수학적 귀납법이라고 이름을 붙였다. 수학적 귀납법(mathematical induction)에 의한 증명은 현재 일반적으로 누구나 인정하는 공리로 여겨지며 다양한 정리나 문제의 증명에 이용되고 있다.

2-2-1 수학적 귀납법(mathematical induction)

수학적 귀납법은 자연수의 성질 또는 귀납적 구조상에 정의된 대상들을 증명하고, 모든 자연수에서 성립하는, 또는 일반적으로 기본원소와 그의 생성규칙으로 만들어지는 어떤 성질을 증명하는 방법으로 사용된다.

정의 2-2-1. 수학적 귀납법(mathematical induction)

임의의 자연수 n에 대하여, 명제 P(n)이 참임을 다음의 단계를 이용하여 증명하는 방법이다.

- 기본단계 : P(1)이 참임을 보인다.
- 귀납가정 : P(1), P(2), …, P(k)가 성립한다고 가정.
- 귀납단계 : P(k+1)의 경우에도 성립.

예를 들어 집합 A={1,2,3,⋯,100}에 대하여, A의 원소의 합을 S(A)이라 하자. 실제로 1부터 차례로 100까지 더하여 가는 것은 번거로운 일이 아닐 수 없다. 그래서 다음과 같은 방법을 생각해 보자.

S(A) = 1+2+3+⋯+100 ⋯① S(A)=100+99+98+⋯+1 ⋯②

S(A) = [①+②]/2=100×101/2=5050

위의 계산방법을 이용하여 집합 A를 A={1,2,3, ⋯,n}와 같이 확장하여보자. 그러면 다음의 추론이 가능하다.

$$S(A) = 1 + 2 + 3 + \cdots + n = \frac{n(n+1)}{2} \qquad \cdots③$$

그러면 이러한 추론 ③이 타당하다는 것을 어떻게 증명할 수 있을까? 이와 같은 자연수에 관련한 문제를 증명하는데, 유용한 방법이 수학적 귀납법이며, 동시에 이산구조의 증명에 중요한 도구로 사용되고 있다.

예제 9

다음 명제들을 수학적 귀납법으로 증명하여라.

1. 모든 자연수 n에 대하여, $n^3 - n$ 은 3으로 나누어진다.
2. 모든 정수n에 대하여, $n^5 - n$ 이 5로 나누어진다.
3. n≥4에 대하여, $2^n \geq n^2$ 이 성립한다.
4. n≥4에 대하여, $n^2 < n!$ 이다.
5. $1^2 + 2^2 + 3^2 + \cdots + n^2 = \dfrac{n(n+1)(2n+1)}{6}$

풀이 각 명제들을 술어 P(n)이라 두고, 기본단계, 귀납가정, 귀납단계를 잘 이용한다.

1. P(n) : $n^3 - n$ 이 3으로 나누어지는 술어.

기본단계 : P(1)은 0, 3으로 나누어지므로 참이다.

귀납가정 : P(k)가 참이라 가정하자. 그러면 $k^3 - k$ 는 3으로 나누어진다.

귀납단계 : P(k+1) 이 성립함을 보이자. 즉, $(k+1)^3 - (k+1)$ 이 3으로 나누어짐을 보이면 된다.

$$(k+1)^3 - (k+1) = k^3 + 3k^2 + 3k + 1 - k - 1$$
$$= k^3 - k + 3(k^2 + k)$$

=P(k)+3의 배수 = 3으로 나누어진다.

P(k+1)이 성립한다.

∴ 명제 P(n)은 참이다.

2. P(n) : $n^5 - n$ 이 5로 나누어지는 술어. n이 정수이므로 두 가지 경우로 생각한다.

(1) n≥0인 경우 :

기본단계 : p(0)은 0, 5로 나누어지므로 참이다.

귀납가정 : P(k)가 참이라 가정하자. 그러면 $k^5 - k$는 5로 나누어진다.

귀납단계 : P(k+1)이 성립함을 보이자. 즉, $(k+1)^5 - (k+1)$ 이 5로 나누어짐을 보이면 된다.

$$(k+1)^5 - (k+1) = k^5 + 5k^4 + 10k^3 + 10k^2 + 5k + 1 - k - 1$$
$$= (k^5 - k) + 5(k^4 + 2k^3 + 2k^2 + k)$$

$P(k) + 5$ 의 배수 = 5로 나누어진다. P(k+1)이 성립한다.

(2) n〈0인 경우 :

기본단계 : p(0)은 0, 5로 나누어지므로 참이다.

귀납가정 : P(k)가 참이라 가정하자. 그러면 $k^5 - k$는 5로 나누어진다.

귀납단계 : P(k-1)이 성립함을 보이자. 즉, $(k-1)^5 - (k-1)$ 이 5로 나누어짐을 보 이

면 된다.

$(k-1)^5-(k-1)=k^5-5k^4+10k^3-10k^2+5k-1-k+1$

$=(k^5-k)+5(-k^4+2k^3-2k^2+k)$

$P(k)+5$ 의 배수 : 5로 나누어진다.

P(k-1)이 성립한다.

∴ 두 가지 경우 모두 성립하므로 명제 P(n)은 참이다.

3. P(n) : n≥4에 대하여, $2^n \geq n^2$ 을 만족하는 술어.

Q(n) : n≥4에 대하여, $n^2 \geq 2n+1$ 을 만족하는 술어.

먼저 술어 Q(n)부터 증명하자.

기본단계 : Q(4)는 16〉9이므로 참이다.

귀납가정 : Q(k)가 참이라 가정하면 $k^2 \geq 2k+1$ 이 성립한다.

귀납단계 : Q(k+1)이 성립함을 보인다. 즉, $(k+1)^2 \geq 2(k+1)+1$ 임을 보인다.

$(k+1)^2=k^2+2k+1$

$\geq (2k+1)+2k+1=4k+2 \; =2k+2+2k$

$\geq 2(k+1)+2k \geq 2(k+1)+1$

Q(k+1)이 성립한다. 이제 P(n)을 증명하자.

기본단계 : P(4)는 $16=2^4 \geq 4^2=16$ 이므로 참이다.

귀납가정 : P(k)가 참이라 가정하면 $2^k \geq k^2$ 이 성립한다.

귀납단계 : P(k+1)이 성립함을 보이자. 즉, $2^{(k+1)} \geq (k+1)^2$ 이 성립함을 보인다.

$2^{k+1}=2\times 2^k \geq 2k^2$

$=k^2+k^2 \geq k^2+2k+1$

$=(k+1)^2$.

Q(k+1)이 성립한다.

∴ 명제 P(n)은 참이다.

4. P(n) : n≥4에 대하여, $n^2 < n!$ 을 만족하는 술어.

기본단계 : P(4)는 16=$4^2 < 4!=24$ 이므로 참이다.

귀납가정 : P(k)이 참이라 가정하면 $k^2 < k!$ 이 성립한다.

귀납단계 : P(k+1)이 성립함을 보이자. 즉, $(k+1)^2 < (k+1)!$ 이 성립함을 보인다.

$(k+1)^2=k^2+2k+1$

$< k!+2k+1$ 〈k!+2k+k=k!+3k

$< k!+k\times k(\because k>3)$

$< k!+k\times k^2$

$< k!+k\times k!$ = (k+1)!

P(k+1)이 성립한다.

∴ 명제 P(n)은 참이다.

5. P(n) : $1^2+2^2+3^2+\cdots+n^2=\dfrac{n(n+1)(2n+1)}{6}$ 인 술어.

기본단계 : P(1)은 $1^2=\dfrac{1\times2\times3}{6}$ 이므로 참이다.

귀납가정 : P(k)이 참이라 가정하면, $1^2+2^2+3^2+\cdots+k^2=\dfrac{k(k+1)(2k+1)}{6}$ 이 성립 한다는 의미이다.

귀납단계 : P(k+1)이 성립함을 보이자. 즉,

$1^2+2^2+3^2+\cdots+(k+1)^2=\dfrac{(k+1)(k+2)(2k+3)}{6}$ 이 성립함을 보인다.

$$1^2+2^2+3^2+\cdots+k^2+(k+1)^2=\frac{k(k+1)(2k+1)}{6}+(k+1)^2$$
$$=\frac{k(k+1)(2k+1)+6(k+1)^2}{6}$$
$$=\frac{(k+1)(k+2)(2k+3)}{6}\quad [\because 2k+3=2(k+1)+1]$$

P(k+1)이 성립한다.

∴ 명제 P(n)은 참이다.

유제 7

다음 명제들이 참임을 수학적 귀납법을 이용하여 증명하여라.

1. 모든 자연수 n에 대하여 11^n-4^n 은 7로 나누어진다.
2. $1+2+3+\cdots+n=\dfrac{n(n+1)}{2}$
3. $1+a+a^2+\cdots+a^{n-1}=\dfrac{a^n-1}{a-1},\ a\neq 1$.
4. $\dfrac{1}{1\times2}+\dfrac{1}{2\times3}+\dfrac{1}{3\times4}+\cdots+\dfrac{1}{n(n+1)}=\dfrac{n}{n+1}$.
5. $\displaystyle\sum_{k=1}^{n}k\times k!=(n+1)!-1$.

예제 10

다음 명제들이 참임을 수학적 귀납법을 이용하여 증명하여라.

1. De Morgan의 법칙 $\left(\bigcup_{i=1}^{n} A_i\right)^C = \bigcap_{i=1}^{n} A_i^C$ 이 성립한다.
   단, $A_1,\ A_2,\cdots,A_n$ 은 전체집합 U의 부분집합이다.
2. 집합 $A=\{a_1,a_2,a_3,\cdots,a_n\}$ 의 부분집합의 개수는 2^n개다.

풀이 술어의 설정에 주의하자.

1. p(n) : n개의 집합에 대하여, $\left(\bigcup_{i=1}^{n} A_i\right)^C = \bigcap_{i=1}^{n} A_i^C$ 을 만족하는 술어.

   기본단계 : P(2)는 $(A_1 \cup A_2)^C = A_1^C \cap A_2^C$ 이므로 참이다.

   귀납가정 : P(k)가 참이라 가정하면, $\left(\bigcup_{i=1}^{k} A_i\right)^C = \bigcap_{i=1}^{k} A_i^C$ 이 성립한다는 의미이다.

   귀납단계 : P(k+1)이 참임을 보이자. 즉, $\left(\bigcup_{i=1}^{k+1} A_i\right)^C = \bigcap_{i=1}^{k+1} A_i^C$ 이 성립함을 보인다.

$$\begin{aligned}\left(\bigcup_{i=1}^{k+1} A_i\right)^C &= \left(\bigcup_{i=1}^{k} A_i \cup A_{k+1}\right)^C = \left(\bigcup_{i=1}^{k} A_i\right)^C \cap A_{k+1}^C \\ &= \left(\bigcap_{i=1}^{k} A_i\right)^C \cap A_{k+1}^C \\ &= \bigcap_{i=1}^{k+1} A_i^C .\end{aligned}$$

   ∴ 명제 P(n)은 참이다.

2. P(n) : n개의 원소를 가진 집합은 2^n개의 부분집합을 가지는 술어.

   기본단계 : P(0)는 n=0일 때, 공집합이므로 참이다.

   귀납가정 : P(k)이 참이라 가정하면, 2^k의 부분집합을 가진다는 의미이다.

   귀납단계 : P(k+1)이 참임을 보이자. 즉, 2^{k+1}개의 부분집합을 가짐을 보인다.

   집합 A를 $A=\{a_1,a_2,\cdots,a_k,a_{k+1}\}$ 와 같이 (k+1)개의 원소로 확장하고, 다음 2가지 a_{k+1}이 포함되는 경우와 포함되지 않는 경우로 나누어 생각한다.

   (1) 원소 a_{k+1}이 포함되지 않은 경우 : 원소가 k개이므로 부분집합은 2^k 개 이다.

   (2) 원소 a_{k+1}이 포함되는 경우 : a_{k+1} 을 제외한 나머지 원소 또한, n개 이므로 부분집합의 개수는 2^k개 이다.

   (1), (2)에서 부분집합의 개수는 $2^k + 2^k = 2^{k+1}$ 개 이므로 P(k+1)은 참이다.

   ∴ 명제 P(n)은 참이다.

2-2-2 변형된 수학적 귀납법

가끔 수학적 귀납법의 증명을 하는데, 우리가 원하는 증명보다 좀 더 강한 명제를 증명하는 게 편할 때가 있다. 이것을 귀납법의 가정을 강화한다고 부른다. 지금부터 우리는 **강한 수학적 귀납법**(Strong Mathematical Induction)으로 불리는 수학적 귀납법의 변형에 대하여 다루어 보자.

강한 귀납법의 변형된 형태(Ⅰ)

주어진 명제 P(n)에 대하여

1. P(0)이 참이다.
2. P(1), P(2), …, P(n)이 모두 참이면, P(n+1)도 참이다. 를 만족하면, 모든 자연수에 n 대하여 P(n)이 참이다.

강한 귀납법의 변형된 형태(Ⅱ)

1. P(1),P(2),…,P(k)가 모두 참이다.
2. P(n)이 참이면 P(n+k)도 참이다.

강한 귀납법의 변형된 형태(Ⅲ)

1. P(1)과 P(2)가 참이다.
2. P(n)과 P(n+1)이 참이면 P(n+2)도 참이다.

예제 11

다음 명제들을 강한 수학적 귀납법으로 증명하여라.

Fibonacci의 수 f_n : $f_0 = 0$, $f_1 = 1$, $f_{n+2} = f_{n+1} + f_n$와 같이 정의한다.

1. n≥2 에 대하여, $f_n \geq \left(\frac{3}{2}\right)^{n-2}$ 이 성립한다.
2. $f_n \leq 2^n$ 이 성립한다.

풀이 피보나치 수의 정의와 초기조건을 주의하여 전개한다.

1. P(n) : n≥2, $f_n \geq \left(\frac{3}{2}\right)^{n-2}$ 을 만족하는 술어라 하자.

(∀k, 2≤k⟨n)P(k)일 때, P(n)을 보이면 된다.

P(2) : $f_2 \geq (\frac{3}{2})^0 = 1$, P(3) : $f_3 \geq (\frac{3}{2})^1 = \frac{3}{2}$ 이므로 성립.

n≥4에 대하여, P(4), P(5), …, P(k)이 성립한다고 가정하면,

P(n-1), P(n-2)(∵n≥4) 모두 참이므로 P(n)이 참임을 보이자.

$f_n = f_{n-1} + f_{n-2} \geq (\frac{3}{2})^{n-3} + (\frac{3}{2})^{n-4} \geq (\frac{3}{2})^{n-4}(1+\frac{3}{2}) \geq (\frac{3}{2})^{n-2}$.

∴ P(n)이 참이다.

2. P(n) : $f_n \leq 2^n$ 을 만족하는 술어라 하자.

기본단계 : P(0)에서 $f_0 = 0 < 2^0 = 1$, P(1)에서 $f_1 = 1 < 2^1$ 이므로 참.

귀납가정 : k≤n를 만족하는 모든 k에 대하여 $f_k \leq 2^k$ 이라 가정하자.

귀납단계 : P(n+1)이 성립함을 보이자. 즉, $f_{n+1} \leq 2^{n+1}$ 을 증명하자.

$$f_{n+1} = f_n + f_{n-1} \leq 2^n + 2^{n-1} \leq 2^n + 2^n \leq 2^{n+1}$$

∴ P(n)이 참이다.

유제 8

위의 예제11에서 수학적 귀납법과 강한 수학적 귀납법의 차이를 설명하여라.

우리는 위의 예제에서 강한 수학적 귀납법으로 명제를 증명하였다. 꼭 명심해야할 것은 모든 n에 대해서 원래의 명제보다 강한 명제이어야 한다. 강한 명제가 특정한 n에 대해서는 강할 수도 있고 약한 경우도 있을 수 있기 때문이다.

정렬공리(well ordering property)

(∀S⊂N)∧(S≠∅,∀n∈S), ∃m∈S∧(m≤n) : 모든 자연수의 공집합이 아닌 부분집합은 최소원소를 가지고 있다.

이것은 우리가 알고 있는 명백한 성질이다. 예를 들어 임의 집합 S={3,4,5,…,n}을 생각하자. 이 집합 S는 자연수 N의 부분집합이고 당연히 공집합은 아니며 잘 정열된 것으로

여기서 최소원소는 3임을 안다. 이처럼 위의 공리는 귀납적 공리와는 관계없는 것처럼 보일 수도 있으나 귀납적 공리와 유사하다. 형식적으로 이것은 귀납법과 동치이다. 이것에 관한 세부적인 논의는 나중에 다루기로 한다.

예제 12

10원짜리와 25원짜리 동전들이 있다고 가정할 때, 두 종류의 동전을 일부 또는 전부를 사용하여 지불할 수 있는 금액 x원을 다음 조건에 따라 증명하여라.

1. 강한 귀납법을 사용하여라. 2. 정렬공리를 사용하여라.

풀이 10원, 25원짜리 동전들을 적절히 사용하여 x원을 지불할 수 있다면 어떤 정수 a, b에 대하여 $x=10a+25b=5(2a+5b)$을 만족하므로 x는 5의 배수임을 안다. 또한, 10원은 10원짜리 동전1개를 사용하면 되지만 5원이나 15원은 지불할 수 없다. 여기에 우리는 $x=20+5n(n\geq 0)$원을 지불할 수 있다는 것을 보이면 된다.

1. $P(n)$: $n\geq 0$에 대하여 $x=20+5n$을 만족하는 술어.
   기본단계 : $P(0)$에서 $x=20$원은 10원 동전2개, $P(1)$에서 $x=25$원은 25원 동전 1개로 가능하므로 참이다.
   귀납가정 : $(n\geq 2)$에서 $2\leq k<n$인 모든 k에 대하여, $P(k)$가 참이라 가정하자.
   이것은 $x=20+5k$원을 지불할 수 있다는 의미이다.
   귀납단계 : $P(n-2)$에서 $x=20+5(n-2)=20+5n-10$원인데, 10원 동전 1개만 추가하면 $x=20+5n$이 되어 $P(n)$이 성립됨이 증명되었다.
2. 귀류법을 사용하자. S를 10원동전과 25원 동전으로 20+5k원을 지불할 수 없는 k의 집합 즉, $S=\{k \mid x\neq 20+5k\}$이라 하며, 공집합이 아니라고 가정하자. 그러면 정렬 공리에 의하여 최소 원소 m이 존재한다. m이 0이면 20원을 지불하게 되고, m=1이면 25원을 지불하게 되므로 $m\neq 0,1$이다. 여기에 $m\geq 2$이다. 한편, $x=20+5(m-2)$에서 10원 동전1개만 더 사용하면, $x=20+5m$원이 되므로 $m-2\in S$이다. 이것은 m이 최소 원소라는 가정에 모순이다.

이제 우리는 수학적 귀납법의 변형된 형태의 마지막 유형으로 역 수학적 귀납법(Reverse Mathematical Induction)과 역 수학적 귀납법의 변형 그리고 주어진 명제가 2개인 경우의 수학적 귀납법을 소개해 보자.

명제 P(n)에 대하여

1. P(2)가 참이다.
2. P(n)이 참이면 P(2n)도 참이다.
3. P(n)이 참이면 P(n−1)도 참이다.

역 수학적 귀납법의 변형

1. 어떤 자연수의 무한 부분집합 A가 존재하여, $n \in A$이면 P(n)이 참이다.
2. P(n)이 참이면 P(n−1)도 참이다.

자연수 n에 대하여 주어진 두 명제 P(n)과 Q(n)이 있다고 하자.

1. P(1)이 참이다.
2. P(n)이 참이면 Q(n)이 참이다.
3. Q(n)이 참이면 P(n+1)이 참이다.

   그러면 모든 자연수 n에 대하여, P(n)과 Q(n)이 모두 참이 된다.

지금까지 우리는 자연수에 대하여, 수학적 귀납법의 다양한 형태에 관하여 다루었다. 하지만 반드시 자연수에 국한되는 것은 아니다. 만약 명제 P에 대하여, P(−1)이 성립하고 P(n)이 성립할 때마다 P(n−1)이 성립할 수 있음을 보이면, 이 명제 P는 모든 음의 정수에 대해서 성립하는 것이 된다. 나아가 수학적 귀납법을 적당히 변형하면, 주어진 명제 P가 모든 유리수에서 성립함을 보이는 것도 가능하다. 다만 수학적 귀납법을 자연수 범위에서 주로 사용하는 이유는, 단지 주어진 명제 P를 주로 자연수에 대해서 정의하기 때문이다. 도한, 우리는 수학적 귀납법에서도 오류가 발생할 수 있음을 다음 절에서 예와 더불어 다루어 보자.

2-2-3 수학적 귀납법에서의 오류

수학적 귀납법이 이산구조의 여러 가지 다양한 형태를 증명하는데, 상당히 능률적이고 효과적이지만 자주 범하는 오류가 있다. 그 주에 가장 많이 생기는 오류는 귀납법을 사용하는데 필요한 기본단계를 증명하지 않고 간과하는 것이다.

예제 13

「모든 토끼는 같은 색깔이다」이 참인 명제라고 수학적 귀납법을 이용하여 잘못 증명한 것이다. 어느 부분에서 오류를 범했는가?

- 증명 : P(n)을 n마리의 토끼로 이루어진 임의의 집합에서 토끼의 색깔이 같은 술어라 하자.
- 기본단계 : P(1)은 명백하다.
- 귀납가정 : P(k)이 참이라 가정하고, 각각의 토끼에 번호 1, 2, 3, …, k+1을 부여한 (k+1)마리의 토끼에 대하여 생각하자.
- 귀납단계 : P(k+1)이 참임을 보이자. 처음부터 k마리의 토끼와 마지막부터 k마리의 토기의 집합은 중복되므로 (k+1)마리는 같은 색깔이다.

∴ P(k+1)은 참이다.

풀이 위의 증명은 기본단계에서 오류를 범했다. P(1)이 참이라 해서 P(2)가 참이라는 보장이 없기 때문이다.

유제 9

「n≥3인 모든 변의 길이가 같은 볼록다각형의 내각의 합은 (n-2)×180° 이다」 이 참인 명제라고 수학적 귀납법을 이용하여 잘못 증명한 것이다. 어느 부분에서 오류를 범했는가?

- 증명 : P(n)은 위의 명제를 만족하는 술어라 하자.
- 기본단계 : P(3)은 정삼각형이므로 명백하다.
- 귀납가정 : P(k)이 참이라 가정하고, (k+1)개의 같은 길이를 가진 볼록다각형에 대하여 생각하자.
- 귀납단계 : 볼록다각형위의 연속적인 세 꼭짓점을 A, B, C라 할 때, 점 A, C를 연결하면 삼각형 ABC와 n개의 꼭짓점을 가진 다각형으로 나누어진다. 여기에 삼각형 ABC의 내각의 합은 180° 이고 n개의 볼록다각형의 내각의 합은 (n-2)×180° 이므

로 각각을 더하면 내각의 합은180° +(n-2)×180° ={(n+1)-2}×180° 이므로 P(k+1) 이 성립한다.

예제 14

「모든 피보나치 수는 짝수이다」이 참인 명제라고 수학적 귀납법을 이용하여 잘못 증명한 것이다. 어느 부분에서 오류를 범했는가?

- 증명 : P(n)은 피보나치 수 f_n이 짝수라는 술어라 하고 강한 귀납법을 사용하여 증명하자.
- 기본단계 : P(0)은 $f_0 = 0$ 이므로 명백하다.
- 귀납가정 : 모든 k〈n 에 대해서 P(k)이 참이라 가정하자.
- 귀납단계 : f_{n-1} 과 f_{n-2} 이 가정에 의하여 짝수이므로 $f_n = f_{n-1} + f_{n-2}$ 으로부터 f_n 역시 짝수이다. 여기에 P(n)은 참이다.

풀이 피보나치 수는 f_{-1}이 정의 되어야 P(1)이 정의 된다. 여기에 기본단계의 충분한 증명이 이루어지지 않았으므로 오류를 범하였다. P(1)이 참임을 보여야 하지만 실제로 f_1은 홀수이므로 보일 수 가 없다.

유제 10

다음 증명에서 오류를 찾아라.

1. 주장 : a를 실수(a≥0)라 할 때, 모든 음이 아닌 정수 n에 대하여, $a^n = 1$ 이다.
   - 증명 : P(n)은 음 아닌 정수 n에 대하여 $a^n = 1$ 을 만족하는 술어.
   - 기본단계 : P(0)은 $a^0 = 1$ 이므로 명백하다.
   - 귀납가정 : 모든 0≤k≤n 인 k에 대해서 P(k)이 참 즉, $a^k = 1$이라 가정하자.
   - 귀납단계 : $a^{n+1} = \dfrac{a^n \times a^n}{a^{n-1}} = \dfrac{1 \times 1}{1} = 1$ 여기에 P(n)은 참이다.

2. 주장 : $\sqrt{2}$ 는 유리수이다.
   - 증명 : 정렬공리를 이용하자. S를 $\sqrt{2}$ 보다 크거나 같은 유리수의 집합이라고 하자. S는 정렬공리에 의하여 최소 원소 r을 가진다. 만약 r이 $\sqrt{2}$ 가 아니라면 $\sqrt{2}$ 와 r사이에 다른 유리수가 존재할 것이다. 이것은 r이 최소가 아니라는 것을 의미한다. 다시 말해 r이 최소 원소라는 가정에 모순이다. 여기에 $r = \sqrt{2}$ 이다.
3. 모든 수는 25자이내의 문자로 표시할 수 있다.
   - 증명 : 정렬공리를 이용하자. S를 25자이내의 문자로 표시할 수 없는 수의 집합이라고 하자. S가 공집합이 아니라면 S는 정렬공리에 의하여 최소 원소를 가진다. 이 원소는 25자 이내로 표시할 수 없는 최소의 원소이다. 그런데 이 원소를 25자 이내의 문자로 표시하였으므로 모순. 여기에 S가 공집합이 아니라는 사실은 모순, S는 공집합이다.

풀이 다음 설명에서 오류가 발생했다.

1. n=1인 경우와 $a \neq 1$인 경우가 생략되었다.
2. 정렬공리는 자연수에 한하여 사용하는데, 유리수의 범주까지 확장하였다.
3. 25자 이내의 문자로 표시할 수 있는 수의 집합이 잘 정의되지 않은 집합이다.

위의 예제와 유제를 다루면서 귀납법의 오류는 주로 초기단계에서 발생하거나 약한 수학적 귀납법을 사용함으로 일어난다는 사실을 알 수 있다.

2-2-4 논리적 증명이 필요한 이유

우리는 지금까지 다양한 형태의 증명법을 소개하였고 실제로 여러 가지 많은 종류의 명제들에 대하여 증명해 보았다. 그러나 그러한 증명이 어느 정도 신뢰할 수 있느냐가 매우 중요하다. 여기에 「왜 증명이 필요할까?」에 대하여 다음과 같이 간략하게 기술해 본다.

- 우리의 생각이 옳다. 즉, 잘못을 저지르지 않았다는 확신을 할 수 있다.
- 다른 사람이 믿을 수 있다.
- 좋은 증명은 좋은 프로그램처럼 중요한 구조를 가지고 있다. 이것의 많은 부분을, 잘 활용되어진 프로그램과 같이 관련된 분야에서 다시 사용할 수 있다.

- 증명은 왜 어떤 부분이 참인지 정확히 알 수 있게 하므로, 어느 부분이 변하더라도 계속 참인지, 거짓인지를 알 수 있게 해준다.
- 가금 증명의 실패는 주장의 어느 부분이 거짓인지를 알 수 있게 해준다. 프로그램의 확인 : 프로그램이 제대로 작동하는지를 증명하는 것 등이다.

현재단계에서 우리는 프로그램이 정확하게 작동하는지를 실제로 증명하기에는 한계가 있다. 이것을 가능하게 하려고 많은 연구가 이루어지고 있지만 아직은 한계가 있다. 문제는 우리가 접하고 있는 것들이 아직은 낮은 단계의 수준이고, 보다 섬세한 분야에서는 너무 복잡하기 때문에 접근하는데 상당한 어려움이 있다. 그러나 이론적이든 컴퓨터의 도움을 받든 알고리즘의 증명은 우리의 프로그램이 옳게 사용되는데 상당한 도움을 줄 것이다. 증명의 중요성은 충분히 설명된 것으로 생각하고 마지막으로 이상적인 증명요소에 대하여 다음과 같이 소개한다.

이상적인 증명요소

- 정확성(correctness) : 무엇보다 증명은 정확하여야 한다. 이미 가정에서 도입된 이상의 새로운 가정을 도입하지 마라. 증명되지 않은 사실을 사용하지 말고 앞에서 언급한 오류를 범하지 않게 조심하라.
- 명료성(clarity) : 좋은 증명은 멋있는 구조를 가지고 있다. 중요한 중간과정을 증명하는 보조정리를 이용하라. 이것은 전체의 논리전개가 어떻게 되는지 이해하기 쉽게 한다. 또한, 증명의 일부분을 좀 더 쉽게 다시 사용할 수 있게 한다.
- 간결함(brevity) : 증명은 말을 아끼고 반복하지 않아야 한다.
- 우아함(elegance) : 이상적인 증명은 추상적이고 일반화 된 조각으로 이루어져 있다. 도중에 얻은 사실은 될 수 있는 대로 일반화 시켜라. 이것은 증명의 중요한 부분이 불필요한 가정이나 명제로 흐트러지는 것을 피할 수 있게 한다.

이산수학 연습문제

1. 다음을 직접증명법을 이용하여 증명하여라.

(1) x, y가 실수일 때, $|x|+|y| \geq |x+y|$ 이다.

(2) $1+3+5+\cdots+(2n-1)=n^2$

(3) $n(n^2+5)$ 는 6의 배수이다.

(4) 멱집합을 2^S라 하고 부분집합의 개수를 $|2^S|$라 하자. S가 유한집합이면 $|2^S|=2^{|S|}$ 이다.

(5) n≥1에 대하여 n^3+2n 은 3으로 나누어진다.

2. 다음 식을 수학적 귀납법으로 증명하여라.

(1) $\sum_{k=1}^{n} k2^k = 2+(n-1)^{n-1}$

(2) $\sum_{k=1}^{n} k \times k! = (n+1)!-1$

(3) $(\cos\theta + i\sin\theta)^n = \cos(n\theta)+i\sin(n\theta)$

(4) 자연수 n≥4에 대하여, $2^n \geq n+10$ 이다.

(5) 모든 자연수 n에 대하여, 5^n-4n-1 은 16으로 나누어진다.

(6) $(1+2+3+\cdots+n)^2 = 1^3+2^3+3^3+\cdots+n^3$

(7) n≥2에 대하여, n^4-4n^2 은 3으로 나누어진다.

3. 다음을 모순증명법을 이용하여 증명하여라.

(1) m이 짝수이고 n이 홀수일 때, m+n은 홀수이다.

(2) m과 n이 홀수일 때, m+n은 짝수이다.

(3) $\sqrt{8}$ 은 유리수가 아니다.

4. P(n)은 n(n≥1)시간 후에 증식되는 박테리아 수를 추정한 근삿값이다. 만약 P(1)=1000, P(2)=2000, P(n)=P(n-1)+P(n-2), n≥2라 하면 다음이 성립함을 증명하여라.

$$P(n) = \left[\frac{1000}{\sqrt{5}}\left(\frac{1+\sqrt{5}}{2}\right)^{n-1} + \left(\frac{1-\sqrt{5}}{2}\right)^{n-1}\right]$$

5. $1+i = \sqrt{2}(\cos 45^\circ + i\sin 45^\circ)$와 (3)을 이용하여 $(1+i)^{100}$을 계산하여라.

6. 명제「1보다 큰 자연수는 소수인 인수를 가지고 있다」가 참임을 강한 수학적 귀납법을 이용하여 증명하여라.

7. 한 무더기의 성냥개비가 있다. 두 사람이 번갈아가며 세 개 이내의 성냥개비를 치울 때 마지막으로 치우는 사람이 지는 게임이 있다. 「성냥개비의 개수가 임의의 k에 대해서 n=4k+1이면 먼저 시작하는 사람이 지고 이외의 개수이면 먼저 하는 사람이 이긴다.」인 명제를 강한 수학적 귀납법을 이용하여 증명하여라.

CHAPTER 3 집합(Set)

현대수학에 있어서 가장 중요한 개념 중의 하나가 집합이다. 집합의 개념은 수학이나 컴퓨터뿐만 아니라 여러 과학 및 공학 분야에서 널리 응용하여 사용하고 있다. 집합의 개념은 19세기말 칸토르(Georg Cantor)에 의해 처음으로 제안되었다. 그 당시 다른 수학자들은 그의 생각을 인정하지 않았으나 현재 집합론은 수학의 기본 개념으로 여겨지고 있다. 이 상에서는 집합의 기본정의와 표현, 집합의 연산 그리고 대수적 성질 및 분할에 대하여 논하고자 한다.

3-1 집합의 정의

우리는 집합을 경우에 따라서는 집단(aggregate), 모임(collection) 또는 일족(family)이라 말하기도 하지만, 일반적으로 집합을 표현할 때는 벤 다이어그램이나 알파벳 대문자 A, B, C, …, Z 등을 사용한다.

정의 3-1-1. 집합(set)

우리들의 직관 또는 사고의 대상으로서 서로 유사하고 내용 규정이 명확한 것들의 모임.

3-1-1 집합의 표현

집합은 그 집합에 속하는 원소(element)들로 구성되어 있으며, 그 집합을 구성하는 원소는 주로 소문자 a, b, c, …, z 등으로 표시한다. 임의의 집합 S의 원소 하나를 a라 하면, $a \in S$와 같이 표현하고 a가 집합 S의 원소임을 나타내고 $a \notin S$는 a가 S의 원소가 아님을 나타낸다.

이제 집합을 표현하는 방법으로 원소나열법과 조건제시법을 소개하겠다.

- 원소나열법 : 집합의 원소들을 각각 빠짐없이 나열하는 방법이다. 집합의 원소를 나열할 때, 원소가 나열되는 순서는 중요하지 않다. 예를 들어 1부터 3까지의 자연수의 집합을 A라 하고, 원소나열법으로 나타내면 다음과 같다.

A={1,2,3}, B={a, b, c, d, ⋯}

원소의 순서는 중요하지 않으며, A={1,2,3}, {1,3,2}, ⋯ ,{3,2,1}은 같은 집합이다.

- 조건제시법 : 집합의 원소들이 가지고 있는 특정한 성질을 기술하여 나타내는 방법이다. 조건제시법의 표현은 $A = \{x \mid p(x)\}$ 와 같이 나타낸다. 여기서 x는 원소를 대표하는 변수이고, p(x)는 원소들이 가지고 있는 성질을 기술한다. 예를 들어 위의 집합 A를 조건제시법으로 표현하면 다음과 같다.

$$A = \{x | 1 \le x \le 3,\ x \in N\}$$

예제 1

다음 집합을 원소나열법으로 표시하여라.

1. x는 자연수이고 x는 10보다 작은 홀수의 집합.
2. 알파벳 소문자 중 모음의 집합.
3. 3의 배수인 자연수 집합.

풀이 해답은 다음과 같다.

1. A={1, 3, 5, 7, 9}   2. B={a, e, I, o, u}   3. C={3, 6, 9, ⋯ }

예제 2

다음 집합을 조건제시법으로 표시하여라.

1. 0와 1사이에 있는 실수의 집합.
2. 20보다 작은 짝수의 집합.

3. $x^3 = x$ 를 만족하는 정수의 집합.

풀이 해답은 다음과 같다.

1. $S = \{x | x$는 실수이고, $0 \le x \le 1\}$
2. $A = \{x | n \in Z,\ x = 2n,\ n \le 10\}$
3. $B = \{x | x \in Z,\ x^3 = x\}$

유제 1

다음 집합에 대하여 5개의 원소를 나열하여라.

1. A={n | n은 자연수, n은 5로 나누어진다}
2. B={x | x는 음이 아닌 정수, 2^x }
3. C={y | y는 유리수, 0〈y〈1}
4. D={z | z는 양의 정수, z+1은 소수이다}

우리는 임의의 집합 S에서 집합 내에 있는 서로 다른 원소들의 개수를 그 집합의 **cardinality**또는 **원소수**라 하고 | S | 또는 n(S)와 같이 표현한다. 우리는 위의 [예제1]에서 집합 A, B, C의 원소의 개수는 각각 5개, 5개, 무한수의 개이므로, n(A)=5, | B | =5, | C | =∞와 같이 표현한다.

집합 S에서 원소의 개수가 0개 또는 양의 정수 값을 가질 때, S는 **유한집합**이라고 하며, 그렇지 않을 때를 **무한집합**이라 한다. [예제1]에서 집합 A, B는 유한집합이고, C는 무한집합이다.

정의 3-1-2. 전체집합(universal set)과 공집합(empty srt)

- 전체집합 : 논의의 대상이 되는 모든 원소의 의 집합이며, U로 표시한다.
- 공집합 : 어떤 원소도 갖지 않는 집합이며, ∅ 또는 { }로 표시한다.

지금부터 수학적인 집합들을 설명할 때, 자주 쓰이는 전체집합의 표기와 기호에 대하여 설명하기로 한다. x를 원소로 표기할 때 「x는 실수이고」 또는 「x는 정수이고」 라는 표현을 사용하였다. 이처럼 말로 서술하는 대신 정수나 실수에 대한 집합을 기호로 나타내고, x가 그 집합에 원소임을 기호로 나타내면 훨씬 간단하고 명료하게 집합을 표현할 수 있다. 이런 수학적인 원소의 전체 집합은 다음과 같은 특정기호로 집합을 나타낸다.

- $\mathbb{Z}$: Z={⋯, −2, −1, 0, 1, 2, ⋯}
- $\mathbb{N}$: N={x| x∈Z, x>0}={1,2,3, ⋯}
- $\mathbb{Q}$: Q={$\frac{x}{y}$ | x, y∈Z, y≠0}
- $\mathbb{R}$: 실수의 집합.
- $\mathbb{R}$: S_n : $S_n = \{x|x \in N,\ x \le n\}$ ={1,2,3,⋯,n}

예제 3

다음은 어떤 집합을 의미하는가?

1. $S = \{x|x^2 = -2,\ x \in \mathbb{Z}\}$
2. $R = \{x|x \in \mathbb{N},\ x$는 짝수 또는 x는 홀수$\}$

풀이 실수의 분류를 참고한다.

1. 집합 S는 정수의 집합이다. 그런데, $x = \pm\sqrt{2}\,i$ 이므로 실수가 아니다.
   $S = \phi$ 이다.
2. 자연수는 홀수와 짝수로 이루어져 있다.
   R={n | 2n±1 또는 2n, n∈N}=N이다.

이제 여집합에 관하여 다루어 보자. 일반적으로 여집합은 보집합이라고 하는데, 임의의 집합 A에 대하여, 전체집합 U에는 속하지만 A에는 속하지 않는 원소들로 구성된 집합을 말한다.

정의 3-1-3. 여집합(complement set)

임의의 집합 A와 전체집합 U에 대하여, U에는 속하지만 A에는 속하지 않는 원소들의 집합이며, A^C 와 같이 표현한다.

$$A^C = \{x | x \in U,\ x \notin A\}$$

예제 4

다음 각각의 집합에 대하여 여집합을 구하여라.

1. 전체집합 U={x | 1≤x≤10, x∈Z}, A={1,2,3,4,5}
2. 전체집합 U={x | x∈N}, A={x | x=2n-1, n∈N}

풀이 자연수는 홀수와 짝수로 이루어져 있다.

1. $A^C = \{x | x \in U,\ x \notin A\}$ ={6,7,8,9,10}
2. $A^C = \{x | x \in U,\ x \notin A\}$ ={x | x=2n, n∈N}.

3-1-2 부분집합(subset)

부분집합이란 말 그대로 임의 한 집합의 한 부분을 이룬다는 뜻이다. 우리가 집합론은 물론 공학이나 자연과학 분야에서도 대부분의 정리나 이론을 설명하거나 증명할 때, 부분집합의 개념이 너무도 요긴하게 이용된다.

정의 3-1-4. 부분집합(subset)

- 집합 A의 모든 원소가 B의 원소이면 A를 B의 부분집합이라 하고 기호로 A⊂B와 같이 표현한다. 수식으로 표현하면 다음과 같다.

$$(\forall a \in A \Rightarrow a \in B) \Leftrightarrow A \subset B$$

- 공집합 : 어떤 원소도 갖지 않는 집합이며, ∅ 또는 { }로 표시한다.

일반적으로 부분집합의 기호로는「⊆」을 사용하는데, 이 책에서는 기호로「⊂」만 사용한다. 한편, A⊂B이고, A≠B일 때, A를 B의 **진부분집합**(proper subset)이라고 하며, **공집합** ∅은 모든 집합의 부분집합이다. 또한, 집합 A가 집합 B의 부분집합이 아닐 경우는 A⊄B와 같이 표현한다.

예제 5

집합 X={x | 1≤x≤5, x∈Z}에 대하여, 다음의 각 집합이 S의 부분집합인지, 진부분집합인지를 판별하여라.

1. A={1, 2, 3, 4, 5}
2. B={1, 3, 5}
3. C=[2, 4, 6]
4. D=∅

풀이 기호로 나타내 보자.

1. A⊂X, A=X. 부분집합이고 같은 집합이다.
2. A⊂X, A≠X 이므로 진부분집합이다.
3. 6∈C이지만 6∉X이므로 A⊄X. 부분집합도 진부분집합도 아니다.
4. D⊂X 공집합은 모든 집합의 부분집합이다.

부분집합에서 사용한 기호「⊂」는 집합들 사이의 포함관계를 선명하게 해 준다. 앞에서 언급한 집합들 N, Z, Q, R, S_n 사의 포함관계는 S_n⊂N⊂Z⊂Q⊂R 와 같다. 또한, 두 집합 A, B가 같다는 것은 두 집합 속에 속하는 각각의 원소들이 같다는 의미이고, 두 집합이 같다는 것을 포함관계로 나타내면 다음과 같다.

A=B ⇔ A⊂B 이고 B⊂A.

유제 2

다음 집합들의 부분집합과 진부분집합을 구하여라.

1. A={1,2,3}
2. B={2x-1 | 1≤x≤4, x∈N}
3. C={x | x는 3으로 나누어진다. x∈N, x≤10}

두 집합 A={n∈N | n은 2로 나누어진다}, B={2n | n∈N}에 관하여 관찰해보자. 두 집합은 겉으로는 서로 다른 방법으로 정의 되어 있다. 하지만 이들은 정확히 같은 원소들로 구성되어있으므로 같은 집합이다.

이제 부분집합의 개수에 대하여 알아보자. 집합 A에 대하여 A의 원소의 개수가 n개이면, n(A)로 표시하며, 부분집합의 개수는 |A|와 같이 나타낸다.

정리 3-1-5.

A={1,2,3,⋯,n},즉, n(A)=n일 때, 부분집합의 개수는 $|A|=2^n$개다.

풀이 수학적 귀납법은 앞에서 다루었으므로 직접증명법을 이용하자.

원소가 없을 때 : ${}_nC_0$　　원소가 1개일 때 : ${}_nC_1$

원소가 2개일 때 : ${}_nC_2$　　원소가 3개일 때 : ${}_nC_3$

⋯ ⋯ ⋯ ⋯ ⋯　　원소가 n개일 때 : ${}_nC_n$

$\therefore {}_nC_0 + {}_nC_1 + {}_nC_2 + \cdots + {}_nC_n = 2^n$(개)

위에서 우리는 이항전개와 조합의 개념을 도입하여 증명하였는데, 나중에 10장에서 좀 더 자세하게 설명하겠다.

예제 6

n(A)=10일 때, 다음 경우의 부분집합의 개수를 구하여라.

1. A의 부분집합의 개수
2. A의 진부분집합의 개수
3. 1을 포함하는 부분집합의 개수
4. 2와 3은 포함되고 4는 포함되지 않는 부분집합의 개수
5. 1,2,3중 적어도 1개는 포함되는 부분집합의 개수

풀이 정리의 공식을 이용한다.

1. n=10이므로 부분집합의 개수는 2^{10}개.
2. 자기 자신의 집합을 제외하므로 진부분집합의 개수는 $(2^{10}-1)$개.

3. 원소 1을 모든 부분집합에 먼저 포함시킨다. 그러면 n=9인 부분집합의 개수를 구하는 경우와 같다. 조건을 만족하는 부분집합의 개수는 2^9 개.
4. 2와 3을 포함시키는 경우는 위와 같고 4는 원소에서 제거하면, 실제로는 n=7인 부분집합의 개수를 구하는 경우와 같다. 조건을 만족하는 부분집합의 개수는 2^7 개.
5. 부분집합의 총 경우에서 원소 1, 2, 3을 하나도 포함하지 않는 경우를 빼면 된다. 즉, $2^{10} - 2^7 = 7 \times 2^7$개.

유제 3

두 집합 $A = [x|x \in \mathbb{N}, x \leq 5]$, $B = 1, 3, 5$에 대하여 B⊂X⊂A를 만족하는 X의 개수는?

정의 3-1-6. 집합류(class)와 멱집합(power set)

- 집합류 : 임의의 집합 A에 대한 부분집합의 모임.
- 멱집합 : A의 모든 부분집합을 원소로 가지는 집합이며, P(A)와 같이 표현한다.
  P(A)={B | B⊂A}, n(A)=n일 때, n[P(A)]=2^n개다.
- 공집합 : 어떤 원소도 갖지 않는 집합이며, ∅ 또는 { }로 표시한다.

임의의 집합 A에 대하여, A의 부분집합을 생각해 보면 집합류는 이들 부분집합들의 집합이고, A의 멱집합은 A의 **부분집합류**(subclass)라고 할 수 있다. 집합류는 집합의 집합이기 때문에 이와 관련하여 착각하거나 틀리기 쉬운 경우가 빈번히 발생한다. 특히, {∅}≠∅인 점을 유의해야 하며, ∅은 그 집합의 부분집합이기 때문에 그 집합의 멱집합의 원소가 된다. 또한, 집합 A에 대한 멱집합 P(A)를 2^A와 같이 표기하기도 하고, 원소의 개수를 크기(cardinality)라 하여 |P(A)| 또는 2|A| 와 같이 표현한다.

예제 7

집합류 A={{1}, {2,3}, {4,5,6}}에 대하여, 다음 물음에 답하여라.

1. 집합류 A의 원소를 구하여라.

2. 다음이 참인지, 거짓인지를 판별하여라.

(1) 1∈A　　(2) {4,5,6}∈A　　(3) {2,3}⊂A

(4) {{1}}⊂A　　(5) ∅⊂A　　(6) ∅∈A

풀이 집합과 집합류의 정의를 유념한다.

1. 집합 A의 부분집합이 집합류의 원소이므로 {1}, {2,3}, {4,5,6}이다.
2. (1) 1∈A : 집합류의 원소가 아니다. 거짓.
   (2) {4,5,6}∈A :참.
   (3) {2,3}⊂A : {2,3}은 원소이지 부분집합이 아니므로 거짓.
   (4) {{1}}⊂A : 집합류 A의 부분집합이므로 참.
   (5) ∅⊂A : 공집합은 집합류 A의 부분집합이다. 참.
   (6) ∅∈A : (5)의 설명에서 거짓이다.

예제 8

다음 각각의 경우에 멱집합을 구하여라.

1. P(∅)　　2. P({1})　　3. P({1,2})

풀이 해답은 다음과 같다.

1. P(∅)={∅}　　2. P({1})={∅, {1}}　　3. P({1,2})={∅,{1},{2},{1,2}}.

위의 예제에서 보았듯이 멱집합을 구하는데 있어서 몇 가지 주의할 점이 있다.

첫째로 멱집합을 구한 다음에는 반드시 원소의 개수가 맞는지 확인해야한다.

둘째로 멱집합의 원소는 모두 집합이라는 것이다. 그러므로 ∅을 제외한 모든 원소는 집합기호 「{a}」로 표현되어야 한다. 이제 우리는 집합 {1,{1}}을 생각해 보자. {1}∈{1,{1}}이고 동시에 {1}⊂{1,{1}} 이다. 이것은 두 집합 A, B에 대하여 A∈B이고 A⊂B일수도 있다.

지금까지 우리가 접한 여러 형태의 집합들에 관하여 포함관계를 요약정리하면 다음과 같다. 임의 집합 A, B, C와 전체집합 U에 대하여 다음이 성립한다.

1. $\varnothing \subset A \subset U$
2. $A \subset A$
3. $A \subset B$ 그리고 $B \subset C \Rightarrow A \subset C$
4. $A \subset B$ 그리고 $B \subset A \Leftrightarrow A = B$
5. $\varnothing \subset \{\varnothing\}$, $\varnothing \in \{\varnothing\}$.

3-1-3 곱집합

곱집합을 정의하기 위해서는 순서쌍(ordered pair)의 설명이 선행되어야 한다. 하나의 순서쌍은 순서로 구분되는 원소들의 쌍으로서 (a, b)와 같이 나타낸다. 순서쌍 (a, b)는 쌍의 원소들 간의 순서에 의해 구분이 되므로 $a \neq b$이면 $(a, b) \neq (b, a)$이다.

정의 3-1-7. 곱집합(Cartesian product)

두 집합 A, B의 곱집합은 $a \in A$, $b \in B$인 모든 순서쌍의 집합 (a, b)를 말하며, $A \times B$와 같이 표기한다.

$$A \times B = \{(a, b) \mid a \in A, b \in B\}$$

우리는 곱집합을 Cartesian 곱이라고도 부른다. 물론 집합 A 또는 B가 공집합이면 $A \times B$도 당연히 공집합이고, 곱집합은 순서가 중요한 의미를 갖는 순서쌍의 집합이기 때문에 일반적으로 $A \times B \neq B \times A$임을 유념하자.

예제 9

집합 $A=\{a, b, c\}$, $B=\{1,2\}$, $C=\{x, y\}$에 대하여 다음을 구하여라.

1. $A \times B$
2. $(A \cup B) \times C$
3. $(A \times C) \cup (B \times C)$

풀이 곱집합의 정의에 유념한다.

1. $A \times B = \{(a,1), (a,2), (b,1), (b,2), (c,1), (c,2)\}$
2. $A \cup B = \{a, b, c, 1, 2\}$

   $(A \cup B) \times C = \{(a,x), (a,y), (b,x), (b,y), (c,x), (c,y), (1,x), (1,y), (2,x), (2,y)\}$
3. $A \times C = \{(a,x), (a,y), (b,x), (b,y), (c,x), (c,y)\}$

B×C={(1,x), (1,y), (2,x), (2,y)}
(A×C)∪(B×C)={(a,x), (a,y), (b,x), (b,y), (c,x), (c,y), (1,x), (1,y), (2,x), (2,y)}.

유제 4

다음 물음에 답하여라.

1. A={1,2,3}, B={a, b}일 때, A×B를 구하여라.
2. A×B={(a,1), (a,2), (a,3), (b,1), (b,2), (b,3)}일 때, A, B를 구하여라.
3. A×(B∩C)=(A×B)∩(A×C)임을 보여라.

풀이 문제 3을 증명해보자.

A×(B∩C)=(x∈A)∧(y∈B∩C)
=x∈A∧(y∈B∧y∈C)
=(x∈A∧y∈B)∧(x∈A∧y∈C)
=(x,y)∈A×B∧(x,y)∈A×C
=(x,y)∈(A×B)∩(A×C)

∴ A×(B∩C)=(A×B)∩(A×C).

〈참고〉 *{a,b}={b,a} *{a}={a,a}={a,a,a} * (a,a)≠(a)

우리는 집합들의 Cartesian 곱을 두 개 이상으로 확장할 수 있으며, n개로 확장하였을 때, 다음과 같이 정의한다.

$$A_1 \times A_2 \times \cdots \times A_n = \prod_{i=1}^{n} A_i = \{(a_1, a_2, \cdots, a_n) | a_i \in A_i,\ 1 \le i \le n\}.$$

예제 10

다음 곱집합에 대하여 물음에 답하여라.

1. $R^2 = R \times R$ 을 설명하고 예를 들어라.
2. $R^3 = R \times R \times R$ 을 설명하고 예를 들어라.
3. A={a, b}, B={1,2,3}, C={x, y}일 때, A×B×C를 구하여라.

풀이 곱집합의 정의를 유념한다.

1. $R^2 = R\times R$ ={(x, y) | x, y∈R} 2차원 평면
2. $R^3 = R\times R\times R$ ={(x, y, z) | x, y, z∈R} 3차원 공간.
3. A×B×C={(a,1,x),(a,1,y),(a,2,x),(a,2,y),(a,3,x),(a,3,y),(b,1,x), (b,1,y),(b,2,x),(b,2,y),(b,3,x), (b,3,y)} 이다.

예제 10의 문제 3에서 A×B×C을 구하기 위해서 원소의 개수가 몇 개인가를 아는 것이 매우중요하다. 이것을 정의하기 위하여 cardinality라는 용어를 사용하여 원소의 개수를 구한다. 기호로는 집합 A의, 경우 n(A) 또는 |A|를 사용한다고 앞에서 언급하였다. 이제 임의의 유한집합 A, B, C에 대하여, 다음이 성립한다.

- n(A∪B)=n(A)+n(B)−n(A∩B) ⇔ |A∪B|=|A|+|B|−|A∩B|
- n(A∩B)=n(A)+n(B)−n(A∪B) ⇔ |A∩B|=|A|+|B|−|A∪B|
- n(A∪B∪C)=n(A)+n(B)+n(C)−n(A∩B)−n(B∩C)−n(C∩A)+n(A∩B∩C)
- n(A−B)=n(A∩B^C)=n(A)−n(A∩B)
- n(A×B)=n(A)n(B), |A×B×C|=|A|×|B|×|C|.

예제 11

유한집합 A, B, C에 대하여, n(A)=8, n(B)=7, n(C)=10, n(A∩B)=3, n(A∩C)=4, n(B×C)=5, n(A∩B∩C)=2일 때, 다음 물음에 답하여라.

1. n(A∪B), n(A∩B)를 구하여라.
2. n(A∪B∪C)를 구하여라.
3. n(A×B), n(A×B×C)를 구하여라.

풀이 위의 정의를 유념한다.

1. n(A∪B)=n(A)+n(B)-n(A∩B)=12. n(A∩B)=n(A)+n(B)-n(A∪B)=3
2. n(A∪B∪C)=8+7+10-3-4-5+2=15.
3. n(A×B)=n(A)n(B)=56, |A×B×C|=|A|×|B|×|C|=560.

3-2 집합의 연산

이절에서는 주어진 집합들로부터 새로운 집합을 만들 수 있는 집합의 연산들에 대하여 소개한다. 모든 집합은 전체집합 U의 부분집합이라 생각할 수 있으며, 집합의 연산에서 만들어지는 새로운 집합들은 주어진 집합의 원소들을 조합함으로서 만들어진다.

주어진 집합들 사이의 관계와 집합의 연산에 대하여 좀 더 이해하기 쉽도록 벤다이어그램(Venn diagram)을 이용하는데, 기본적인 집합의 관계는 다음과 같다.

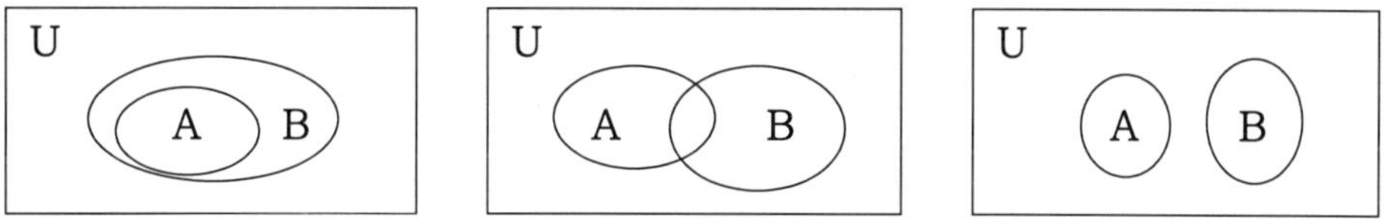

[그림 3-1-a] [그림 3-1-b] [그림 3-1-c]

위의 [그림 3-1-a]는 두 집합 A, B사이의 관계에서 A⊂B인 경우이고, [그림 3-1-b]는 두 집합사이에 공통원소가 존재한다는 의미이며, [그림 3-1-c]는 두 집합 A, B사이에 공통원소가 존재하지 않는 다는 의미이다.

3-2-1 집합의 연산에 대한 기본정의

지금부터 우리는 집합의 연산에 대한 기본법칙인 합집합, 교집합, 차집합 그리고 대칭차집합에 관하여 정의하고 좀 더 세부적으로 예를 들어 설명하겠다.

합집합(union) : A∪B

$A \cup B = \{x \mid x \in A \text{ or } x \in B\}$

교집합(intersection) : A∩B

$A \cap B = \{x \mid x \in A \text{ and } x \in B\}$

차집합(difference) : A-B

$A - B = \{x \mid x \in A \text{ and } x \notin B\} = A \cap B^C$

여집합(complement) : A^C

$A^C = U - A = \{x \mid x \in U \text{ and } x \notin A\}$

대칭차집합(symmetric difference) : A◎B

A◎B=(A-B)∪(B-A)

두 집합 A, B에 대하여, A와 B의 대칭차집합은 차집합 (A-B)에 속하거나 (B-A)에 속하는 원소들로 구성된 집합이며, A◎B와 같이 표기한다. 즉, A◎B={x | (x∈A and x∉B) or (x∈B and x∉A)}=(A-B)∪(B-A)=(A∪B)∩(A∩B)^C 이다. 이러한 관계를 벤다이어그램으로 나타내면 다음과 같다.

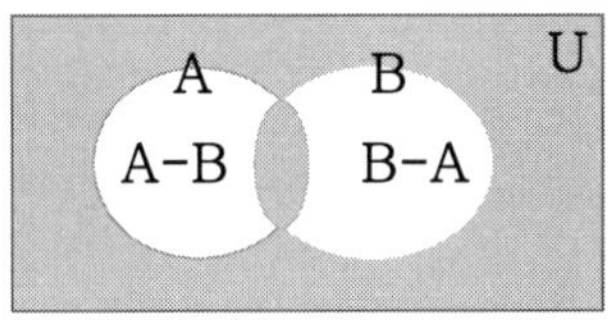

[그림 3-2] 대칭차집합

예제 12

전체집합이 U={0,1,2,3,4,5,6,7}이고, A={0,1,2}, B={1,2,3,4}, C={3,4,5,6}일 때, 다음 물음에 답하여라.

1. A∪B, A∩B를 구하여라.
2. A-B, A-C, A^{C}를 구하여라.
3. 대칭차집합 A◎B와 B◎C를 구하여라.

풀이 해답은 아래와 같다.

1. A∪B={0,1,2,3,4}, A∩B={1,2}
2. A-B={0}, A-C={0,1,2}, A^C={3,4,5,6,7}
3. A-B={0}, B-A={3,4}, A◎B=(A-B)∪(B-A)={0,3,4}
   B-C={1,2}, C-B={5,6}, B◎C={1,2,5,6}

유제 5

A={1,2,3,4,5,6}, B={x | x=2n, 1≤n≤3}, C={3,5,10,17,16}일 때, 다음 물음에 답하여라.

1. A∩B∩C, A∪B∪C를 구하여라.
2. A-(B-A)를 구하여라.
3. A◎B◎C를 구하여라.

3-2-2 집합의 대수적 법칙

집합의 연산법칙에 있어서는 일반적인 대수의 법칙과 매우 유사하다. 집합의 연산에 관한 여러 가지 성질들을 소개하고 분배법칙이나 드모르강의 법칙 등에 관해서는 증명하여 보자.

교환법칙(commutative law) : A∪B=B∪A, A∩B=B∩A.

멱등법칙(idempotent law) : A∪A=A, A∩A=A.

결합법칙(associative law) : (A∪B)∪C=A∪(B∪C)

(A∩B)∩C=A∩(B∩C).

분배법칙(distribute law) : A∪(B∩C)=(A∪B)∩(A∪C)

A∩(B∪C)=(A∩B)∪(A∩C).

증명 분배법칙에 관하여 증명하자.

(⇒) x∈[A∪(B∩C)]이라 가정하면 x∈A 또는 x∈(B∩C)이다.

(1) x∈A인 경우 :

x∈A ⇒ x∈(A∪B)이고 x∈(A∪C)

⇒ x∈[A∪B)∩(A∪C)]

(2) x∈(B∩C)인 경우 :

x∈(B∩C) ⇒ x∈B이고 x∈C

⇒ x∈A∪B이고 x∈(A∪C)

⇒ x∈[A∪B)∩(A∪C)]

(⇐) x∈[A∪B)∩(A∪C)] 이라 가정하면 x∈(A∪B)이고 x∈(A∪C)이다.

위에서 x∈A 이거나 x∉A인 경우로 나누어 생각한다.

(1) x∈A이면 x∈[A∪(B∩C)]임은 명백하다.

(2) x∉A이면 x∈(A∪B)이므로 x∈B이다. 같은 방법으로 x∈C이다. 즉, x∈(B∩C)이므로, x∈[A∪(B∩C)]이다.

∴ A∪(B∩C)=(A∪B)∩(A∪C).

- 흡수법칙(absorption law) : (A∩B)∪A=A, (A∪B)∩A=A.
- 보법칙(complement law) : $(A^C)^C = A$, $A \cap A^C = \phi$, $A - \phi = A$.
- 역법칙(inverse law) : $A \cup A^C = U$, $U^C = \phi$, $\phi^C = U$.
- 항등법칙(identity law) : A∪U=A, A∩∅=∅, A∩U=A, A∪∅=A.
- De Morgan's law : $(A \cup B)^C = A^C \cap B^C$, $(A \cap B)^C = A^C \cup B^C$.

증명 De Morgan's law의 법칙을 증명하여 보자.

우리는 $(A \cup B)^C \subset A^C \cap B^C$ 이고 $(A \cup B)^C \supset A^C \cap B^C$임을 보여야 한다.

(⇒) $(A \cup B)^C \subset A^C \cap B^C$ 임을 증명하자.

x∈(A∪B)C 이라 하면 x∉(A∪B)이므로 x∉A 이고 x∉B이다. 이것은 $x \in A^C$이고 $x \in B^C$임을 의미한다. 즉, $x \in A^C \cap B^C$.

(⇐) $(A \cup B)^C \supset A^C \cap B^C$ 임을 증명하자.

$x \in A^C \cap B^C$이라 하자. 그러면 $x \in A^C$이고 $x \in B^C$이므로 x는 A에도 B에도 속해있지 않음을 알 수 있다. x∉(A∪B)이므로 $x \in (A \cup B)^C$이다.

∴ $(A \cup B)^C = A^C \cap B^C$.

예제 13

다음 집합들에 대하여 조건에 따라 증명하여라.

1. A∪(B-A)=A∪B임을 집합의 정의 그 자체를 이용하여라.
2. A◎B=(A-B)∪(B-A)=(A∪B)-(A∩B)임을 집합의 여러 법칙들을 이용하여라.

풀이 조건에 따라 증명한다.

1. A∪(B-A) ⇔ x∈A∨x∈(B-A) … (합집합의 정의)

   ⇔ x∈A∨(x∈B∧x∉A) … (집합의 정의)

$\Leftrightarrow (x \in A \vee x \in B) \wedge (x \in A \vee x \notin A)$ … (분배법칙)

$\Leftrightarrow (x \in A \vee x \in B)$ … (항등법칙)

$\Leftrightarrow x \in (A \cup B)$ … (합집합의 정의)

$\therefore A \cup (B-A) = A \cup B.$

2. $A \circledcirc B = (A-B) \cup (B-A)$ … (대칭차집합의 정의)

$= (A \cap B^C) \cup (B \cap A^C)$ … (차집합의 정의)

$= [(A \cap B^C) \cup B] \cap [(A \cap B^C) \cup A^C]$ … (분배법칙)

$= [(A \cup B) \cap (B^C \cup B)] \cap [(A \cup A^C) \cap (B^C \cup A^C)]$ … (분배법칙)

$= [(A \cup B) \cap U] \cap [U \cap (B^C \cup A^C)]$ … (항등법칙)

$= (A \cup B) \cap (B \cap A)^C$ … (드모르강의 법칙)

$= (A \cup B) - (A \cap B)$ … (차집합의 정의)

예제 14

다음을 증명하여라.

1. $A \cap (A \cup B) = A$
2. $(A \cup B) \cap (A \cup B^C) = A$
3. $(A \cup B) \cap (A \cup \varnothing) = A$
4. $(A^C \cap B) \cup (A \cap B^C) \cup (A \cap B) = A \cup B$

풀이 집합의 정의와 기본법칙을 적절하게 이용한다.

1. $A \subset A \cup B$이므로 $A \cap (A \cup B) = A$이다.
2. $(A \cup B) \cap (A \cup B^C) = A \cup (B \cap B^C) = A \cup \varnothing = A.$
3. $(A \cup B) \cap (A \cup \varnothing) = (A \cup B) \cap A = A (\because A \subset A \cup B).$
4. $(A^C \cap B) \cup (A \cap B^C) \cup (A \cap B)$

$= (A^C \cap B) \cup [A \cap (B \cup B^C)]$

$= (A^C \cap B) \cup (A \cap U) = (A^C \cap B) \cup A$

$= (A^C \cup A) \cap (A \cup B) = U \cap (A \cup B) = A \cup B.$

유제 6

다음을 증명하여라.

1. $A \cap B = \varnothing \Rightarrow A-B=A$
2. $[(A \cap B) \cap (A \cup B=C)] \Rightarrow A=C-B$
3. $(A \cup B)-C=(A-C) \cup (B-C)$

우리는 지금까지 집합의 대수법칙을 이용하여 다양한 종류의 명제들을 증명하였는데, 집합의 항등식을 자세히 관찰해 보면 ∪, ∩, ∅, 및 U를 각각 ∩, ∪, U, ∅로 치환함으로써 얻어진 항등식임을 알 수 있다. 여기에 다음의 쌍대의 개념을 정의하겠다.

정의 3-2-1. 쌍대(duality)

집합에 관한 명제에서 그 명제 안에 있는 교집합과 합집합을, 전체집합과 공집합을 서로 바꾸어서 만들어진 새로운 명제를 원래 명제의 쌍대라 한다. 즉, ∪, ∩, U, ∅ ⇒ ∩, ∪, ∅, U.

위의 쌍대의 원리가 일반적으로는 성립하지만, 특수한 상황에서는 성립하지 않는다. 에를 들면, U={1,2,3,4,5}이고, A={1,2,3,4}, B={1,2,3,5}, C={1,2}, D={2,3}일 때, $A \cap B = C \cup D$이다. 이때, $A \cap B = C \cup D$의 쌍대가 위의 정의대로 하면, $A \cup B = C \cap D$이지만, $A \cup B$={1,2,3,4,5}이고 $C \cap D$={2}가 되어 성립하지 않는다. 그 이유는 전체집합 U가 U={1,2,3,4,5}이라고 하는 특정한 경우이기 때문이다.

예제 15

다음 각 집합의 항등식의 쌍대를 구하여라.

1. $(A \cup B) \cap (A \cup B^C) = A \cup \varnothing$
2. $(A \cup B)^C = A^C \cap B^C \Leftrightarrow (A \cap B)^C = A^C \cup B^C$
3. $(A \cap U) \cup (B \cap A) = A$

풀이 쌍대의 정의를 유념한다.

1. $(A \cap B) \cup (A \cap B^C) = A \cap U$.
2. De Morgan의 법칙 그 자체이다.
3. $(A \cup \varnothing) \cap (B \cup A) = A$..

유제 7

다음 각 집합의 항등식의 쌍대를 구하여라.

1. $A \cap (B \cup^{C}) = A$.
2. $(A^{C} \cap B) \cup (A \cap B^{C}) \cup (A \cap B) = A \cup B$
3. $A \cup (B \cap C) = (A \cup B) \cap (A \cup C)$
4. $U = [(A \cap B) \cup (A \cap B^{C})] \cup [(A^{C} \cap B) \cup (A^{C} \cap B^{C})]$

이제 우리는 집합들의 합과 곱에 관한 확장된 표기법을 소개하겠다. 임의 의 집합 A에 대하여, 멱집합 P(A)의 원소들을 나타내기 위하여 일반적으로 A_1, A_2, …, A_n 와 같이 표기하고, 그들의 합집합과 교집합의 연산은 다음과 같이 표기한다.

⋯▸ 합집합 : $A_1 \cup A_2 \cup \cdots \cup A_n = \bigcup_{i=1}^{n} A_i$

⋯▸ 교집합 : $A_1 \cap A_2 \cap \cdots \cap A_n = \bigcap_{i=1}^{n} A_i$

위에서 다룬 합집합과 곱집합은 당연히 유한집합과 무한집합으로 구별하여 정의하는 것이 원칙이지만 여기서는 n개의 유한집합으로 한정하였다. 실제로 위에서 정의한 곱집합과 합집합의 표현은 다음절에서 다룰 집합의 분할에도 유용하게 사용된다.

예제 16

집합 $A_1=\{1,2,3\}$, $A_2=\{1,2,3,4,5\}$, $A_3=\{1,2,3,5,7\}$, $A_4=\{1,2,4,6,8\}$이라 하자.

$\bigcup_{i=1}^{4} A_i$ 와 $\bigcap_{i=1}^{4} A_i$ 를 구하여라.

풀이 $\bigcup_{i=1}^{4} A_i = A_1 \cup A_2 \cup A_3 \cup A_4$ 임을 이용한다.

1. $\bigcup_{i=1}^{4} A_i = A_1 \cup A_2 \cup A_3 \cup A_4 = \{1,2,3,4,5,6,7,8\}$

2. $\bigcap_{i=1}^{4} A_i = A_1 \cap A_2 \cap A_3 \cap A_4$ ={1,2}

다음은 De—Morgan의 법칙을 일반화 한 것이다. 증명은 2장에서 수학적 귀납법에서 다루었으므로 여기서는 생략한다.

정리 3-2-1.

$$(\bigcup_{i=1}^{n} A_i)^C = \bigcap_{i=1}^{n} A_i^C \qquad (\bigcap_{i=1}^{n} A_i)^C = \bigcup_{i=1}^{n} A_i^C$$

증명 수학적 귀납법을 이용한다.

1. P(n) : $(\bigcup_{i=1}^{n} A_i)^C = \bigcap_{i=1}^{n} A_i^C$ 을 만족하는 술어라 하자.

기본단계 : n=2일 때, $(A_1 \cup A_2)^C = A_1^C \cap A_2^C$ 이므로 P(2)가 성립한다.

귀납단계 : 2≤k≤n에서 P(k)가 성립한다고 가정하면,

$$\left(\bigcup_{i=1}^{n-1} A_i \cup A_n\right)^C = \left(\bigcup_{i=1}^{n-1} A_i\right)^C \cap A_n^C$$

$$= \left(\bigcap_{i=1}^{n-1} A_i\right)^C \cap A_n^C$$

$$= \bigcap_{i=1}^{n} A_i^C$$

이므로 P(n) 이 성립한다.

2. 위와 같은 방법으로 증명된다.

3-2-3 집합의 분할

집합의 분할(partition of a set)은 집합의 원소들을 비공(non-empty)인 부분집합들에게 나눠주어, 모든 원소가 각자 정확히 하나의 부분집합에 속하게끔 하는 것이다. 임의의 집합 X 의 분할은 X 의 공집합이 아닌 부분집합들로 이루어진, 분리합집합이 X인 집합들이

다. 공집합이 아닌 집합 X의 분할을 P라 하면 X의 분할은 다음과 같은 집합이다.

$$P=\{A_1,\ A_2,\ \cdots,\ A_n\}$$

여기서 X의 분할 P는 다음을 만족하여야 한다.

- A_i (i=1,2,…,n)는 공집합이 아닌 집합 X의 부분집합이다.
- $S=A_1 \cup A_2 \cup \cdots \cup A_n$
- $A_i \cap A_j = \phi$ (i≠j)

분할의 원소인 A_i를 분할의 **블록**(block)이라고 한다. 분할은 집합을 구성하는 원소가 서로소이고 각 원소들의 합집합이 원래의 전체집합이 되어야 한다. 이것을 그림으로 나타내면 다음 [그림 3-2-1]과 같다.

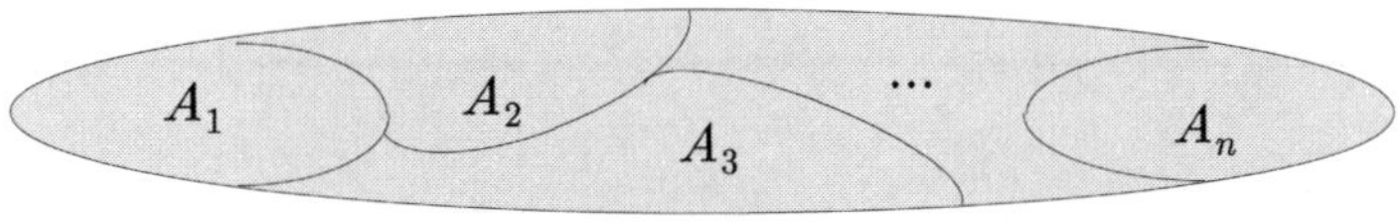

[그림 3-3]

- 한 원소 집합 {x}의 분할은, {{x}}로 유일하다.
- 공집합의 분할은 공집합으로 유일하다.
- 공집합이 아닌 집합 X는 모두 분할 P={X}가진다. 이를 자명한 분할(trivial partition)이라고 한다.
- 공집합이 아닌 집합 U와 공집합이 아닌 진부분집합 A의 여집합 U−A는 U의 분할을 이룬다.

예를 들어 집합 A={1,2,3}의 분할은 5개이다. {{1,2,3}}, 즉 123, {{1},{2,3}}, 즉,1|23, {{2},{3,1}} 즉 2|31, {{3},{1,2}}, 즉 3|12, {{1}, {2}, {3}}, 즉 1|2|3이다. 다시 말하면 원소가 1개, 2개, 3일 경우이다. 다음은 {1,2,3}의 분할이 아니다.

- {{ },{1,2},{3}} : 공집합을 원소로 포함하므로, {1, 2,3}의 분할이 아니며, 다른 어떤 집합의 분할도 아니다.

⋯→ {{1,2},{2,3}} : 서로소가 아니므로, {1,2,3}의 분할이 아니며, 다른 어떤 집합의 분할도 아니다.

⋯→ {{1},{2}} : 합집합이 {1,2,3}이 아니기 때문에 분할이 아니다.

〈참고〉 정수는 홀수와 짝수로, 음과 양의 정수 및 0으로, 소수와 합성수 및 0과 1로 분류되며, 이들은 모두 정수 집합에 대한 분할에 대응한다.

임의의 집합 A의 분할의 정의는 쉽게 이해되지만 분할되는 집합의 개수는 집합 A의 원소의 개수에 따라 계산이 복잡해진다. 분할의 연산 기호 **S(n, k)는 n개의 원소를 서로소인 k개의 집합으로 분할하는 방법**으로, 구별되지 않는 서로 같은 종류의 접시 k개에 서로 다른 종류의 빵 n개를 분배하는 방법의 수와 같다. 여기에 다음의 정리가 성립한다.

정리 3-2-2.

1. S(n,1)=1
2. S(n, n)=1
3. S(n, k)=S(n-1, k-1)+k×S(n-1, k)
4. S(n,2)=$2^{n-1}-1$
5. S(n, n-1)=$_nC_2$

증명 서로 다른 빵과 같은 종류의 접시로 생각한다.

1. 1개의 접시에 n개의 빵을 빠짐없이 분배한다. S(n,1)=1.
2. n개의 같은 종류의 접시에 n개의 빵을 빠짐없이 분배한다. S(n, n)=1
3. $A=\{a_1,\ a_2,\ \cdots,\ a_n\}$ 이라 하자.
   (1) 특정한 원소 a_i가 다른 원소와 포함되지 않는 경우 : 특정한 원소 a_i를 1개의 접시에 미리 독립으로 놓고, 나머지 (n-1)개의 빵을 (k-1)개의 접시에 빠짐없이 분배하는 경우의 수는 S(n-1, k-1)가지이다.
   (2) 특정한 원소 a_i가 다른 원소와 함께하는 경우 : k개의 접시에 (n-1)개의 빵을 빠짐없이 분배한 다음 k개의 접시 중 어느 한 개를 선택하여 한 원소 a_i를 놓으면 되므로 경우의 수는 k×S(n-1, k)이다.
   ∴ S(n, k)=S(n-1, k-1)+k×S(n-1, k)이다.
4. 같은 종류의 2개의 접시에 서로 다른 n개의 빵을 빠짐없이 분배하는 방법의 수

는 (2^n-2)이고, 접시가 구별이 안 되므로 $\frac{2^n-2}{2}=2^{n-1}-1$ 가지이다.

$\therefore\ S(n,2)=2^{n-1}-1$.

5. 같은 종류의 (n-1)개의 접시에 n개의 빵을 분배하려면 서로 다른 n개의 빵 가운데 2개를 선택하는 방법은 ${}_nC_2$가지이고, (2,1,1, ⋯,1)인 (n-1)인 경우를 (n-1)개의 접시에 분배하는 경우는 1가지이다.

$\therefore\ S(n,n-1)={}_nC_2$.

예제 17

다음 물음에 답하여라.

1. 자연수의 집합 N을 홀수와 짝수로 분할하여라.
2. 집합 A={1,2,3}의 모든 분할을 구하여라.
3. 집합 A={1,2,3,4,5,6,7,8}이고, 집합들 A_1={1,3}, A_2={2,6,7}, A_3={4}, A_4={5,8} 일 때, P={A_1,A_2,A_3,A_4}은 A의 분할임을 보여라.

풀이 분할 P의 정의를 이용한다.

1. A_1={2n-1 | n∈N}, A_2={2n | n∈N}이라 하자. $A_1\cup A_2$ =A, $A_1\cap A_2=\phi$ 이므로
   $\therefore$ P={A_1, A_2 }
2. A의 분할은 다음의 5가지 경우이다.
   P={{1,2,3}} 즉, 123.
   P={{1},{2,3}} 즉, 1|23, P={{2},{1,3}} 즉, 2|13, P={{3},{1,2}} 즉, 3|12,
   P={{1},{2},{3}} 즉, 1|2|3.
3. A= $A_1\cup A_2\cup A_3\cup A_4$ ={1,2, ⋯, 8}, $A_1\cap A_2\cap A_3\cap A_4$ =∅이므로
   $\therefore$ P={A_1,A_2,A_3,A_4}은 A의 분할이다.

예제 18

다음 물음에 답하여라.

1. S(5,3)은 무슨 의미인가?
2. S(5,3)을 계산하여라.

3. A={1,2,3,4}일 때, A의 분할 P의 개수를 구하여라.

풀이 정리3-2-1을 이용한다.

1. S(5,3)은 5개의 원소를 서로소인 3개의 부분집합으로 분할한다는 의미인데, 좀 더 구체적으로 예를 들면 서로 다른 5개의 빵을 같은 종류의 접시 3개에 빠짐없이 분배하는 경우의 수이다.
2. S(5,3)=S(4,2)+3×S(4,3)=$2^{4-1}-1+{}_4C_2$ =25(가지).
3. 총 분할의 경우는 다음과 같이 생각한다. S(4,1)=1, S(4,2)=2^3-1=7, S(4,3)=${}_4C_2$ =6, S(4,4)=1.

   ∴ 분할 P의 개수는 15가지이다.

   〈참고〉 공집합이 아닌 집합 A는 모두 분할 P={A}를 가진다. 이를 자명한 분할(trivial partition)이라고 한다.

유제 8

다음 물음에 답하여라.

1. A={a, b, c, d, e, f, g}에 대하여, 분할 S(7,4)를 구하여라.
2. 서로 다른 5개의 공을 서로 다른 3개의 접시에 분배하는 방법을 구하여라.

지금부터 우리는 멤버십 이용방법에 관하여 소개하겠다. 전체집합 U내에 있는 임의의 원소 x가 임의의 집합들 A, B, C, …의 원소인지 아닌지에 따라서 원소이면 1(T), 아니면 0(F)로 표현하자는 착상이다. 멤버십 테이블(membership table)은 제 1장에서 소개한 진리표와 같은 개념이며, 다음과 같이 정리한다.

[표 3-1] 곱, 합, 차, 배타적 합 멤버십 표

A	B	B^C	A∩B	A∪B	A-B	A⊕B
1	1	0	1	1	0	0
1	0	1	0	1	1	1
0	1	0	0	1	0	1
0	0	1	0	0	0	0

유한 개수의 집합이 관련된 경우에는 언제나 사용할 수 있지만, n개의 원소로 구성된 집합의 경우 2^n개의 항목이 만들어지므로 원소의 개수가 커지면 다루기가 쉽지 않다. 멤버십 표를 이용하여 $(A \cup B) \cap (A \cup B^c) = A$임이 논리적 동치인지 아닌지를 확인하여 보자.

[표 3-2] □=(A∪B)∩(A∪B^C)=A 멤버십 표

A	B	B^C	A∪B	A∪B^C	□	A
1	1	0	1	1	1	1
1	0	1	1	1	1	1
0	1	0	1	0	0	0
0	0	1	0	0	0	0

예제 19

멤버십 표를 이용하여 $(A \cup B) \cap A^c \subset B$임을 증명하여라.

풀이 멤버십 표는 다음과 같다.

[표 3-3] □=(A∪B)∩A^C 멤버십 표

A	B	A^C	A∪B	□	B
1	1	0	1	0	1
1	0	0	1	0	0
0	1	1	1	1	1
0	0	1	0	0	0

위의 멤버십 표에서 $(A \cup B) \cap A^c \subset B$임이 증명되었다. 대수법칙으로 증명하여보자.

$$(A \cup B) \cap A^C \Leftrightarrow (A^c \cap A) \cup (A^c \cap B) \Leftrightarrow \varnothing \cup (A^c \cap B) \Leftrightarrow (A^c \cap B) \subset B.$$

이산수학 연습문제

1. 다음을 원소나열법으로 표현하여라.

(1) A={x|x∈N, $x^2 = 9$ }

(2) B={$x^2 + x$ |x=0,1,2,3, ⋯,10}

(3) C={n|n∈Z, 3〈|n|〈9}

(4) D={x|x〈1 ∧x≥2}

(5) E={$2+(-1)^n$ |n=1,2,3, ⋯

2. 다음을 조건제시법으로 표현하여라.

(1) A={5,10,15,20,25, ⋯ }

(2) B={1,4,7,10,13,16,19,22}

(3) C={1,2,4,8, ⋯, 1024}

(4) D={1,2,4,71,142,284}

(5) E={0,1,1,2,3,5,8,11,19, ⋯ }

3. 다음 집합에 대하여 각 집합의 원소의 개수는 몇 개인가? 무한집합의 경우는 ∞로 표현하여라.

(1) A={x|x∈Z, 3〈x〈33}

(2) B={x|x∈Z, 3〈|x|〈33}

(3) C={x|x∈Z, x는 짝수이고, |x|〈33}

(4) D={n|n∈N, n은 짝수}

(5) P(N)

4. U={1,2,3, ⋯,12}, A={1,3,5,7,9,11}, B={2,3,5,9}, C={2,3,6,12}, D={2,4,8}일 때, 다음 물음에 답하여라.

(1) A∪B

(2) A∩C

(3) (A∪B)∩C^c

(4) A-B

(5) C-D

(6) B⊕D

(7) (A◎B)◎C 단, ◎는 대칭차집합의 연산기호이다.

5. 다음 집합들의 포함관계를 나타내어라.

A={n | n∈N, n은 홀수}, B={x | x∈N, x는 소수}

C={y | y∈n, 4y+3} D={z | z∈R, $z^2 - 8z + 15 = 0$}

6. S={0,1,2,3,4}이고, T={0,2,4}일 때, 다음 물음에 답하여라.

(1) S×T에서 순서쌍의 개수를 구하여라.

(2) {(x, y) | (x, y)∈S×T, x⟨y}의 원소를 나열하여라.

(3) {(x, y) | (x, y)∈S×T, x+t≥2}의 원소를 나열하여라.

(4) S×T×S에서 순서쌍의 개수를 구하여라.

7. 집합 A, B, C에 대하여 다음의 집합식이 옳은지 아닌지를 증명하여라.

(1) A∩(B-C)=(A∩B)-(A∩C) (2) A∩(B-C)=(A∩B)-C

(3) A-(B∩C)=(A-B)∪(A-C) (4) (A-B)∪(A-C)=B-C

8. A_k ={k, k+1, k+2, …}라고 할 때, 합집합 $\bigcup_{k=1}^{n} A_k$ 와 교집합 $\bigcap_{k=1}^{n} A_k$ 를 구하여라.

9. 다음 집합들의 쌍대를 구하여라.

(1) A∩(B∩C)^C=(A∩B^C)∪(A∩C^C) (2) A∪A^C=U ⇔ A∩A^C=∅

10. 집합 A={a, b, c, d, e, f}에 대하여, 다음 물음에 답하여라.

(1) A의 분할 P를 구하여라. (2) S(6,3), S(5,2), S(4,3)을 구하여라.

11. 다음을 멤버십 표를 이용하여 증명하여라.

(1) A-(B-C)=(A-B)∪(A∩C)

(2) (U∩A)∪(B∩A)=A.

CHAPTER 4

부울 대수

부울 대수(Boolean algebra)는 영국의 수학자 George Boole이 1854년에 체계를 세운 대수분야로서 명제 논리를 대수적 구조나 법칙으로 기술하고 연산할 수 있는 형식적 방법으로 소개하였다. 이후, 1938년에 미국의 Claude E. shannon이 전기적 스위칭 회로가 이 부울 대수에 의하여 표시될 수 있음을 제창하였다. 두 가지의 값을 가지는 2진 부울 대수를 스위칭 대수라고도 하며, 부울 대수의 응용분야는 논리에만 국한되는 것이 아니라 이산구조와 논리 회로 설계 등의 여러 분야에 중요하게 응용되고 있다.

4-1 부울 대수의 개념

일반적으로 부울 대수는 두 원소를 갖는 집합 B={0,1}과 이항 연산자(binary operator)인 (+ : or, * : and), 그리고 단항 연산자(unary operator)인 ′ (또는 ¯ : complement)으로 표시되는 식을 말한다. 지금부터 우리는 부울 대수의 정의와 여러 형태의 명제에 대한 정리들에 관하여 정의하고 증명하여보자.

정의 4-1-1. 부울 대수(Boolean algebra)

부울 대수는 (B, O, A)로 구성되어 있다. B는 {0,1}의 집합이고, O는 B에 적용되는 연산자의 집합이며, A는 공리의 집합이다

우리는 특별히 부울 대수가 6개의 부분을 구성되었다고 강조하고 싶을 때는 (B, +, *, ′, 0, 1)와 같이 표현하기도 한다. 앞으로 진리표에서 T와 F를 1과 0으로 표기하며 0와 1을 부울 변수라고 한다.

4-1-1 부울 연산자(Boolean operators)

부울 대수에 적용되는 부울 연산자는 다음과 같다.

- 보수(complementation) : (′, ¯,NOT)와 같이 표기하고, [표 4-1]과 같이 정의되는 단항연산(unary operation)이다.

[표 4-1] 보수

x	x′
0	1
1	0

- 부울 합(Boolean sum) : (+,∨,OR)와 같이 표기하고 [표 4-2]과 같이 정의되는 이항 연산(binary operation)이다.
- 부울 곱(B00lean product) : (*,∧,AND)와 같이 표기하고 [표 4-2]와 같이 정의되는 이항 연산으로 의미상 혼돈이 없을 때는 *를 생략한다.

[표 4-2] 논리합과 곱

x	y	x+y	x*y
0	0	0	0
0	1	1	1
1	0	1	0
1	1	1	1

위에서 언급한 부울 연산자의 연산우선순위는 괄호 ( ), NOT(′), AND(*), OR(+)의 순이다. 다시 말해, 괄호안의 식을 먼저 계산한 다음에 보수, 부울 곱 그리고 부울 합을 연산한다.

4-1-2 부울 대수의 법칙

부울 대수의 공리나 법칙은 앞으로 다룰 부울 함수의 표현이나 부울 함수의 간소화 등 다양하게 적용된다. 일반적인 대수법칙과는 유사한 면도 있지만 전혀 다른 성질도 있으므로 세심하고 주의 깊게 다루어야 한다.

공리 4-1 부울 대수의 공리

- 1. 교환법칙(commutative law)

  (1a) : x+y=y+x ⇔ x∨y=y∨x

  (1b) : xy=yx ⇔ x∧y=y∧x

- 2. 분배법칙(distribute law)

  (2a) : x(y+z)=xy+xz ⇔ x∧(y∨z)=(x∧y)∨(x∧y)

  (2b) : x+yz=(x+y)(x+z) ⇔ x∨(y∧z)=(x∨y)∧(x∨z)

- 3. 항등법칙(identity law) :

  (3a) : x+0=x ⇔ x∨0=0∨x=x (+에 대한 항등원 0이 존재)

  (3b), x*1=x ⇔ x∧1=1∧x=x (*에 대한 항등원 1이 존재)

- 4. 보법칙(complement law)

  (4a), x+x′=1 ⇔ x∨x′=x′∨x=1

  (4b), xx′=0 ⇔ x∧x′=x′∧x=0.

위의 공리에서 결합법칙은 다루지 않았는데, (x+y)+z=x+(y+z)은 성립하며, 연습문제에서 증명을 다루겠다. 또한, 위의 공리에서 보는바와 같이 부울 대수가 일상의 대수법칙과는 다음과 같은 차이가 있다. 먼저 부울 대수에는 사칙에 속하는 뺄셈과 나눗셈이 존재하지 않으며, 분배법칙의 (2b)가 상용대수에서는 성립하지 않고, 보법칙의 연산이 상용대수에서는 가능하지 않다는 등의 차이점을 우리는 안다.

예제 1

다음 부울 식의 값을 계산하여라.

1. 0+1′ 2. 0*0+1′*0 3. (1+0′)*1 4. 1*1′

5. (1*0+1*0)′+0′*0

풀이 공리 4-1을 이용한다.

1. 0+1′=(0∨0)=0 2. 0*0+1′*0=(0∧0)∨(0∧0)=0∨0=0

3. (1+0′)*1=(1∨1)∧1

=1∧(1∨1)=(1∧1)∨(1∧1)

$=1\vee 1=1$

4. $1*1'=1\wedge 0=0$

5. $(1*0+1*0)'+0'*0=[(1\wedge 0)\vee(1\wedge 1)]\vee(1\wedge 0)=(0\vee 1)\vee 1=1\vee 1=1.$

유제 1

다음 부울 식을 계산하여라.

1. $0*0'$　　2. $(1*1)'$

3. $(0'+0)*1$　　4. $(1*1*1)'+(0+1)'$

일반적으로 임의의 어떤 정리는 증명을 한 후에 적용하는 것이 원칙이지만 공리는 이미 증명되었거나 묵시적으로 인정하는 정리이므로 증명하지 않고 적용하여도 무방하다. 4-1의 공리를 이용하여 부울 대수의 중요법칙인 멱등법칙, 지배법칙, 드- 모르강의 법칙 그리고 흡수법칙 등을 증명하여 보자.

정리 4-1-1. 멱등법칙(idempotent)과 지배법칙(dominance)

1. 멱등법칙 : (1a) $x+x=x$　　(1b) $x*x=x$
2. 지배법칙 : (2a) $x+1=1$　　(2b) $x*0=0$

증명 멱등법칙 : (1a) $x+x=x$와 (1b) $x*x=x$

(1a) $x+x=(x+x)*1$ … $x=x*1=x\wedge 1$

$=(x\vee x)\wedge(x\vee x')$ … $1=x+x'=x\vee x'$

$=x\vee(x\wedge x')$ … $x\vee(x\wedge x')=(x\vee x)\wedge(x\vee x')$

$=x\vee 0$ … $0=x*x'=x\wedge x'$

$=x$ … $x+0=x\vee 0=x$

(1b) $x*x=x*x+0$ … $x=x+0=x\vee 0$

$=(x\wedge x)\vee(x\wedge x')$ … $0=x*x'=x\wedge x'$

$=x\wedge(x\vee x')$ … $x\wedge(x\vee x')=(x\wedge x)\vee(x\wedge x')$

$=x\wedge 1$ … $1=x+x'=x\vee x'$

$=x$ … $x*1=x\wedge 1=x.$

예제 2

지배법칙 (2a) x+1=1와 (2b) x*0=0을 증명하여라.

(2a) $x+1=1*(x+1)$ … $x=x*1$

$=(x \vee x') \wedge (x \vee 1)$ … $1=x \vee x'$, $x+1=(x \vee 1)$

$=x \vee (x' \wedge 1)$ … $x \vee (x' \wedge 1)=(x \vee x') \wedge (x \vee 1)$

$=x \vee x'$ … $x=x+x=x \vee x$

$=1$ … $1=x \vee x'$

(2b) $x*0=x*0+0=(x \wedge 0) \vee (x \wedge x')$ … $0=x*x'=x \wedge x'$

$=(x \wedge (0 \vee x')$ … $x \wedge (x \wedge x')=(x \wedge x) \wedge x'$

$=x \wedge x'$ … $x=x+x=x \vee x$

$=0$ … $0=x*x'=x \wedge x'$.

우리는 정리4에서 명제를 증명할 때, 결합법칙을 비롯하여 아직 증명되지 않은 정리나 공리는 이용하지 않았다. 지금부터는 이 책에서 언급한 증명된 모든 공리나 정리를 이용하여 증명을 좀 더 간결하게 하겠다.

정리 4-1-2. 흡수법칙(absorption)과 결합법칙(associative)

1. 흡수법칙 : (1a) $x+xy=x$ (1b) $x*(x+y)=x$
2. 결합법칙 : (2a) $(x+y)+z=x+(y+z)$ (2b) $x*(yz)=(xy)*$

증명 흡수법칙 (1a) x+xy=x와 (1b) x*(x+y)=x를 증명하자.

(1a) $x+xy=x*1+x*y$ ∵ $x=1*x$

$=(x \wedge 1) \vee (x \wedge y)$ ∵ $+ \rightarrow \vee$, $* \rightarrow \wedge$

$=x \wedge (1 \vee y)$ ∵ 분배법칙

$=x \wedge 1$ ∵ $1 \vee x=1+x=1$

$=x$ ∵ $x=1*x=1 \wedge x$.

(1b) $x*(x+y)=x*x+x*y$ ∵ 분배법칙

$=x+xy$ ∵ $x*x=x$

$=x$ ∵ 흡수법칙(1a)

결합법칙 (2a) (x+y)+z=x+(y+z) 와 (2b) x*(yz)=(xy)*z의 증명은 연습문제에서 다루겠다.

정리 4-1-3. De Morgan의 법칙과 이중보법칙

1. 드모르강 법칙 : (1a) (x+y)′=x′*y′ (1b) (x*y)′=x′+y′
2. 이중보법칙(double complement law) : (2a) (x)″=x

증명 드모브르강 법칙을 부울 연산 표를 이용하여 증명한다.

[표 4-3] (x+y)′=x′*y′

x	y	x+y	(x*y)′	x′	y′	x′*y′
0	0	0	1	1	1	1
0	1	1	0	1	0	0
1	0	1	0	0	1	0
1	1	1	0	0	0	0

드모브르강 법칙 (1b) (x*y)′=x′+y′ 의 증명은 위의 방법과 같으므로 생략한다. 앞에서 언급하였지만 드모르강의 법칙을 일반화하면 다음과 같다.

$$(x_1 + x_2 + \cdots + x_n)' = (x_1{}'*x_2{}'*\cdots*x_n{}') \Leftrightarrow (x_1 \vee x_2 \vee \cdots \vee x_n)' = x_1{}' \wedge x_2{}' \cdots \wedge x_n{}'$$

예제 3

정리4-1-3의 이중보법칙을 증명하여라.

풀이 부울 연산 표를 이용하였다.

[표 4-4] x″=x

x	x′	x″
1	0	1
0	1	0

예제 4

다음 부울 식을 간단히 하여라.

1. $db+ab+dc+ac$ 2. $da+(a'c)'+(b+c')$

풀이 앞에서 다룬 법칙들을 적절하게 이용한다.

1. $db+ab+dc+ac=(d+a)*b+(d+a)*c$ … 분배법칙
   $=(d+a)*(b+c)$ … 분배법칙
2. $da+(a'c)'+(b+c')=d*a+a+c'+(b+c')$ … 드모르강 법칙
   $=(d*a+a)+c'+(b+c')$ … 분배법칙
   $=(d+1)*a+c'+(b+c')$ … 분배법칙
   $=a+c'+(b+c')$ … 지배법칙
   $=a+b+(c'+c')$ … 결합법칙
   $=a+b+c'$ … 멱등법칙

유제 2

임의의 $x, y \in B$에 대하여 다음이 성립함을 보여라.

1. $x+y=0 \Leftrightarrow x=y=0$ 2. $x*y=1 \Leftrightarrow x=y=1$
3. $(x+y')'z'=x'yz'$

4-2 부울 함수(Boolean function)의 표현

부울 함수는 부울 변수와 부울 연산자로 구성된 부울 식으로 표현할 수 있다. 이절에서는 부울 함수를 정의하고, 부울 함수의 다양한 형태의 표현과 더불어 최대항과 최소항 그리고 연산자 등에 관하여 다루겠다.

4-2-1 부울 함수

지금부터 우리는 부울 함수를 정의하자. 이 함수를 정의하기 위하여 3장에서 다룬 Cartesian 곱이 유용하게 이용된다.

정의 4-2-1. 부울 함수(Boolean function)

카테시안 곱 B^n과 집합 B={0,1}에 대하여 부울 함수 f는 다음과 같이 정의한다.

$$f : B^n \rightarrow B$$

여기서 f의 정의역(domain)은 카테시안 곱 $\{0,1\}_1 \times \{0,1\}_2 \times \cdots \{0,1\}_n = B^n$ 이고, 공변역과 치역(range)은 {0,1}=B이다. 실제로 n=2일 때, $\{0,1\}_1 \times \{0,1\}_2 = B^2$은 {(1,1),(1,0),(0,1),(1,1)}을 의미하며, $\{0,1\}_1 \times \{0,1\}_2 \times \{0,1\}_3 = B^3$ 은 {(1,1,1),(1,1,0),(1,0,1),(0,1,1),(1,0,0),(0,1,0),(0,0,1),(0,0,0)}을 의미한다. 또한, 부울 변수는 0과 1만을 그 값으로 가지기 때문에 비트((bit)라고도 한다.

부울 함수를 진리표로 표현하면 n개의 부울 변수는 0과 1의 2^n개의 조합이 있으므로 진리표의 행의 개수는 2^n개나 된다. n개의 변수로 구성된 부울 함수 f, g에 대하여, 모든 변수 값이 $x_1, x_2, \cdots, x_n$이라 하자.

$$f(x_1, x_2, \cdots, x_n) = g(x_1, x_2, \cdots, x_n)$$

이면 두 함수 f와 g는 같다고 하고 f=g로 표시한다. 또한, 보수의 개념을 도입하면 함수 f의 보수는 f′와 같이 표현하고, $f'(x_1, x_2, \cdots, x_n) = f(x_1, x_2, \cdots, x_n)'$이 성립한다.

예제 5

부울 함수 f(x, y)=(x+y)′와 g(x, y)=x′y′에 대하여 진리표를 이용하여 f=g임을 보여라.

풀이 진리표는 다음과 같다.

[표 4-5] f=g

x	y	x+y	f′	x′	y′	x′y′	g
0	0	0	1	1	1	1	1
0	1	1	0	1	0	0	0
1	0	1	0	0	1	0	0
1	1	1	0	0	0	0	0

유제 3

부울 함수 f(x, y, z)=x′y′z+x′yz+xy′와 g(x, y, z)=xy′+x′z에 대하여, 두 함수 f, g를 진리표를 작성하여 두 함수가 같은 함수임을 보여라.

풀이 부울 대수에 대한 대수적 법칙을 이용하여 증명하면 다음과 같다.

x′y′z+x′yz+xy′=x′(y+y′)z+xy′=xy′+x′z (∵y+y′=1)

부울 변수 $x_1, x_2, \cdots, x_n$에 대한 부울 식은 부울 함수를 표현하며, 부울 식의 각 변수에 0 또는 1을 대입함으로써 부울 식의 값을 구할 수 있다. 부울 식의 형태는 일반적인 대수적 형태와 유사하지만, 다양한 형태의 변수를 가지는 대수식과는 달리 각 변수가 갖는 값은 0과 1뿐임을 알아야 한다.

〈참고〉 (0+3)*x_i(i=1,2,3), (1-0)+($x_i + x_j$)′은 부울 식이 아니다.

앞에서 우리는 집합의 쌍대에 관하여 언급하였는데, 지금부터 우리는 부울 대수에서 쌍대에 관하여 다루고자 한다. 여기서는 (+또는 ∨)은 (* 또는 ∧)으로 서로 바꾸고 (0 또는 1)을 서로 바꿈으로써 쌍대를 만들 수 있다.

정의 4-2-2. 쌍대성(duality)

부울 대수에서 임의의 공리나 법칙에 대하여, +와 * 그리고 0와 1을 서로 바꿈으로써 얻어진 공리나 정리이다.

쌍대성의 원리는 부울 대수에서 어떠한 공리 혹은 정리의 쌍대 또한 정리가 되는 것이다.

예제 6

다음 부울 식의 쌍대를 구하여라.

1. 1+(x+y)
2. (xy)′+x
3. x′+(y+1)z
4. x+x′y=x+y
5. xy+x′z=xy+x′z

풀이 쌍대의 정의를 이용한다.

1. 1+(x+y)=0*(x*y)=0∧(x∧y)
2. (xy)′+x=(x+y)′*x=(x∨y)∧x
3. x′+(y+1)z=x′*(y*0)+z
4. x+x′y=x+y ⇔ x*(x′+y)=x*y ⇔ x∧(x′∨y)=x∧y
5. xy+x′z=xy+x′z ⇔ (x+y)*(x′+z)=(x+y)*(x′+z)

유제 4

다음 부울 식의 쌍대를 구하여라.

1. 0+xy′
2. 0+1*x+(x′+yz)x
3. x(y+y′z)+y′z=xy+y′z
4. xy+x′z+yz=x′z

우리는 부울 대수와 함수를 다루면서 연산기호 부울 합과 곱을 (+, *)와 (∨,∧)을 동시에 사용하였다. 필자마다 연산기호를 달리 사용하는데, 때로는 연산기호 (∨,∧)을 사용하는 것이 부울 식을 이해하는데 도움이 될 때가 있다.

4-2-2 부울 함수의 표현

이절에서는 부울 함수의 표현에 관하여 생각해 보자. n개의 부울 변수가 있을 때, 부울 함수는 다음과 같이 표현한다.

$$f(x_1,\ x_2,\ \cdots,\ x_n) = \sum\prod y_i \text{ or } \prod\sum y_i,\ \text{단},\ y_i = x_i \text{ 또는 } y_i = x_i{}' \ (i = 1,2,\cdots,n\ )$$

이제 n개의 변수로부터 만들어질 수 있는 부울 함수가 몇 개나 되는지를 생각하는 것은 매우 흥미로운 일이다. n=1일 때, {f(1)=0, f(1)=1, f(0)=1, f(0)=0}의 4가지, 즉 2^2 가지가 되며, n=2일 때, {f(1,1)=0,1 또는 0,1}, {f(1,0)=1,0 또는 0,1}, {f(0,1)}=1,0 또는 0,1}, {f(0,0)=1,0 또는 0,1}의 16가지, 즉 $2^{2^2} = 2^4 = 16$ 가지이다. 다음 표 [4-5]에서 확인하자.

[표 4-5] n=2일 때 부울 함수

x	y	f_1	f_2	f_3	f_4	f_5	f_6	f_7	f_8	f_9	f_{10}	f_{11}	f_{12}	f_{13}	f_{14}	f_{15}	f_{16}
0	0	0	0	0	0	1	0	0	1	0	1	1	0	1	1	1	1
0	1	0	0	0	1	0	0	1	0	1	0	1	1	0	1	1	1
1	0	0	0	1	0	0	1	0	0	1	1	0	1	1	0	1	1
1	1	0	1	0	0	0	1	1	1	0	0	0	1	1	1	0	1

이제 부울 변수를 n개로 확장하였을 때, 부울 함수 f의 개수는 2^{2^n} 가지이다.

지금부터 [표 4-5]를 이용하여 부울 함수를 부울 식으로 표현해보자. f_1의 경우 f_1(x, y)=xyx′이라 하면, f_1(1,1)=f_1(1,0)=f_1(0,1)=f_1(0,0)=0이므로 성립한다. f_{15} 의 경우 f_{15}(x, y)=x′y+xy′+xy라 하면 f_{15}(1,1)=f_{15}(1,0)=f_{15}(0,1)=1, f_{15}(0,0)=0이 되어 성립한다.

예제 7

위의 [표 4-5]에서 다음 물음에 답하여라.

1. f_2와 f_9 를 구하여라.
2. $f_{12} = f_2 + f_9$ 임을 보여라.

풀이 상당한 연구가 필요하다.

1. $f_2(x,y) =$ xy이라 하자. f_2(0,0)=f_2(0,1)=f_2(1,0)=0, f_2(1,1)=1이므로 성립한다. f_9(0,0)=f_9(1,)=0, f_9(1,0)=f_9(0,1)=1이므로 f_9(x, y)=xy+x′y+xy′이다.
2. [표 4-4]에서 f_{12}(0,0)=0, f_{12}(0,1)=f_{12}(1,0)=f_{12}(1,1)=1이다. 여기에 $f_{12}(x,y) =$ xy+x′y+xy′인데, 이것은 $f_{12} = f_2 + f_9$ 임을 보여준다.

예제 8

다음 [표 4-5]에서 부울 함수 f(x, y, z), g(x, y, z)를 구하여라.

[표 4-7] f,g의 부울 함수

x	y	z	f	g
0	0	0	0	1
0	1	0	0	0
1	0	1	1	0

풀이 부울 대수의 성질을 잘 활용한다.

1. $f(x, y, z)=x'yz+xy'z+xyz'$와 $f(x, y, z)=xy'z$이라 하자.
   (1) $f(0,0,0)=0$ (2) $f(1,0,1)=1$ (3) $f(0,1,0)=0$ 모두 만족한다.
2. $g(x, y, z)=x'y'z'+xy'z'$ 와 $g(x, y, z)=x'y'z'$ 이라 하자.
   $g(0,0,0)=1$, $g(1,0,1)=0$, $g(0,1,0)=0$ 모두 만족한다.

유제 5

다음 [표 4-8]에서 부울 함수 $f_1(x, y)$, $f_2(x, y)$, $f_3(x, y)$를 구하여라.

[표 4-8] f_1, f_2, f_3의 부울 함수

x	y	f_1	f_2	f_3
0	0	1	1	1
0	1	1	1	0
1	0	0	1	0
1	1	0	1	0

위에서 언급한 몇 가지의 예를 보면서 부울 변수가 두 개 또는 세 개인 경우에도, 이들 변수로부터 만들어질 수 있는 부울 함수의 표현은 다양하고 많기 때문에, 이를 표준형(standard form)으로 나타내는 방법이 필요하다. 여기에 곱의 합형과 합의 곱형부터 소개하자.

4-2-3 최소항과 최대항

부울 함수의 표준형으로 나타내는 방법으로 곱의 합형(sum of products form)과 합의 곱형(product of sums form)을 이용하여 최대항과 최소항을 소개하겠다.

정의 4-2-3. 최소항(minterm)과 최대항(maxterm)

n개의 부울 변수를 x_1, x_2, $\cdots$, x_n 이라 하고, 부울 식의 형태가
- $\sum\prod y_i$ ($y_i = x_i$ 또는 $y_i = x_i{}'$,1≤i≤n)일 때 : 최소항이라 한다.
- $\prod\sum y_i$ ($y_i = x_i$ 또는 $y_i = x_i{}'$,1≤i≤n)일 때 : 최대항이라 한다.

위의 정의에서와 같이 각 최소항은 n개의 부울 변수들의 곱으로 나타낸다. 이 때 부울 변수의 값이 1일 때는 정상적인 변수로 표시하고, 0일 때는 보수 형태의 변수로 표시한다. 또한, 각 최대항은 n개의 부울 변수들의 합으로 나타내며, 부울 변수의 값이 0일 때는 정상적인 변수로 표시하고, 1일 때는 보수형태의 변수로 표시한다. 그러나 책에 따라서는 이 책에서 언급한 것과 반대의 형태를 취하는 경우도 있다. 부울 함수의 변수가 2개일 때, 모든 최소항과 최대항을 구해보자.

[표 4-9] 최소항과 최대항

x	y	최소항		최대항	
0	0	x′y′	(m0)	x+y	(M0)
0	1	x′y	(m1)	x+y′	(M1)
1	0	xy′	(m2)	x′+y	(M2)
1	1	xy	(m3)	x′+y′	(M3)

[표 4-9]에서 최소항과 최대항의 표현을 언급하였다. 최소항에서 (m0)+(m1)+(m2)+(m3)를 기호 Σ를 이용하여 Σm(0,1,2,3)와 같이 표현하고, 최대항에서는 (M0)(M1)(M2)(M3)을 곱의 기호∏를 이용하여, ∏M(0,1,2,3)와 같이 표현한다.

이와 같이 부울 함수를 최소항들의 합으로 표현한 것을 곱의 합형이라 하고 영문약자를 써서 SOP로 표현하고, 최대항들의 곱으로 표현한 것을 합의 곱형이라고 하고 POS로 표현하기도 한다.

예제 9

부울 함수의 3개의 변수에 대한 최소항과 최대항을 구하여라.

풀이 3변수의 진리표를 작성한다.

[표 4-10] 최소항(m)과 최대항(M)

x	y	z	최소항		최대항	
0	0	0	x′y′z′	m0	x+y+z	M0
0	0	1	x′y′z	m1	x+y+z′	M1
0	1	0	x′yz′	m2	x+y′+z	M2
0	1	1	x′yz	m3	x+y′+z′	M3
1	0	0	xy′z′	m4	x′+y+z	M4
1	0	1	xy′z	m5	x′+y+z′	M5
1	1	0	xyz′	m6	x′+y′+z	M6
1	1	1	xyz	m7	x′+y′+z′	M7

[표 4-10]에서 부울 함수의 최소항의 합과 최대항의 곱은 다음과 같이 표현한다.

→ 최소항의 합 : $\Sigma m(0,1,2,3,4,5,6,7)$, 최대항의 곱 : $\prod M(0,1,2,3,4,5,6,7)$

예제 10

부울 함수 f(x, y, z)=(x+y)z′의 곱의 합형과 합의 곱형을 구하여라.

풀이 먼저 진리표를 작성한다.

[표 4-11] f(x,y,z)=(x+y)z′

x	y	z	z′	x+y	f	m	M
0	0	0	1	0	0		M0
0	0	1	0	0	0		M1
0	1	0	1	1	1	m2	
0	1	1	0	1	0		M3
1	0	0	1	1	1	m4	
1	0	1	0	1	0		M5
1	1	0	1	1	1	m6	
1	1	1	0	1	0		M7

최소항은 곱의 꼴이고 그 값의 결과가 1이 되게 하고, 최대항은 합의 꼴이고 그 값의 결과가 0이 되게 한다.

$\therefore$ 최소항의 합은 $x'yz'+xy'z'+xyz'=\sum m(2,4,6)$이고,

최대항의 곱은 $(x+y+z)(x+y+z')(x+y'+z')(x'+y+z')(x'+y'+z')$

$=\prod M(0,1,3,5,7)$이다.

유제 6

4개의 변수에 대한 모든 최소항과 최대항들을 구하여라.

〈참고〉 어떤 부울 함수라도 최소항의 값이 1인 최소항들의 합으로 표현가능하다.

예제 11

다음 부울 변수에 대한 진리표가 [표 4-12]일 때, 함수 f(x, y, z)를 구하여라.

[표 4-12] f의 부울 함수

x	y	z	f
0	0	0	0
0	1	0	0
0	0	1	1
1	0	1	1
1	1	0	0
1	1	1	1

풀이 부울 함수 f(x, y, z)=1인 최소항의 원소들의 합이다.

$\therefore$ $f(x, y, z)=x'y'z+xy'z+xyz$.

예제 12

부울 함수 $f(x, y, z)=(x+y')z$를 다음 조건에 따라 최소항의 곱의 합형과 최대항의 합의 곱형을 구하여라.

1. 진리표를 작성하여 구하여라.
2. 부울 대수의 공리와 법칙을 이용하여 구하여라.

풀이 부울 대수의 법칙은 $x+x'=1 \Leftrightarrow x \vee x'=1$을 이용한다.

[표 4-13] f(x, y, z)=(x+y′)z의 진리표

x	y	z	y′	x+y′	f	
0	0	0	1	1	0	M0
0	0	1	1	1	1	m1
0	1	0	0	0	0	M2
0	1	1	0	0	0	M3
1	0	0	1	1	0	M4
1	0	1	1	1	1	m5
1	1	0	0	1	0	M6
1	1	1	0	1	1	m7

1. 곱의 합형은 $\Sigma m(1,5,7)=x'y'z+xy'z+xyz$이고
   합의 곱형은 $\prod M(0,2,3,4,6)=(x+y+z)(x+y'+z)(x+y'+z')(x'+y+z)(x'+y'+z)$이다.
2. 곱의 합형은 다음과 같다.
   $f=(x+y')z=xz+y'z$ … 분배법칙
   $=x(y+y')z+(x+x')y'z$ … 보법칙
   $=xyz+xy'z+xy'z+x'y'z$ … 멱등법칙
   $=xyz+xy'z+x'y'z$

   합의 곱형은 곱의 합의 보수를 이용하여 드모르강의 법칙을 적용한다.
   $f(x, y, z)=x'y'z+xy'z+xyz.$
   $f'=(x'y'z'+x'yz'+x'yz+xy'z'+xyz')'$
   $=(x+y+z)(x+y'+z)(x+y'+z')(x'+y+z)(x'+y'+z)$

유제 7

다음 부울 함수들의 곱의 합형과 합의 곱형을 구하여라.

1. $f(x, y)=x'+y$
2. $g(x, y)=x+y'$
3. $h(x, y, z)=x(y+z)+xyz+(x+y')z$
4. $s(x, y, z, w)=x(y+z)+y(z+w)$

우리는 [예제11]과 [예제12]를 통하여 최소항의 곱의 합형과 최대항의 합의 곱을 다루었으며, 부울 함수의 곱의 합형을 합의 곱형으로 변환하는 방법을 알아보았다. 최소항의 부울 합으로 표현된 함수의 보수는 원래함수에서 제외된 최소항들의 부울 합이다. 다음 예를 보자.

$$f(x, y, z)=\Sigma m(1,5,7)=x'y'z+xy'z+xyz$$
$$=(x'y'z+xy'z+xyz)''$$
$$=[(x'y'z)'(xy'z)'(xyz)']'$$
$$=(x+y+z')(x'+y+z')(x'+y'+z')$$
$$=\prod M'(1,5,7)$$
$$=\prod M(0,2,3,4,6)$$

위의 이중보수는 부울 함수의 최대항의 합의 곱형이 된다. 여기에 대한 설명은 드모르강의 법칙이 성립되는 경우와 같기 때문이다. 이제 SOP와 POS를 일반화 해보자.

$$f(x_1,x_2,\cdots,x_n)=\Sigma m(x_1,x_2,\cdots,x_n)$$
$$=\Sigma(y_1y_2\cdots y_n)'',\ \text{단},\ y_i=x_i\ \text{또는}\ y_i=x_i'$$
$$=\prod(z_1z_2\cdots z_n),\ \text{단},z_i=\sum y_i$$
$$=\prod M'(z_1,z_2,\cdots,z_n)$$
$$=\prod M(z_1,z_2,\cdots,z_n)\ \cdots\cdots\cdots\cdots(1)$$
$$f'(x_1,x_2,\cdots,x_n)=\Sigma m'(x_1,x_2,\cdots,x_n)$$
$$=\prod M(z_1,z_2,\cdots,z_n)\ \cdots\cdots\cdots\cdots(2)$$

예제 13

다음 부울 함수들을 이중보수를 이용하여, 최소항의 곱형과 최대항의 합의 곱형을 구하여라.

1. $f(x, y)=x'y+xy'+xy$
2. $f(x, y, z)=(x+y'+z')(x'+y+z)(x+y+z')$
3. $f(x, y, z)=x(y+z)+xyz$

풀이 부울 함수에 대한 일반화 공식(1)과 (2)를 이용한다.

1. $f(x, y)=(m1)+(m2)+(m3)$

$$=(x'y+xy'+xy)''$$
$$=[(x'y)'(xy')'(xy)']'$$

$=(x+y')(x'+y)(x+y)]'$

$=[(M1)(M2)(M3)]'$

$=(M0)=x+y.$

2. $f(x, y, z)=(M3)M(4)(M5)$

$=[(x+y'+z')(x'+y+z)(x+y+z')]''$

$=[(x+y'+z')'+(x'+y+z)'+(x+y+z)']'$

$=(x'yz+xy'z'+x'y'z')'$

$=[(m3)+(m4)+(m5)]'$

$=\Sigma m(0,1,2,6,7)$

$=x'y'z'+x'y'z+x'yz'+xyz'+xyz.$

3. $f(x, y, z)=x(y+z)+xyz$

$=xy+xz+xyz$

$=xy(z+z')+x(y+y')z+xyz$

$=xyz+xyz'+xyz+xy'z+xyz$

$=xy'z+xyz'+xyz$

$=\Sigma m(5,6,7)$

$=\prod M'(5,6,7)$

$=\prod M(0,1,2,3,4)$

$=(x+y+z)(x+y+z')(x+y'+z)(x+y'+z')(x'+y+z).$

유제 8

다음 부울 함수들을 이중보수를 이용하여, 최소항의 곱형과 최대항의 합의 곱형을 구하여라.

1. $f(x, y)=xy+y'$
2. $g(x, y, z)=x(y+z)+xyz+(x+y')z$

4-3 부울 함수의 간소화

부울 함수의 SOP의 형태와 POS의 형태가운데는 SOP가 더 간편하고, 또한, SOP로부터 얻어진 부울 함수는 좀 더 간단한 형태의 식으로 만들어 줄 수 있다. 간단한 형태의 식이란 같은 기능을 보다 적은 변수와 연산자를 사용한 식을 의미한다. 일반적으로 부울 함수를 간소화 하는 표현의 방법에는 부울 대수의 공리와 정리 그리고 부울 함수의 대수법칙과 카노우 맵을 사용하는 두 가지 방법이 있다.

4-3-1 부울 대수를 이용한 방법

부울 함수를 간소화한다는 것은 부울 변수(문자의 수)의 수를 줄인다는 말인데, 부울 대수의 공리와 정리 및 법칙들을 이용하여 줄일 수 있다. 하지만 공식화된 정확한 표현을 얻는 일정한 규칙은 아직까지는 없다. 보다 많은 노력과 연구가 요구된다.

예제 14

다음 부울 함수들을 부울 대수의 공리나 법칙들을 이용하여 간소화 하여라.

1. $f(x, y)=x'y'+x'y+xy'$ 2. $f(x, y, z)=x'yz+xy'z+xyz+y'z$

풀이 다음과 같다.

1. $f(x, y)=x'y'+x'y+xy'$
   $=x'(y+y')+xy'$ … 분배법칙
   $=x'+xy'$ … 보법칙
   $=(x'+x)(x'+y')$ … 분배법칙
   $=x'+y'$ … 보법칙
2. $f(x, y, z)=x'yz+xy'z+xyz+y'z$
   $=x'yz+x(y'+y)z+y'z$ … 분배법칙
   $=x'yz+xz+y'z$ … 보법칙
   $=(x'y+x)z+y'z$ … 분배법칙
   $=(x+x')(x+y)z+y'z$ … 분배법칙
   $=(x+y)z+y'z$ … 보법칙
   $=xz+yz+y'z$ … 분배법칙
   $=xz+(y+y')z$ … 분배법칙

$=xz+z$ … 보법칙

$=(x+1)z$ … 분배법칙

$=z.$ … 지배법칙

예제 15

다음 부울 함수들을 간소화 하여라.

1. $f(x, y)=(x+y)(x'+y')+xy+x'y'$
2. $g(x, y, z)=x'y'z'+x'yz'+xy'z'+xyz'$
3. $h(x, y, z, w)=(x'y'z')'z+(x'y'z')'+w$

풀이 다음과 같다.

1. $f(x, y)=(x+y)(x'+y')+xy+x'y'$
   $=xx'+xy'+x'y+yy'+xy+x'y'(\because xx'=0, yy'=0)$
   $=xy'+x'y+xy+x'y'$
   $=x(y'+y)+x'(y+y')\ (\because y+y'=1)$
   $=x+x'\ (\because x+x'=1)$
   $=1$
2. $g(x, y, z)=x'y'z'+x'yz'+xy'z'+xyz'$
   $=x'(y'+y)z'+x(y'y)z'\ (\because y+y'=1)$
   $=x'z+xz'$
   $=(x'+x)z'\ (\because x+x'=1)$
   $=z'$
3. $h(x, y, z, w)=(x'y'z')'z+(x'y'z')'+w$
   $=(x''+y''+z'')z+(x''+y''+z'')+w$
   $=(x+y+z)z+x+y+z+w\ (\because x''=x)$
   $=xz+yz+zz+x+y+z+w$
   $=xz+yz+(z+z)+x+y+w\ (\because z+z=z)$
   $=xz+yz+z+x+y+w$
   $=(x+1)z+(z+1)y+x+w\ (\because x+1=1)$
   $=x+y+z+w$
   $=t(x, y, z, w)$

유제 9

다음 부울 함수들을 부울 대수의 공리나 법칙들을 이용하여 간소화 하여라.

1. $f(x, y)=x+x'y$
2. $g(x, y, z)=xy+x(y+z)+y(y+z)$

4-3-2 카노우 맵 이용방법

카노우 맵(Karnaugh Map)은 부울 함수를 표현하는데 있어서 부울 변수에 대한 최소항들을 도표로 그리고 인접한 최소항들을 서로 묶어서 표현함으로써 부울 함수를 간소화하는 방법이다. 앞에서 다룬 부울 대수를 이용하여 부울 함수를 간소화 하는 방법은 많은 노력과 시간이 요구되는 반면, 카노우 맵은 좀 더 시각적이고 단순한 방법으로 부울 함수를 간소화하는 방법으로 볼 수 있다,

카노우 맵은 부울 함수의 진리표를 2차원으로 표현한 것이며, n개의 변수를 가진 부울 함수는 2^n 개의 최소항을 가질 수 있다. 지금부터 부울 함수를 카노우 맵에 표현하는 방법을 소개한다.

1. 두 변수에 대한 카노우 맵

두 변수를 x, y라 할 때, 그에 필요한 사각형의 수는 $2^2=4$인 $x'y'$, $x'y$, xy', xy에 대한 것으로 [그림 4-1]과 같이 배치된다.

	y'	y
x'	$x'y'$	$x'y$
x	xy'	xy

[그림 4-1] 두 변수에 대한 카노우 맵

간소화를 위한 실제적인 배치는 위의 4가지의 항 중에서 없는 항은 사각형에서 비워두고 있는 항은 숫자「1」로 배치된다. 예를 들어 $f(x, y)=x'y'+x'y+xy'$에 대한 이 함수를 카노우 맵으로 나타내면 [그림 4-2]와 같다.

	0	1
0	1	1
1	1	

[그림 4-2] f(x, y)=x′y′+x′y+xy′에 대한 카노우 맵

[그림 4-2]에서 x, y대신에 숫자「1」을, x′ ,y′대신 숫자「0」으로 바뀌었다. 간소화 작업은 숫자「1」로 표시된 사각형이 인접해 있으면 함께 묶어서 표현한다. 함께 묶어서 표현하는 방법을 예를 들어 소개한다.

	0	1
0	1	
1		1

(a)

	0	1
0	1	1
1		

(b)

	0	1
0	1	1
1	1	

(c)

	0	1
0	1	1
1	1	1

(d)

[그림 4-3] 두 변수에 대한 카노우 맵의 예

[그림 4-3]에서 (a)의 경우는 서로 인접한 숫자「1」이 없으므로 서로 따로 표현한다. 예를 들면 f(x, y)=x′y′+xy이고 더 이상 간소화할 수 없다. (b)의 경우는 y의 값에 관계없이 x의 값이 0이므로 x′의 값은 1이 되기 때문에 x′의 값을 가진다. 예를 들면 f(x, y)=x′y′+x′y=x′이다. (c)의 경우는 행은 (b)의 경우와 같고 열의 경우는 x값에 관계없이 y의 값이 0이므로 y′의 값을 가지며, 결과는 f(x, y)=x′+y′이다. (d)의 경우는 x, y에 관계없이 항상 1이므로 부울 식의 값은 1이고, f(x, y)=1이다.

예제 16

다음 부울 함수에 대한 카노우 맵을 그리고 간소화 하여라.

1. $f(x, y)=x'y+xy$　　　　2. $f(x, y)=xy'+x'y+xy$

풀이 카노우 맵은 다음과 같다.

1. $f(x, y)=x'y+xy$

	0	1
0		1
1		1

$f(x, y)=y$

[그림 4-3-1]

2. $f(x, y)=xy'+x'y+xy$

	0	1
0	1	1
1		1

$f(x, y)=x+y$

[그림 4-3-2]

2. 세 변수에 대한 카노우 맵

세 변수 x, y, z의 경우 그에 필요한 사각형은 $2^3 = 8$ 개가 필요하며, 세 변수에 대한 카노우 맵은 [그림 4-4]와 같다.

	00	01	11	10
0	x′y′z′	x′y′z	x′yz	x′yz′
1	xy′z′	xy′z	xyz	xyz′

[그림 4-4] 세 변수에 대한 카노우 맵의 예

세 변수에 대한 카노우 맵을 그릴 때, 고려해야할 사항은 yz에 대한 사각형에서 01다음에 10이 아니라 11이라는 점에 주의해야한다. 왜냐하면 두 변수가 모두 변하는 것은 인접할 수 없기 때문에 01 다음 10이 아니라 11이 온다. 또 다른 한 가지는 왼쪽 끝의 사각형들은 오른쪽 끝의 사각형들과 인접되어 있다고 본다. 예를 들어 [그림 4-4]와 같은 카노우의 맵은 서로 연결되었다고 생각하므로 4개의 사각형을 1개로 묶어서 표시하면 함수 값의 결과는 z′이 된다.

	00	01	11	10
0	1			1
1	1			1

[그림 4-5] 세 변수의 카노우 맵

[그림 4-5]에서 4개의 사각형이 1개로 묶인 경우는 {x′y′z′, x′yz′, xy′z′, xyz′}, 즉 {000, 010, 100, 110}에서 4군데 공통으로 있는 변수는 3번째 수「0」이므로 z′이다.

예제 17

다음 부울 함수들을 카노우 맵을 이용하여 간소화하여라.

1. f(x, y, z)=x′y′z+x′yz′+x′yz+xy′z+xyz
2. g(x, y, z)=x′y′z′+x′yz+x′yz′+xy′z′+xyz′

풀이 카노우 맵은 다음 [그림 4-6-1]과 [그림 4-6-2]와 같다.

1. f(x, y, z)=x′y′z+x′yz′+x′yz+xy′z+xyz

	00	01	11	10
0		1	1	1
1		1	1	

[그림 4-6-1] g의 카노우 맵

[그림 4-6-1]은 1의 숫자가 4개인 사각형 1개와 행의 1인 숫자가 2개인 사각형 1개인 2개의 4각형의 합이다. 사각형 4개는 {011, 011, 101, 111}에서 z의 값만이 공통으로 있고, 행의 사각형 2개는 {011, 010}에서 x′y만 공통으로 있다. 여기에 다음이 성립한다.

∴ f(x, y)=x′y+z.

2. g(x, y, z)=x′y′z′+x′yz+x′yz′+xy′z′+xyz′

	00	01	11	10
0	1		1	1
1	1			1

[그림 4-6-2] g의 카노우 맵

[그림 4-6-2]는 역시 4개의 사각형과 행인 2개의 사가각형 1개인 형태이다. 4각형을 1개로 조합하면 {000, 010, 100, 110}이고, 공통인 수는 「0」으로 z′이며, 2개의 사각형1개는

{011, 010}이므로 「01′이고 x′y이다.

∴ f(x, y)=z′+x′y.

〈참고〉 $\begin{pmatrix} 000 & 010 \\ 100 & 110 \end{pmatrix} \Leftrightarrow \begin{pmatrix} x'y'z' & x'yz' \\ xy'z' & xyz' \end{pmatrix}$ 에서 공통인수는 z′이고,

$(011 \quad 010) \Leftrightarrow (x'yz \, x'yz')$ 에서 공통인수는 $x'y$ 이다.

유제 10

다음 부울 함수들을 카노우 맵을 이용하여 간소화하여라.

1. f(x, y, z)=x′y′z′+x′yz′+x′y′z+x′yz　　2. g(x, y, z)=x′y′z′+x′yz+xy′z′+xyz′

3. 네 변수에 대한 카노우 맵

4개의 변수를 x, y, z, w 라 하자. 그에 대한 부울 함수의 카노우 맵은 다음과 같다.

zw \ x y	00	01	11	10
00	x′y′z′w′	x′y′z′w	x′y′zw	x′yzw′
01	x′yz′w′	x′yz′w	x′yzw	x′y′zw′
11	xyz′w′	xyz′w	xyzw	xyzw
10	xy′z′w′	xy′z′w	xy′zw	xy′zw′

[그림 4-7] 4개변수의 카노우 맵

네 변수에 대의 카노우 맵도 세 변수의 것과 유사하고, [그림 4-8]에서 보는 바와 같이 왼쪽 끝 사각형들과 오른 쪽 끝 사각형들이 인접되었다고 보며, 왼쪽 사각형들과 오른 쪽 사각형들이 역시 인접되어 있다고 본다.

zw \ xy	00	01	11	10
00	1			1
01		1	1	
11		1	1	
10	1			1

[그림 4-8] 4개변수의 카노우 맵의 특수한 예

[그림 4-8]에서 보는 바와 같이 두 변수의 인접한 사각형의 경우가 4개인 경우, 2개인 행의 경우와 열의 경우가 무수히 많다. 부울 함수를 간소화 하는 경우는 변수가 2개이거나 3개인 경우와 다르지 않으며, 단지 경우의 수가 복잡해질 뿐이다.

예제 18

다음은 f(x, y, z, w)에 대한 진리표의 일부분이다. 진리표에 나타난 부울 함수를 간소화 하여라.

[표 4-14] 부울 함수 f

x	y	z	w	f
1	0	0	1	1
1	0	1	0	0
1	0	1	1	1
1	1	0	0	1
1	1	0	1	1
1	1	1	0	0
1	1	1	1	1

풀이 부울 함수의 카노우 맵을 그린다.

zw \ xy	00	01	11	10
00				
01				
11	1	1	1	
10		1	1	

[그림 4-9] 4개변수의 카노우 맵

[그림 4-9]에서 보는바와 같이 4개의 1묶음 사각형 한 개와 2개의 한 묶음 1개의 형태이며, 이것을 다시 쓰면, 4개 묶음의 사각형은 {1101,1111, 1001, 1011}, 즉 {xyz′w, xyzw, xy′z′w, xy′zw}에서 공통인 것은 xw이고 2개의 행의 1묶음은 {1100, 1101}, 즉 {xyz′w′, xyz′w}에서 공통인 것은 xyz′이다.

$$\therefore f(x, y, z, w)=xw+xyz'.$$

예제 19

다음 카노우 맵을 보고 간소화된 부울 함수 f(x, y, z, w)를 구하여라.

zw \ xy	00	01	11	10
00	1			1
01	1			1
11		1	1	
10	1			1

[그림 4–10] 4개변수의 카노우 맵

풀이 [그림 4-10]은 4개의 사각형 1묶음과 행에 대한 2개의 사각형 2묶음으로 되어 있다.

4개의 4각형 한 묶음은 {0000, 0010, 0100, 0110}이므로 공통인 것은 x′w′이며, 2개의 사각형 묶음의 2개는 {1101, 1111}과 {1000, 1010}에서 공통인 것은 xyw와 xy′w′이다.

$$\therefore f(x, y, z, w)=xw'+xyw+xy'w'.$$

유제 11

다음 진리표로 표현한 부울 함수 f(x, y, z)를 구하고 간소화하여라.

[표 4-15] f의 진리표

x	y	z	f(x,y,z)
0	0	0	1
0	0	1	1
0	1	0	0
0	0	1	1
1	0	0	1
1	0	1	1
1	1	0	0
1	1	1	0

4-4 부울 행렬

부울 행렬(Boolean Matrix)은 행렬내의 모든 원소 값이 0이거나 1만 가지는 행렬이고, 이진 행렬의 한 부분이기도 하다. 이 행렬은 컴퓨터 공학에서 매우 유용하게 사용하고 있다. 이 장에서는 일반적인 행렬을 정의하고 대수적 연산과 부울 행렬의 연산에 관하여 소개한다.

4-4-1 행렬의 정의

행렬은 선형대수학의 근간을 이루고 있으며, 행렬의 개념과 여러 가지 성질은 많은 분야에서 응용되고 있다. 집합 내의 원소들은 1개 또는 2개 이상의 첨자(index)를 사용하여 색인화 할 수 있는데, 한 개의 첨자를 사용한 1차원 배열을 벡터(vector)라 하고, 2개의 첨자를 사용한 2차원 배열을 행렬(matrix)이라 한다.

정의 4-4-1. 행렬(matrix)

- 행렬은 사각형 모양으로 배열한 2차원 배열이다. 이때, 숫자를 행렬의 원소(element)라고 하며, 가로줄을 이 행렬의 행(row)이라고 하고, 세로의 줄을 이 행렬의 렬(column)이라 한다.
- m개의 행과 n개의 열로 구성된 행렬을 m×n행렬이라고 한다.

행렬은 임의의 개수의 행과 열을 가질 수 있는데, 이 중 단하나의 행만을 갖는 행렬을 행벡터(row vector)라 하고, 단 하나의 열만을 갖는 행렬을 열벡터(column vector)라고 한다. 일반적으로 행렬은 다음과 같이 표현한다. 임의의 m×n 행렬 A에 관하여 생각해 보자.

$$A = \begin{pmatrix} a_{11} & a_{12} & \cdots & a_{1n} \\ a_{21} & a_{22} & \cdots & a_{2n} \\ \cdots & \cdots & \cdots & \cdots \\ a_{m1} & a_{m2} & \cdots & a_{mn} \end{pmatrix} = [a_{ij}]_{m\times n} \quad \cdots\cdots\cdots\cdots (\bigstar)$$

⋯→ m=n일 때, 정방행렬이라 한다.

⋯→ 원소 a_{ij}에 대하여 첨자 i, j는 각각 행과 열을 나타낸다.

⋯→ $a_{ij} = 0$ 일 때, 영행렬이라 하고, $A = O$ 와 같이 표현한다.

⋯→ n×n 행렬에서 $\{a_{11}, a_{22}, \cdots, a_{nn}\}$을 주 대각선원소라 한다.

⋯→ n×n 행렬에서 $a_{ij} = \begin{cases} 0 : i \neq j \\ 1 : i = j \end{cases}$ 일 때, 단위행렬이라 하고 E와 같이 표현한다.

⋯→ n×n 행렬에서 $a_{ij} = a_{ji}$ $(i \neq j)$일 때, 대칭행렬이라 한다.

⋯→ $A = [a_{ij}]_{m\times n}$ 에서 $[a_{ij}]_{n\times m} = A^T$ 을 A의 전치행렬이라 한다.

m×n의 두 행렬 $A = [a_{ij}]_{m\times n}$, $B = [b_{ij}]_{m\times n}$ 에 대하여 $a_{ij} = b_{ij}$ 이면 두 행렬은 같다고 하고 A=B와 같이 표현한다.

예제 20

다음은 어떤 행렬인지 말하여라.

1. $A=\begin{pmatrix}1\\2\\3\end{pmatrix}$, $B=(a\,b\,c)$ 2. $A=\begin{pmatrix}a&b&c\\d&e&f\\g&h&i\end{pmatrix}$

3. $A=\begin{pmatrix}1&2&3\\2&5&4\\3&4&6\end{pmatrix}$ 4. $A=\begin{pmatrix}1&0&0\\0&1&0\\0&0&1\end{pmatrix}$

풀이 다음과 같다.

1. A는 열벡터이고 3×1행렬, B는 행벡터이고 1×3행렬이다.
2. 3차 정방행렬이다.
3. 정방행렬이고, 대칭행렬이다.
4. 3차 정방행렬이고, 대칭행렬이며, 단위행렬이다.

예제 21

다음 물음에 답하여라.

1. $A=\begin{pmatrix}a&b&c\\d&e&f\end{pmatrix}$ 의 전치행렬(transposed matrix) A^T 를 구하여라.

2. $A=\begin{pmatrix}3x+2y&2\\-5&x+4y\end{pmatrix}$, $B=\begin{pmatrix}7&2\\-5&9\end{pmatrix}$ 에 대하여 A=B일 때, x, y의 값은?

풀이 다음과 같다.

1. $A^T=\begin{pmatrix}a&d\\b&e\\c&f\end{pmatrix}$ 2. $\begin{cases}3x+2y=7\\x+4y\ \ =9\end{cases}$ 에서 x=1, y=2.

4-4-2 행렬의 연산

행렬의 연산에는 부울 대수에서 다룬 대수의 법칙들 교환법칙, 결합법칙, 분배법칙과 행렬의 합과 차 그리고 행렬의 곱 및 스칼라 곱 등이 있다.

정의 4-4-2. 행렬의 합(sum)

두 행렬 $A=[a_{ij}]_{m\times n}$, $B=[b_{ij}]_{m\times n}$를 생각하자. 모든 i, j에 대하여 $c_{ij}=a_{ij}+b_{ij}$ 일 때, $C=[c_{ij}]_{m\times n}$ 을 A와 B의 합이라 하고 C=A+B 와 같이 표현한다.

우리는 행렬의 행 행렬과 열 행렬의 쌍, 즉 (m×n)을 행렬의 크기라한다. 같은 크기의 두 행렬의 합은 대응하는 위치에 있는 각각의 원소를 더함으로써 구해진다. 그러나 크기가 다른 두 행렬의 합은 정의되지 않는다. 또한, 여기서는 사칙연산이 가능하고 크기나 량만을 나타내는 실수를 스칼라라 하자.

- 스칼라 곱 : 스칼라 k와 행렬 $A=[a_{ij}]_{m\times n}$ 에 대하여, kA를 kA=$[ka_{ij}]_{m\times n}$ 와 같이 정의할 때이다.
- 행렬의 차 : 모든 i, j에 대하여, $c_{ij}=a_{ij}-b_{ij}$ 일 때, $C=[c_{ij}]_{m\times n}$ 을 A와 B의 차라 하고 C=A–B 또는 A+(–1)B와 같이 표현한다.

행렬의 덧셈에서는 교환법칙과 결합법칙이 성립한다.

- A+B=B+A … 교환법칙
- (A+B)+C=A+(B+C) … 결합법칙

예제 22

두 행렬 $A=\begin{pmatrix} a & b & c \\ 1 & 2 & 3 \end{pmatrix}$, $B=\begin{pmatrix} 3 & 3 & 1 \\ x & y & z \end{pmatrix}$ 에 대하여, 다음 물음에 답하여라.

1. A+B를 구하여라.
2. -2B를 구하여라.
3. A-2B를 구하여라.

풀이 다음과 같다.

1. $A+B=\begin{pmatrix} a+3 & b+3 & c+1 \\ 1+x & 2+y & 3+z \end{pmatrix}$
2. $-2B=\begin{pmatrix} -6 & -6 & -2 \\ -2x & -2y & -2z \end{pmatrix}$
3. $A-2B=\begin{pmatrix} a-6 & b-6 & c-2 \\ 1-2x & 2-2y & 3-2z \end{pmatrix}$

행렬의 곱셈에는 스카라 곱과 행렬의 곱 두 가지가 있는데, 스카라 곱은 실수의 곱셈과 매우 유사한 성질(교환법칙, 결합법칙, 분배법칙 등)을 가지고 있으므로 이해하기가 쉽다.

정의 4-4-3. 행렬의 곱(product)

두 행렬 $A=[a_{ij}]_{m\times p}$, $B=[b_{ij}]_{p\times n}$ 를 생각하자. 모든 i, j에 대하여 $c_{ij}=\sum_{k=1}^{p} a_{ik}b_{kj}$ 일 때, $C=[c_{ij}]_{m\times n}$ 을 A와 B의 곱이라 하고 C=AB 와 같이 표현한다.

행렬의 곱 C=AB는 행렬 A의 열의 개수와 행렬 B의 행의 개수가 같을 때에만 정의 된다. 예를 들어 $A=[a_{ij}]_{3\times 4}$ 와 $B=[b_{ij}]_{4\times 5}$ 의 경우 C=AB에서 C는 $C=[c_{ij}]_{3\times 5}$ 이 된다. 그러나 A의 열의 개수와 B의 행의 개수가 다를 때에는 정의되지 않는다.

⋯▸ $A=[a_{ij}]_{m\times p}$, $B=[b_{ij}]_{p\times q}$, $C=[c_{ij}]_{q\times n} \Rightarrow ABC=D=[d_{ij}]_{m\times n}$

⋯▸ $A=[a_{ij}]_{n\times n} \Rightarrow A^2=[b_{ij}]_{n\times n}$, $b_{ij}=\sum_{k=1}^{n} a_{ik}a_{kj}$

$$\Rightarrow A^3=[c_{ij}]_{n\times n},\ c_{ij}=\sum_{l=1}^{n}\sum_{k=1}^{n} a_{il}a_{lk}a_{kj}$$

행렬의 곱셈에서 일반적으로 교환법칙이 성립하지 않는다. 예를 들어 A가 [2×3] 행렬이고, B도 [2×3]행렬이면 A의 열의 수는 3개이고, B의 행의 수는 2개이기 때문에 AB는 정의되지 않고 BA는 [2×2]행렬로 정의되므로 AB≠BA임을 확인할 수 있다.

예제 23

다음 물음에 답하여라.

1. $A=\begin{pmatrix} 2 & 1 & 3 \\ 1 & 4 & 2 \end{pmatrix}$, $B=\begin{pmatrix} 1 & 2 \\ 3 & 4 \\ 5 & 1 \end{pmatrix}$ 일 때, AB와 BA를 구하여라.

2. $A=(2\ 3\ 1)$, $B=\begin{pmatrix} 3 \\ 2 \\ 4 \end{pmatrix}$ 일 때, AB와 BA를 구하여라.

3. $A=\begin{pmatrix}1&1\\1&0\end{pmatrix}$ 일 때, A^2 과 A^3을 구하여라.

풀이 다음과 같다.

1. $AB=\begin{pmatrix}2&1&3\\1&4&2\end{pmatrix}\begin{pmatrix}1&2\\3&4\\5&1\end{pmatrix}=\begin{pmatrix}20&11\\23&20\end{pmatrix}$, $BA=\begin{pmatrix}1&2\\3&4\\5&1\end{pmatrix}\begin{pmatrix}2&1&3\\1&4&2\end{pmatrix}=\begin{pmatrix}4&9&7\\10&19&17\\11&9&17\end{pmatrix}$.
2. $AB=(2\ 3\ 1)\begin{pmatrix}3\\2\\4\end{pmatrix}=16$, $BA=\begin{pmatrix}3\\2\\4\end{pmatrix}(2\ 3\ 1)=\begin{pmatrix}6&9&3\\4&6&2\\8&12&4\end{pmatrix}$.
3. $A^2=\begin{pmatrix}1&1\\1&0\end{pmatrix}\begin{pmatrix}1&1\\1&0\end{pmatrix}=\begin{pmatrix}2&1\\1&1\end{pmatrix}$, $A^3=A^2A=\begin{pmatrix}2&1\\1&1\end{pmatrix}\begin{pmatrix}1&1\\1&0\end{pmatrix}=\begin{pmatrix}3&2\\2&1\end{pmatrix}$.

유제 12

$A=\begin{pmatrix}1&1\\1&0\end{pmatrix}$ 에 대하여, $A^4=\begin{pmatrix}a_{11}&a_{12}\\a_{21}&a_{22}\end{pmatrix}$ 라 하자. a_{22}를 구하여라.

행렬의 곱셈에서는 결합법칙과 분배법칙이 성립한다. 즉, A, B, C가 연산 가능한 크기를 가지는 행렬이라고 할 때, 다음이 성립한다.

- (AB)C=A(BC)
- A(B+C)=AB+AC, (A+B)C=AC+BC
- k(AB)=A(kB)=(kA)B, (k는 스칼라)

곱셈에서 행렬의 연산이 대수의 연산과 다른 경우는 O행렬이 아닌, 두 행렬 A, B에 대하여 $AB=O$ 이 되는 경우도 있고, A≠O이라도 AB=AC일 때, 반드시 B=C인 것은 아니라는 점이다. 특히, AB=BA가 성립하는 경우도 있는데, 이 경우는 A의 역행렬이 B인 경우이다.

4-4-3 부울 행렬

부울 행렬은 집합 B={0,1}에 대하여 세 가지 연산자 {∧, ∨. '}를 이용하여 부울 연산자를 정의하고 다양하게 적용됨을 앞 절 부울 대수에서 다루었다. 여기서는 부울 행렬에 관하여만 소개한다.

정의 4-4-4. 접합(join)과 교합(meet)

- 부울 행렬 $A=[a_{ij}]$ 와 $B=[b_{ij}]$ 의 접합은 A∨B=[c_{ij}]로 표기하고 A와 B의 대응하는 원소끼리 부울 연산 ∨에 따라 연산한 행렬이다. 즉, $c_{ij}=a_{ij}\vee b_{ij}$ 이다.
- 부울 행렬 $A=[a_{ij}]$ 와 $B=[b_{ij}]$ 의 교합은 A∧B=[c_{ij}]로 표기하고 A와 B의 대응하는 원소끼리 부울 연산 ∧에 따라 연산한 행렬이다. 즉, $c_{ij}=a_{ij}\wedge b_{ij}$ 이다.

예제 24

부울 행렬 A, B가 다음과 같을 때, A∨B와 A∧B를 구하여라.

1. $A=\begin{pmatrix}1\,1\\1\,0\end{pmatrix}$, $B=\begin{pmatrix}0\,1\\1\,0\end{pmatrix}$

2. $A=\begin{pmatrix}1\,0\,1\\0\,1\,1\\1\,0\,0\end{pmatrix}$, $B=\begin{pmatrix}0\,0\,1\\1\,0\,1\\0\,1\,1\end{pmatrix}$

풀이 부울 대수의 ∨,∧의 성질을 이용한다.

1. $A\vee B=\begin{pmatrix}1\,1\\1\,0\end{pmatrix}\vee\begin{pmatrix}0\,1\\1\,0\end{pmatrix}=\begin{pmatrix}1\vee 0\,1\vee 1\\1\vee 1\,0\vee 0\end{pmatrix}=\begin{pmatrix}1\,1\\1\,0\end{pmatrix}$.

$A\wedge B=\begin{pmatrix}1\,1\\1\,0\end{pmatrix}\wedge\begin{pmatrix}0\,1\\1\,0\end{pmatrix}=\begin{pmatrix}1\wedge 0\,1\wedge 1\\1\wedge 1\,0\wedge 0\end{pmatrix}=\begin{pmatrix}0\,1\\1\,0\end{pmatrix}$.

2. $A\vee B=\begin{pmatrix}1\,0\,1\\0\,1\,1\\1\,0\,0\end{pmatrix}\vee\begin{pmatrix}0\,0\,1\\1\,0\,1\\0\,1\,1\end{pmatrix}=\begin{pmatrix}1\vee 0\,0\vee 0\,1\vee 1\\0\vee 1\,1\vee 0\,1\vee 1\\1\vee 0\,0\vee 1\,0\vee 1\end{pmatrix}=\begin{pmatrix}1\,0\,1\\1\,1\,1\\1\,1\,1\end{pmatrix}$.

$A\wedge B=\begin{pmatrix}1\,0\,1\\0\,1\,1\\1\,0\,0\end{pmatrix}\wedge\begin{pmatrix}0\,0\,1\\1\,0\,1\\0\,1\,1\end{pmatrix}=\begin{pmatrix}1\wedge 0\,0\wedge 0\,1\wedge 1\\0\wedge 1\,1\wedge 0\,1\wedge 1\\1\wedge 0\,0\wedge 1\,0\wedge 1\end{pmatrix}=\begin{pmatrix}0\,0\,1\\0\,0\,1\\0\,0\,0\end{pmatrix}$.

유제 13

부울 행렬 A, B가 다음과 같을 때, A∨B와 A∧B를 구하여라.

1. $A=\begin{pmatrix}1\,1\,0\\1\,0\,1\end{pmatrix}$, $B=\begin{pmatrix}0\,1\,0\\1\,0\,0\end{pmatrix}$

2. $A=\begin{pmatrix}1&0&1&1\\0&1&1&1\\1&0&0&0\end{pmatrix}$, $B=\begin{pmatrix}0&0&1&0\\1&0&1&1\\0&1&1&1\end{pmatrix}$

우리는 부울 연산에서 접합과 교합에서는 결합법칙은 당연히 성립하지만 교환법칙도 성립함을 위의 예제를 통하여 알 수 있다. 이제 부울 연산에서 부울 곱을 정의하자.

정의 4-4-5. 부울 곱(Boolean product)

부울 행렬 $A=[a_{ij}]_{m\times p}$ 와 $B=[b_{ij}]_{p\times n}$ 의 부울 곱은 A⊙B=[c_{ij}]와 같이 표기하고 A와 B의 대응하는 원소들을 행렬의 곱셈에서 +, ×대신에 ∧,∨로 연산한 행렬이다. 즉, $c_{ij}=(a_{i1}\wedge b_{1j})\vee(a_{i2}\wedge b_{2j})\cdots\vee(a_{ip}\wedge b_{pj})$ 이다.

예제 25

부울 행렬 A, B가 다음과 같을 때, 부울 곱 A⊙B를 구하여라.

1. $A=\begin{pmatrix}1&1\\1&0\end{pmatrix}$, $B=\begin{pmatrix}0&1\\1&0\end{pmatrix}$

2. $A=\begin{pmatrix}1&1&0\\0&0&1\end{pmatrix}$, $B=\begin{pmatrix}1&0&1\\0&1&1\\1&1&1\end{pmatrix}$

3. $A=\begin{pmatrix}1&0&1\\1&0&1\\0&1&0\\0&0&0\end{pmatrix}$, $B=\begin{pmatrix}1&1&0\\0&1&0\\0&0&1\end{pmatrix}$

풀이 부울 대수에서 사용한 +, *을 사용하자.

1. A⊙B=$\begin{pmatrix}1&1\\1&0\end{pmatrix}\odot\begin{pmatrix}0&1\\1&0\end{pmatrix}$=$\begin{pmatrix}(1\wedge0)\vee(1\wedge1)&(1\wedge1)\vee(1\wedge0)\\(1\wedge0)\vee(0\wedge1)&(1\wedge1)\vee(0\wedge0)\end{pmatrix}=\begin{pmatrix}1&1\\0&1\end{pmatrix}$.

2. A⊙B= $\begin{pmatrix}1&1&0\\0&0&1\end{pmatrix}\odot\begin{pmatrix}1&0&1\\0&1&1\\1&1&1\end{pmatrix}$

$=\begin{pmatrix}1*1+1*0+0*1&1*0+1*1+0*1&1*1+1*1+0*1\\0*1+0*0+1*1&0*0+0*1+1*1&0*1+0*1+1*1\end{pmatrix}=\begin{pmatrix}1&1&1\\1&0&1\end{pmatrix}$.

3. A⊙B=$\begin{pmatrix}1&0&1\\1&0&1\\0&1&0\\0&0&0\end{pmatrix}\odot\begin{pmatrix}1&1&0\\0&1&0\\0&0&1\end{pmatrix}=\begin{pmatrix}1&1&1\\1&1&1\\0&1&0\\0&0&0\end{pmatrix}$..

유제 14

부울 행렬 A, B가 다음과 같을 때, 부울 곱 A⊙B를 구하여라.

1. $A=\begin{pmatrix}1\,0\,1\\0\,0\,1\end{pmatrix}$, $B=\begin{pmatrix}1\,0\\0\,0\\1\,1\end{pmatrix}$ 2. $A=\begin{pmatrix}1\,1\,1\,1\\1\,0\,0\,1\\0\,0\,0\,1\\1\,0\,1\,0\end{pmatrix}$, $B=\begin{pmatrix}1\,1\,1\,0\\1\,0\,0\,1\\0\,0\,0\,1\\1\,0\,1\,1\end{pmatrix}$

부울 행렬의 곱을 연산하는데, 기호를 사용하는 것이 상당히 불편할 때가 많다. 이런 점을 고려하여 $(1\wedge 0)\vee(1\wedge 1)\vee(0\wedge 0)$를 1*0+1*1+0*0와 같이 표현하기도 하고 10+11+00와 같이 표기하여도 된다. 한편, 행렬의 곱셈에서의 성질과 마찬가지로 부울 행렬의 곱에서도 교환법칙은 성립하지 않고 결합법칙은 성립한다. 부울 행렬 A, B, C에 대하여 다음이 성립한다.

- A⊙B≠B⊙A
- (A⊙B)⊙C=A⊙(B⊙C)

예제 26

부울 행렬 A, B, C가 각각 [2×3], [3×3], [3×2]행렬일 때, 결합법칙 (A⊙B)⊙C=A⊙(B⊙C)이 성립함을 보여라.

풀이 부울 행렬 A, B, C를 각각 다음과 같다.

$A=\begin{pmatrix}1\,1\,0\\0\,1\,0\end{pmatrix}$, $B=\begin{pmatrix}1\,1\,1\\0\,0\,1\\0\,1\,0\end{pmatrix}$, $C=\begin{pmatrix}0\,0\\1\,0\\0\,1\end{pmatrix}$ 이라 하자.

$$A\odot B=\begin{pmatrix}1\,1\,0\\0\,1\,0\end{pmatrix}\odot\begin{pmatrix}1\,1\,1\\0\,0\,1\\0\,1\,0\end{pmatrix}=\begin{pmatrix}11+10+00 & 11+10+00 & 11+11+00\\01+10+00 & 01+10+01 & 01+11+00\end{pmatrix}=\begin{pmatrix}1\,1\,1\\0\,1\,1\end{pmatrix}$$

$$(A\odot B)\odot C=\begin{pmatrix}1\,1\,1\\0\,1\,1\end{pmatrix}\odot\begin{pmatrix}0\,0\\1\,0\\0\,1\end{pmatrix}=\begin{pmatrix}1\,1\\0\,1\end{pmatrix}.$$

$$B\odot C=\begin{pmatrix}1\,1\,1\\0\,0\,1\\0\,1\,0\end{pmatrix}\odot\begin{pmatrix}0\,0\\1\,0\\0\,1\end{pmatrix}=\begin{pmatrix}10+11+10 & 10+10+11\\00+01+10 & 00+00+11\\00+11+00 & 00+10+01\end{pmatrix}=\begin{pmatrix}1\,1\\0\,1\\1\,1\end{pmatrix}.$$

$A⊙(B⊙C)=\begin{pmatrix}1&1&0\\0&1&0\end{pmatrix}⊙\begin{pmatrix}1&1\\0&1\\1&1\end{pmatrix}=\begin{pmatrix}1&1\\0&1\end{pmatrix}$.

∴ (A⊙B)⊙C=A⊙(B⊙C).

정의 4-4-6. 부울 멱 행렬(Boolean power)

* 부울 행렬 $A=[a_{ij}]_{n\times n}$ 에 대하여, 부울 멱 행렬 A^n을 다음과 같이 정의한다.

-$A^0=E_n$, E_n은 단위행렬이다.

-$A^2=A\odot A$, $A^3=A^2\odot A$, ⋯, $A^n=A^{n-1}\odot A=A\odot A\odot\cdots\odot A$.

예제 27

부울 행렬 A가 다음과 같을 때, A^2, A^3, A^4 을 구하여라.

1. $A=\begin{pmatrix}1&0\\1&0\end{pmatrix}$

2. $A=\begin{pmatrix}0&1&1\\1&1&1\\0&0&0\end{pmatrix}$

풀이 다음과 같다.

1. $A^2=\begin{pmatrix}1&0\\1&0\end{pmatrix}⊙\begin{pmatrix}1&0\\1&0\end{pmatrix}=\begin{pmatrix}1&0\\1&0\end{pmatrix}$, $A^3=A^2\odot A=\begin{pmatrix}1&0\\1&0\end{pmatrix}⊙\begin{pmatrix}1&0\\1&0\end{pmatrix}=\begin{pmatrix}1&0\\1&0\end{pmatrix}$,

$A^4=A^3\odot A=\begin{pmatrix}1&0\\1&0\end{pmatrix}$.

2. $A^2=\begin{pmatrix}0&1&1\\1&1&1\\0&0&0\end{pmatrix}⊙\begin{pmatrix}0&1&1\\1&1&1\\0&0&0\end{pmatrix}=\begin{pmatrix}1&1&1\\1&1&1\\0&0&0\end{pmatrix}$,

$A^3=A^2\odot A=\begin{pmatrix}1&1&1\\1&1&1\\0&0&0\end{pmatrix}⊙\begin{pmatrix}0&1&1\\1&1&1\\0&0&0\end{pmatrix}=\begin{pmatrix}1&1&1\\1&1&1\\0&0&0\end{pmatrix}$,

$A^4=A^3\odot A=\begin{pmatrix}1&1&1\\1&1&1\\0&0&0\end{pmatrix}$.

유제 15

부울 행렬 A가 다음과 같을 때, 부울 멱 행렬 A^n 을 구하여라.

1. $A = \begin{pmatrix} 0 & 1 \\ 1 & 0 \end{pmatrix}$

2. $A = \begin{pmatrix} 1 & 0 & 0 \\ 0 & 1 & 0 \\ 0 & 0 & 1 \end{pmatrix}$

우리는 [예제27]과 [유제15]를 통하여 부울 행렬을 거듭제곱으로 반복했을 때, 부울 행렬내의 모든 원소가 1이 될 수도 있음을 안다. 이것은 장차 6장에서 다룰 도달행렬과 관계가 있음을 언급한다.

이산수학 연습문제

1. 다음 부울 대수의 값을 구하여라.

(1) $1+0'$　　(2) $(1+1')'+(0*0)'$

(3) $(1*0)'+(0+1)$　　(4) $(1+0)'*(1+1)'+0*1'$

2. 다음 부울 식에 대한 진리표를 만들어라.

(1) $(x+y')x$　　(2) $x'+y'+z'$

(3) $(xy)'+(z+x)'$　　(4) $xyz+xy+z$

(5) $(xy)'z+(x'x+z)y$

3. 다음 부울 식이 성립함을 진리표를 이용하여 증명하여라.

(1) $xy+xy'=x$

(2) $x'y+xy+xy'=x+y$

(3) $(x*y)*z=x*(y*z)$

4. 다음 부울 식을 부울 대수의 공리나 법칙들을 이용하여 간단히 하여라.

(1) $xy'+(x+y)'$

(2) $x'y'z+xy'z+xy'z'$

(3) $x(y'+z)'[y'+(xz')']'$

5. 다음 부울 식의 부정을 드모르강의 법칙을 이용하여 구하라.

(1) $x'yz'+x'y'z$

(2) $x(yz+y'z')$

(3) $(yz'+x'w)(xy'+zw')$

6. 다음 부울 식의 쌍대를 구하여라.

(1) $xy+1$ (2) $(xy)'+x$

(3) $xy+yz+zw$ (4) $(x+y+z)'+w$

7. 다음의 진리표에서 부울 함수 f, g의 곱의 합형과 합의 곱형을 구하여라.

[표 4-16] f, g의 진리표

x	y	z	f	g
0	0	0	0	1
0	0	1	1	0
0	1	0	0	1
0	1	1	1	0
1	0	0	0	1
1	0	1	1	0
1	1	0	1	0
1	1	1	0	1

8. 다음 부울 함수를 카노우 맵으로 그려라.

(1) $f(x, y)=x'y+xy'+xy$

(2) $g(x, y, z)=x'yz'+xy'z+xyz'$

(3) $h(x, y, z, w)=x'y'z'w'+x'yz'w+wxyz+x'yzw'$

9. 다음 부울 함수를 카노우 맵을 이용하여 간소화 하여라.

(1) $f(x, y, z)=xyz+xy'z+x'yz+x'yz$

(2) $g(x, y, z, w)=x'y'z'w'+x'y'zw'+x'yz'w+x'yzw+xyz'w+xyzw+xy'z'w'$

CHAPTER 5

정수론

정수론(number theory)은 기하학과 더불어 수학의 여러 분야 중에서 가장 오래된 분야라고 할 수 있다. 최근에는 컴퓨터가 급속히 발전하면서 정수론이 암호학(cryptology), 부호이론(coding theory)등 여러 응용 대수학 분야에서 사용된다. 컴퓨터 과학에서 사용되는 기본적인 이산구조를 소개하면, 자연수, 정수, 집합, 관계, 함수, 동치관계, 부분순서집합, 트리, 그래프, 상태기계 등을 들 수 있다. 이 장에서는 자연수의 정의, 산술의 기본정리, 최대공약수를 구하는 알고리즘, 자료에 암호를 주고 푸는 RSA알고리즘 등에 관하여 다루겠다.

5-1 자연수(natural number)의 정의

20세기 전후 수학에서는 모든 것을 기호화된 논리로 정의하는 형식주의의 흐름이 시작되었고, 자연수를 어떻게 수학적으로 정의할까 하는 질문이 나오게 되었다. 다른 모든 수들이 자연수를 바탕으로 만들어지므로, 자연수의 정의는 수학의 기반이 된다고 볼 수 있다. 이 절에서는 페아노의 공리계(Peano's axiom)와 덧셈과 곱셈에 관하여 다룬다.

5-1-1 페아노의 공리계

덧셈의 항등원인 0 이 자연수 체계에 빠져 있는 것은 여러모로 불편하다. 현대의 수학자들은 페아노 공리를 적당히 변형하여, 아래와 같은 0 이 포함된 자연수 체계를 만들었다. 다음 성질들을 만족하는 집합 N을 가리켜 자연수 집합이라고 한다.

- 1. N은 0이라고 불리는 특별한 한 원소를 가진다.
- 2. N의 임의의 원소 n에 대하여 그 n의 후임자(successor) n′도 N의 원소다.

⋯→ 3. 0을 후임자로 갖는 원소는 N에 존재하지 않는다($\forall x \in N,\ x' \neq 0$).

⋯→ 4. N의 두 원소가 같은 후임자를 가진다면, 두 원소는 같다($\forall x,\ y \in N,\ x'=y' \Rightarrow x=y$).

⋯→ 5. (자연수의 귀납적 정의) N의 부분집합 S가 $0 \in S$이며, 임의의 $n \in S$에 포함되는 임의의 원소 n에 대하여, $n' \in S$라면, $S=N$이다.

최초의 원소를 무엇으로 놓느냐에 대한 완전한 합의는 아직 없는 것 같아 보인다. 실제로 0으로 시작하느냐 1로 시작하느냐에 따라 내용이 좀 바뀐다. 바로 위 공리들에서는 단순히 기호를 0부터 시작하지만 1부터 시작하는 경우는 덧셈과 곱셈의 정의로 가면 기호만 바꿔 쓰기를 넘어서는 차이를 보인다.

가장 중요한 다섯 번째 공리는 N이 「$1,\ 2=1',\ 3=(1')',\ 4=3=((1')')',\ \cdots$」을 포함하는 최소의 집합임을 말하고, 이는 N을 유일하게 결정짓는다. 사실 이는 수학적 귀납법과 동치인 내용으로, 바꾸어 말하면 이는 사실 수학적 귀납법이 자연수의 본질이라는 것을 의미한다.

5-1-2 자연수의 덧셈과 곱셈

이 다섯 가지 공리와 그리고 가장 간단한 형태의 덧셈, 곱셈의 정의를 이용하면 우리가 아는 자연수의 모든 성질들을 이끌어낼 수 있다. 자연수에서의 덧셈은 덧셈이 가지는 가장 기본적인 성질들을 추려서, 다음과 같이 귀납적으로 정의된다.

정의 5-1-1. 자연수의 덧셈

1. 모든 자연수 n에 대하여, $n + 0 = n$ 이다.
2. 모든 자연수 n에 대하여, $n+1 = n'$ 이다.
3. 모든 자연수 m, n에 대하여, $n + m' = (n + m)'$ 이다.

예제 1

자연수의 덧셈의 정의를 이용하여 3+2를 계산하여라.

풀이 정의 5-1-1을 이용한다.

$$\begin{aligned} 3+2 &= 3+1' \\ &= (3+1)' \\ &= (3+0')' \\ &= ((3+0)')' \\ &= (3')' \\ &= (4)' \\ &= 5. \end{aligned}$$

유제 1

자연수의 덧셈의 정의를 이용하여 7+3를 계산하여라.

사실 이런 식으로밖엔 자연수의 덧셈을 제대로 정의할 수 있는 방법이 사실상 없다. 하지만 이런 정의와 페아노 공리, 특히 다섯 번째 공리(수학적 귀납법)이 만나면 우리가 아는 모든 것, 교환법칙, 결합법칙 등이 모두 이해가 된다. 이제 자연수의 곱셈을 정의하자.

정의 5-1-2. 자연수의 곱셈

1. 모든 자연수 n에 대하여, $n \times 0 = 0$ 이다.
2. 모든 자연수 n에 대하여, $n \times 1 = n$ 이다.
3. 모든 자연수 m, n에 대하여, $m \times n' = (m \times n) + m$ 이다.

덧셈의 정의와 마찬가지로 이 정의와 페아노 공리를 통해 결합법칙, 교환법칙 등 중요한 성질들을 모두 증명할 수 있다. 여기에 추가로 덧셈과 곱셈을 연계하여 분배법칙이 성립한다는 것 또한 보일 수 있다. 또한, $n \times 1 = n$임을 보이자.

$$n \times 1 = n \times (0') = (n \times 0) + n = 0 + n = n.$$

예제 2

덧셈의 공리를 이용하여 3×2를 계산하여라.

풀이 정의 5-1-2를 이용한다.

$$
\begin{aligned}
3 \times 2 &= 3 \times 1' = 3 \times 1 + 3 = 3 \times 0' + 3 \\
&= ((3 \times 0)+3) + 3 = 3 + 3 \\
&= 3 + 2' = (3 + 2)' \\
&= (3+1')' = (((3 + 0)')')' \\
&= (((3)')')' = ((4)')' \\
&= (5)' \\
&= 6.
\end{aligned}
$$

유제 2

자연수의 곱셈의 정의를 이용하여 7×3을 계산하여라.

5-2 정수의 성질

정수전체의 집합 Z는 제 2장에서 언급한 양의 전체의 집합 N에 대한 정렬성의 공리에 의하여 완전히 결정된다. 이 절에서는 나눗셈 알고리즘(division algorithm)과 최대공약수(great common divisor)와 최소공배수(least common multiple), 유클리드 알고리즘(Euclid algorithm) 등에 관하여 다루겠다.

5-2-1 호제법

호제법은 나눗셈 알고리즘이라고 하는데, **정수의 정렬성(well ordering property)** 「$\varnothing \neq S \subset N$일 때, 모든 $n \in S$에 대하여 $l \leq n$인 원소 $l \in S$이 존재한다.」의 공리를 이용하여 나눗셈 알고리즘을 증명하여 보자.

정리 5-2-1. 나눗셈 알고리즘(division algorithm)

정수 a, 양의 정수 b에 대하여, 다음을 만족하는 유일한 정수 q, r이 존재한다.

$$a=qb+r,\ 0\leq r<b.$$

증명 서로 다른 빵과 같은 종류의 접시로 생각한다.

존재성과 유일성 두 가지로 나누어 증명한다.

(1) 존재성을 증명하자. $S\subset Z$인 S를 다음과 같이 정의하자.

$S=\{a-nb \mid n\in Z,\ a-nb\geq 0\}$. 그런데 $n=-|a|$ 일 때,

$a-(-|a|b)=a+|a|b=a+|a|\geq 0$이므로 $S\neq\varnothing$. 즉, $S\cap N$ 은 N의 공집합이 아닌 부분집합이다. 여기에 정수의 정렬성에 의하여, $S\cap N$ 은 최소원 r이 존재한다. $r=a-qb\in S\cap N$, $b\in Z$, $a=qb+r$, $r\geq 0$. 만약 $r\geq b$이면 $0\leq a-(q+1)b=r-b<r$이므로 $S\cap N$ 의 최소원이 r이라는 사실에 모순이다. 따라서 $r<b$이므로 존재성이 증명되었다.

(2) 유일성을 증명하자. 이를 위해 다음과 같이 가정하자.

$a=qb+r=q'b+r',\ 0\leq r,\ r'<b$.

$r-r'=(q'-q)b$인데, $q'\neq q$ 이면 $b\mid(r-r')$이므로 $|r-r'|\geq b$임을 의미한다.

그런데 가정은 $0\leq r,\ r'<b$이므로 $|r-r'|<b$이 되어 모순이 된다.

따라서 $q=q'$, $r=r'$이므로 유일성이 증명되었다.

[정리 5-2-1]에서 q는 몫(quotient)이라고 하고, r은 나머지(remainder)라 한다. $b\mid(r-r')$는 $(r-r')$이 b로 나누어진다는 의미이며, 기호「 | 」는 다음과 같이 정의 하자.

- 정수 a, b에 대하여, a=qb, q∈Z이면, b는 a를 나눈다고 하고, b는 a의 약수 (divisor) 혹은 인수 (factor)라 하며, a는 b의 배수(multiple)라 한다.
- 기호 : $b\mid a$ 와 같이 표기한다.
- 기호 : $b\nmid a$ 만약 a가 b를 나누지 않을 경우.

예제 3

완전제곱수를 4로 나눌 때, 나머지를 구하여라.

풀이 $n=a^2$ 이라 둔다.

(1) a=4k, k∈Z, $n=a^2=(4k)^2=16k^2$ 이므로 나머지는 0이다.

(2) a=4k+1, $n=(4k+1)^2=16k^2+8k+1=4(4k^2+2k)+1$, 나머지는 1이다.

(3) a=4k+2, $n=(4k+2)^2=46k^2+16k+4=4(4k^2+4k+1)$, 나머지는 0이다.

(4) a=4k+3, $n=(4k+3)^2=16k^2+24k+9=4(4k^2+6k+2)+1$, 나머지는 1이다.

∴ 나머지는 {0,1}이다.

예제 4

다음을 증명하여라.

1. a | b이고 a | c 이면 a | (b±c)
2. a | b이고 b | c 이면 a | c
3. c | a_1, c | a_2, ⋯,c | a_n이면 $c|(a_1x_1+a_2c_2+\cdots+a_nx_n)$, $x_i \in Z, 1 \le i \le n$.

증명 b=sa, c=ta, s, t∈Z라 둔다.

1. b=sa, c=ta라 하자. b±c=(s±t)a이므로 a | (b±c)이다.
2. c=kb, k∈Z라 하자. c=kb=(ks)a=va, v=ks∈Z이므로 a | c
3. $a_i=q_ic$,$1 \le i \le n$ 이라 하자.

$$\sum_{k=1}^{n} a_kx_k = \sum_{k=1}^{n} cq_ix_i = c\sum_{k=1}^{n} q_ix_i \text{ 이므로 } c|(a_1x_1+a_2c_2+\cdots+a_nx_n).$$

우리는 [예제4]의 문제 3에서 첨자 i를 $i=1,2$ 로 한정하면 $c|(a_1x_1+a_2x_2)$인 형태가 되는데, 앞으로 다룰 유클리드 호제법에서 유용하게 이용된다.

유제 3

임의 정수 n에 대하여 2 ∤ n이고 3 ∤ n 이면 24 | (n^2-1) 임을 증명하여라.

정의 5-2-1. 소수(prime number)와 합성수(composite)

- 소수 : 1보다 큰 정수 p의 양의 약수가 1과 p뿐일 때이다.
- 합성수 : 1보다 큰 정수 n이 소수가 아니고 다음을 만족할 때이다.

$$n=ab\ (1<a,\ b<n,\ a,\ b\in Z)$$

정의에 의하여 1은 소수가 아니며, 가장 작은 소수는 2이다. 실제로 1에서 1000사이의 소수는 168개가 있으며, 1과 100사이의 소수(primes)는 25개로 다음과 같다.

{2, 3, 5, 7, 11, 13, 17, 19, 23, 29, 31, 37, 41, 43, 47, 53, 59, 61, 67, 71, 73, 79, 83, 89, 97}

예제 5

2보다 큰 모든 정수는 유일한 방법으로 소인수 분해할 수 있음을 증명하여라.

증명 정렬공리를 이용하여 증명한다. 집합 S를 소인수분해 할 수 없는 1보다 큰 정수의 집합이라 하고, $S\neq\varnothing$ 임을 가정하여 모순을 찾아내자. S가 공집합이 아니므로 정렬공리에 의하여 최소원 n이 존재한다.

(1) n이 소수라면 자체가 이미 소인수분해된 것이므로 n이 소수가 아니다.

(2) n이 합성수이므로 $n=ab\ (1<a,\ b<n,\ a,\ b\in N)$라 할 수 있다. 그런데, $a,\ b<n$이고 n은 S의 최소원이므로 $a,\ b\notin S$이다. 그러므로 a, b는 다음과 같이 표현이 가능하다. $a=p_1p_2\cdots p_k$, $b=q_1q_2\cdots q_k$. 이것은 $n\in S$에 모순이다. 그러므로 우리가 가정한 $S\neq\varnothing$은 거짓이다.

위의 증명에서 유일한 방법으로 증명하는 경우는 생략하였다.

예제 6

어떤 자연수가 자신을 제외한 약수의합으로 표시되면 완전수라고 한다.

1. 6, 28은 완전수임을 보여라.
2. 2^p-1 이 소수이면 $2^{p-1}(2^p-1)$ 이 완전수임을 보여라.

풀이 양의 정수 n의 양의 약수의 합이 2n일 때, n을 완전수(perfect number)라 한다.

1. 6의 약수는 1,2,3,6에서 12=1+2+3+6 이므로 완전수이다. 28의 약수는 1,2,3,4,7,14,28에서 56=1+2+4+7+14+28 이므로 완전수이다.
2. 2와 2^p-1 은 서로 다른 소수이다. n=2^p-1이라 하자. $2^{p-1}(2^p-1)$ 의 약수의 합을 구해보자. 2^{p-1}의 약수는 $1, 2, 2^2, \cdots, 2^{p-1}$이고, 2^p-1의 약수는 $1, (2^p-1)$이다.

$\therefore (1+2+2^2+\cdots+2^{p-1})(1+2^p-1)$ =$(2^p-1)2^p$=2n이므로 완전수이다.

〈참고〉 $\sqrt{n}$ 보다 작거나 같은 모든 소수 p에 대하여 $p \nmid n$이면 n은 소수이다.

5-2-2 유클리드 호제법

d | a, d | b이면 d를 a와 b의 공약수(common divisor)라고 한다. 1은 임의의 두 정수 a, b의 공약수이고, a, b의 어떤 공약수도 max{ | a | , | b | }보다 크지 않다. 그러므로 그 공약수들 중에서 최대공약수가 존재한다.

정의 5-2-2. 최대공약수(great common divisor)

a, b의 최대공약수는 다음 두 조건을 만족할 때이고 gcd(a, b) 또는 (a, b) 또는 G(a, b)와 같이 표현한다.

- d | a, d | b이면 d가 a와 b의 공약수이다.
- c | a, c | b이면 $c \le d$(어떤 공약수도 d를 넘지 못한다.)

특히, a=b=0인 경우는 모든 정수가 0을 나누므로 모든 정수가 a, b의 공약수이고 최대공약수는 존재하지 않는다. 지금부터 최대공약수를 효과적으로 구하는 방법으로 유클리드 호제법을 소개한다.

⋯› a, b의 최대공약수를 g라 하면 gcd(a, b)=(a, b)=g

⋯› a, b가 서로 소이면 gcd(a, b)=(a, b)=1

정리 5-2-2. gcd(a, b) 구하는 법

a=qb+r, q∈Z 이면 gcd(a, b)=gcd(b, r)=g이 성립한다.

증명 (a, b)=g이라 하자. a=gs, b=gt, s, t∈Z, s, t는 서로소이다. 한편,
r=a-qb=gs-gqt=g(s-qt) 이므로 g | r이다. r=gu라 하자.
이제 (t, u)=1임을 보이면 된다. (t, u)=d라 가정하자.
t=dα, u=dβ, (α, β)=1.
a=qb+r ⇒ gs=q(gt)+gu=qg(dα)+gdβ
⇒ s=d(qα+β), d | s.
여기에 s, t는 서로소라는 가정에 모순이므로 (t, u)=1이다.
∴ gcd(a, b)=gcd(b, r).

0이 아닌 두 정수 a, b에 대하여, g=gcd(a, b)를 구해보자. a=0이면 g= | b | 이고, b=0이면 g= | a | 이다. 이제 a, b모두 0이 아니라고 가정하자. 그러면 다음이 성립한다.

- gcd(a, b)=gcd(−a, b)=gcd(a, −b)=gcd(−a, −b)
- gcd(a, b)=gcd(b, a)=(a, b)=(b, a)
- gcd(a, a)=(a, a)=a.

[정리] 5-2-2을 확장하면 다음과 같다.

- $a = q_1b + r_1$, $0 \le r_1 < b$, $b = q_2r_1 + r_2$, $0 \le r_2 < r_1$,
- $r_1 = q_3r_2 + r_3$, $0 \le r_2 < r_3$, ………,
- $r_{n-3} = q_{n-1}r_{n-2} + r_{n-1}$, $0 \le r_{n-1} < r_{n-2}$
- $r_{n-2} = q_nr_{n-1} + r_n$, $r_n = 0$ ……………………… (★)

정리 5-2-3. gcd(a, b) 구하는 법

(★)에서 g=r_{n-1} 즉, 최대공약수는 마지막으로 0이 아닌 나머지이다.

증명 정리 5-2-3을 계속하여 반복 적용한다.
gcd(a, b)=gcd(b, r_1)=gcd(r_1,r_2)=⋯=gcd(r_{n-2} ,r_{n-1}).
마지막 단계에서 $r_n = 0$ 이므로 $r_{n-2} = q_nr_{n-1}$ 이다. 즉,
$r_{n-1}|r_{n-2}$ 이므로 $\gcd(r_{n-2},\ r_{n-1}) = r_{n-1}$ 이다.
∴ g=$r_{n-1} = (a,\ b) = \gcd(a,\ b)$.

예제 7

다음 최대공약수를 구하여라.

1. gcd(949, 273)
2. gcd(1492, 1066)

풀이 정리 5-2-1, 5-2-2를 이용한다.

1. 949=273×3+130, 273=130×2+13, 130=13×10+0
   gcd(949, 273)=gcd(273,130)=gcd(130,13)=13.
2. 1492=1066×1+426, 1066=426×2+214, 426=214×1+212,
   214=212×1+2, 212=106×2+0
   gcd(1492, 1066)=gcd(1066, 426)=gcd(426, 214)
   =gcd(214, 212)=gcd(212,106)=2.

정리 5-2-4. Euclid 호제법

임의의 0이 아닌 두 정수 a, b에 대하여, 다음을 만족하는 정수 x, y가 존재하며, x, y를 유클리드 계수 또는 gcd계수라 한다.

g=gcd(a, b)=(a, b)=ax+by.

위의 증명은 지금까지의 증명방법과는 보다 난해하고 독특한 창의성을 요구하므로 생략한다. 또한, 유클리드 계수 x, y도 유일하지 않다. 다음 예에서 확인하자.

$$2 = \gcd(6,4) = 4(-1)+6(1) = 4(2)+6(-1).$$

[정리5-2-4]에서 두 정수 a, b가 서로 소(relatively prime)일 때, gcd(a, b)=(a, b)=1과 같이 표현한다. 여기에 다음이 성립한다.

- gcd(a, b)=(a, b)=1이면 ax+by=1을 만족하는 정수 x, y가 존재한다.
- gcd($a_1, a_2, \cdots, a_n$)=($a_1, a_2, \cdots, a_n$)=1이면 $a_1x_1 + a_2x_2 + \cdots + a_nx_n = 1$을 만족하는 $x_1, x_2, \cdots, x_n$이 존재한다.

예제 8

유클리드 알고리즘을 이용하여 gcd(171,63)을 구하고, g=gcd(171,63)=171x+63y을 만족하는 x, y를 구하여라.

풀이 다음과 같다.

171 = 2×63 + 45
63 = 1×45 + 18
45 = 2×18 + 9
18 = 2×9 + 0, gcd(171,63)=9이다.

위의 식을 다시 쓰면

45 = 171 × 1 + 63 × (-2)
18 = 63 × 1 + 45 × (-1)
9 = 45 × 1 + 18 × (-2)

위의 식을 밑에서부터 대입하여 정리하면

9 = 45 × 1 + 18 × (-2)
= 45 × 1 + (63 × 1 + 45 × (-1)) × (-2)
= 63 × (-2) + 45 × (1 + 2)
= 63 × (-2) + (171 × 1 + 63 × (-2)) × 3
= 171 × 3 + 63 × (-2 −6)
= 171 × 3 + 63 × (-8)

∴ x=3, y=-8이다.

우리는 유클리드 계수(a, b)를 다음과 같은 방법으로 구할 수 있다.

과정 둘 다 0이 아닌 x≥y를 만족하는 (x, y)에 대하여 계수를 찾아보자.

1. y=0이면 (1,0)를 출력하여 종료한다.
2. 아니면 x=qy+r ($r = x \bmod y$: y | (r-x))
3. (y, r)의 유클리드 계수를 사용하여 gcd(y, r)=ay+br을 만족하는 (a, b)를 구한다.
4. (b, a-qb)로 되돌아간다.

정리 5-2-5. Euclid 계수 찾기

위의 과정으로 gcd(x, y)가 끝나면 결과 (a, b)는 다음을 만족한다.

$$\gcd(x, y)=ax + by$$

증명 알고리즘이 끝날 때 까지 순차적으로 구하는 단계의 수에 대한 귀납법을 이용한다.
기본단계 : 단계가 없다면 y=0이고 gcd는 x이고 결과는 (1,0)이 나온다.
1x + 0y = x 이므로 성립한다.
귀납단계 : (n-1) 단계를 거쳤을 때 성립한다고 가정하고 n번 시행한 후 에 대해서 증명하자.x=qy+r이라고 쓰면 귀납법에 의해서 g=gcd(y, $x \bmod y$)일 때, ay+br=g를 만족하는 (a, b)를 구한다.
g=ay+br=ay+b(x-qy)=bx+(a-bq)y.
∴ 결과 (b, a-qb)는 우리가 원하는 값이다.

이제 우리는 위의 결과 (b, a-qb)를 이용하여 표를 만든 다음 [예제6]을 다시 풀어보자.

gcd(x, y) =ax+by에서 첨자를 이용하여 다음과 같이 점화관계를 만든다.

$$\begin{pmatrix} a \\ b \end{pmatrix} = \begin{pmatrix} a_i \\ b_i \end{pmatrix} = \begin{pmatrix} b_{i-1} \\ a_{i-1} - q_i b_{i-1} \end{pmatrix} = \begin{pmatrix} b \\ a - qb \end{pmatrix} \quad , i = 1,2,3 \cdots$$

$$\begin{pmatrix} a_3 \\ b_3 \end{pmatrix} = \begin{pmatrix} b_2 \\ a_2 - q_3 b_2 \end{pmatrix} = \begin{pmatrix} 1 \\ 0 - 2 \times 1 \end{pmatrix} = \begin{pmatrix} 1 \\ -2 \end{pmatrix} \quad , \begin{pmatrix} a_4 \\ b_4 \end{pmatrix} = \begin{pmatrix} b_3 \\ a_3 - q_4 b_3 \end{pmatrix} = \begin{pmatrix} -2 \\ 3 \end{pmatrix} , \begin{pmatrix} a_5 \\ b_5 \end{pmatrix} = \begin{pmatrix} 3 \\ -8 \end{pmatrix}$$

[표 5-1] gcd(171,63)=171a+63b

i	1	2	3	4	5
$q = q_i$			2	1	2
$a = a_i$	1	0	1	-2	3
$b = b_i$	0	1	-2	3	-8

예제 9

다음 유클리드 계수(a, b)를 유클리드 알고리즘 표를 이용하여 구하여라.

1. gcd(22,16)=22a+16b   2. gcd(710,68)=710a+68b

풀이 해먼저 몫$q_i(i = 3,4,5,6\ )$를 구한다.

1. gcd(22,16)=22a+16b.

   22 = 16 × 1 + 6

   16 = 6 × 2 + 4

   6 = 4 × 1 + 2

   4 = 2 × 2 + 0

   로 부터 $q_3 = 1$, $q_4 = 2$, $q_5 = 1$ 이다. 여기서 q_1, q_2는 무의미하다.

[표 5-2] gcd(22,16)=22a+16b

i	1	2	3	4	5
$q = q_i$			1	2	1
$a = a_i$	1	0	1	-1	3
$b = b_i$	0	1	-1	3	-4

   표의 결과를 확인하기 위하여 다음의 과정을 계속해 본다.

   6 = 22 × 1 + 16 × (-1), 4 = 16 × 1 + 6 × (-2), 2 = 6 × 1 + 4 × (-1) 이다. 여기에

   2 = 6 × 1 + 4 × (-1) = 6 × 1 + {16 × 1 + 6 × (-2)} × (-1)

   = 16 × (-1) + 6 × 3 = 16 × (-1) + {22 × 1 + 16 × (-1)} × 3

   = 22 × 3 + 16 × (-4).

   ∴a=3, b=-4.

2. gcd(710,68)=710a+68b

   710 = 68 × 10 + 30

   68 = 30 × 2 +8

   30 = 8 × 3 +6

   8 = 6 × 1 +2

   6 = 2 × 3 + 0, gcd(710,68)=2.

   $q_i(i = 3,4,5,6)$은 1, 3, 2, 10이다.

[표 5-3] gcd(710,68)=710a+68b

i	q_i	$a = a_i$	$b = b_i$	$x = x_i$	$y = y_i$
1		1	0	6	0
2		0	1	0	6
3	1	1	-1	8	6
4	3	-1	4	30	8
5	2	4	-9	68	30
6	10	-9	94	710	68
$a_i = b_{i-1}$, $b_i = a_{i-1} - q_i b_{i-1}$.					

   2 = 8×1 + 6 × (-1)

   = 30 × (-1) + 8 × 4

   = 68 × 4 + 30 × (-9)

$= 710 \times (-9) + 68 \times 94.$

$\therefore$ gcd(710,68)=2, a=-9, b=94.

위의 예제에서 유클리드 계수를 엑셀을 이용하여 구했다.

예제 10

다음을 만족하는 정수 g, x, y, z를 구하여라.

1. g=gcd(512,288,198)=512x+288y+198z
2. g=gcd(2,3,5)=2x+3y+5z

풀이 (a, b, c)=d일 때, (a, b)=e, (c, e)=f에서 계수를 찾는다.

1. $e=gcd(288,198)=288x'+198y'$

$288 = 198 \times 1 + 90,\quad 90 = 288 \times 1 + 198 \times (-1)$

$198 = 90 \times 2 + 18,\quad 18 = 198 \times 1 + 90 \times (-2)$

$90 = 18 \times 5 + 0$

$18 = 198 \times 1 + 90 \times (-2)$

$= 198 \times 1 + \{288 \times 1 + 198 \times (-1)\} \times (-2)$

$= 288 \times (-2) + 198 \times 3$ ⋯ ①

$f = gcd(512,18) = 512x'' + 18y''$

$512 = 28 \times 28 + 8,\quad 8 = 512 \times 1 + 18 \times (-28)$

$18 = 8 \times 2 + 2,\quad 2 = 18 \times 1 + 8 \times (-2)$

$2 = 18 \times 1 + 8 \times (-2)$

$= 18 \times 1 + \{ 512 \times 1 + 18 \times (-28) \} \times (-2)$

$= 512 \times (-2) + 18 \times 57$

$= 512 \times (-2) + \{288 \times (-2) + 198 \times 3 \} \times 57$

$= 512 \times (-2) + 288 \times 114 + 198 \times 171.$

$\therefore$ g = 2, x = -2, y = -114, z = 171.

2. $e = gcd(3, 5) = 3x' + 5y'$

$5 = 3 \times 1 + 2,\quad 2 = 5 \times 1 + 3 \times (-1)$

$3 = 2 \times 1 + 1,\quad 1 = 3 \times 1 + 2 \times (-1)$

$1 = 3 \times 1 + 2 \times (-1)$

$= 3 \times 1 + \{5 \times 1 + 3 \times (-1) \} \times (-1)$

$= 5 \times (-1) + 3 \times 2$ ⋯ ①

$f = gcd(2,1) = 2x'' + 1y''$

$2 = 1 \times 1 + 1,\quad 1 = 2 \times 1 + 1 \times (-1)$

1 = 2 × 1 + 1 × (-1)

= 2 × 1 + { 5 × (-1) + 3×2 } × (-1)

= 2 × 1 + 3 × (-2) + 5 × 1.

∴ gcd(2,3,5) = 1, x = 1, y = -2, z = 1.

유제 4

다음 gcd 계수 x, y, z와 g를 구하여라.

1. gcd(1492,1066) = 1492x + 1066y
2. gcd(576,31) = 576x + 31y
3. gcd(101,102,103)=101x + 102y + 103z.

예제 11

다음 부정방정식을 풀어라.

1. 2x + 3y = 4
2. 230x + 68y = 8
3. 101x + 102y + 103z = 1

풀이 유클리드 알고리즘을 이용한다.

1. (2,3)=1 ⇒ $2\times(-1)+3\times(1)=1$

⇒ $2\times(-4)+3\times(4)=4$.

이것은 특수해가 $x_0=-4,\ y_0=4$ 임을 의미하며, 다음과 같이 일반해를 구한다.

∴ $x=-4+3t,\ y=4-2t$, t∈Z.

2. 230x+68y=8 ⇒ 115x+34y=4

(115,34)=1 ⇒ 115a + 34b =1

⇒ 115×(-13)+34×44=1

⇒ 115×(-52)+34×(156)=4, $x_0=-52,\quad y_0=176$.

∴ x = -52+34t, y=176-115t, t∈Z.

[표 5-4] 115a+34b=1을 만족하는 a, b 구하는 알고리듬

i	0	1	2	3	4	5	6	7
q_i	3	2	1	1	1	1		
s_i	1	0	1	-2	3	-5	8	-13
t_i	0	1	-3	7	-10	17	-27	44

3. (101,102)=1이므로 101 × (-1)+102 × 1=1이다.
z=t 라 하면, 101x+102y=1-103t 의 정수해를 구하는 경우와 같다. 여기에
101 × (-1+103t)+102 × (1-103t) = 1-103t.
이것은 특수해가 $x_0 =-1+103t,\ y_0 = 1-103t$ 임을 의미한다.
∴ x = -1+103t+102s, y=1-103t-101s, s, t∈Z.

부정방정식

1. ax+by=c가 정수해를 가질 조건 : $(a,b) = g|c$

$$x = x_0 + \frac{b}{g}t,\quad y = y_0 - \frac{a}{g}t,\ t \in Z$$

2. ax+by+cz=e 가 정수해를 가질 조건 : [(a,b),c]=g | e

이절에서 우리는 최대공약수와 유클리드 알고리즘에 관하여 언급하였다. 실제 생활에서든 앞으로 다룰 RCA암호체계든 다양한 분야에 응용이 많이 된다. 이제 최소공배수에 관하여 언급하자. 소인수분해는 최소공배수 lcm을 구할 수 있게 해 준다. 두 수를 소인수분해하고 두 수의 소인수에서 모든 소수가 많이 나온 수를 곱하면 구할 수 있다.

정의 5-2-3. 최소공배수(least common multiple)

a, b의 최대공약수는 다음 두 조건을 만족할 때이고 lcm(a, b) 또는 [a, b]와 같이 표현한다.
1. a | l, b | l이면 l가 a와 b의 공배수이다.
2. a | c, b | c이면 l≤c(어떤 공배수도 l를 넘지 못한다.)

예제 12

다음 두 수 120, 100의 최대공약수 g와 최소공배수 l를 구하여라.

풀이 소인수 분해한다.
120=2×2×2×3×5, 100=2×2×5×5.
공통의 최대인수는 2×2×5. gcd(120,100)=20.

큰 지수는 2가 3개, 5이 2개이다. lcm(120,100)=3×2×2×2×5×5=600.

지금부터 우리는 최대공약수와 최소공배수 사이의 여러 관계를 알아보고 정리하여 보자. 0이 아닌 두 정수 A, B사이에는 다음과 같은 관계가 성립한다.

- 1. lcm(A, B)=[A, B]=$\dfrac{AB}{\gcd(A,B)}$ ⇔ AB=[A, B]×(A, B)=lcm(A, B)×gcd(A, B).
- 2. (A, B)=1 ⇒ lcm(A, B)=AB.
- 3. A, B | M ⇔ [A, B] | M.
- 4. $A=p_1^{x_1}p_2^{x_2}\cdots p_n^{x_n}$, $B=p_1^{y_1}p_2^{y_2}\cdots p_n^{y_n}$ ⇒ [A, B]=$p_1^{\max\{x_1,y_1\}}p_2^{\max\{x_2,y_2\}}\cdots p_n^{\max\{x_n,y_n\}}$.

이제 A=aG, B=bG(a, b는 서로 소)라 하자. $AB=abG^2$ 이므로 (1) 의 경우 [A, B]=abG $=\dfrac{AB}{G}$ 이 성립하며, G=1에서 (2)가 성립하고, (4)의 경우는 서로 소인 수들 중에서는 같은 소수에서는 가장 큰 지수를 선택한다는 것이다.

예제 13

100!을 계산했을 때, 몇 번째 0이 아닌 숫자가 나타나는가?

풀이 2와 5의 개수를 생각한다.

(1) [100/2]=50, [100/4]=25, [100/8]=12, [100/16]=6, [100/32]=3, [100/64]=1이므로 2는 97개 포함되어있다.

(2) [100/5]=20, [100/25]=4이므로 5는 24개 포함되어 있다. 여기에 $10^{24}|100!$ 이다.

∴ 0의 24개이므로 25자리에서 처음으로 0아닌 숫자가 나타난다.

자연수에서 2의 거듭제곱과 5의 거듭 제곱수에 의해서 0의 숫자가 결정된다. 예를 들면, 2×5=10, $2^2\times5=20$, ⋯, 이므로 5가 1개이면 2의 거듭제곱에 관계없이 0의 개수도 1개이다. 그러나 $2^2\times5^2=10^2$, $2^3\times5^3=10^3$, ⋯ 이므로 $2^m\times5^n$(m≥n)의 꼴은 5의 개수에 따라 0의 개수가 결정된다. 또한, 숫자 A에서 a의 개수는 $\left[\dfrac{A}{a^n}\right]$($3^n\le100$,n∈N)에

의하여 결정된다. 100을 소인수분해 했을 때, 3의 개수는 $\left[\frac{100}{3}\right]=33$, $\left[\frac{100}{3^2}\right]=11$, $\left[\frac{100}{3^3}\right]=3$, $\left[\frac{100}{3^4}\right]=1$로부터 48개이다.

5-3 합동식(congruence)

합동식이란 용어는 중등과정에서는 나오지 않지만, 나머지에 관한 난해한 문제나 수열에서 규칙성을 찾는 문제 중 나머지와 관련된 문제가 의외로 많은데, 합동식의 성질을 이용하면 쉽게 해결되는 경우가 종종 있다. 이절에서는 합동식의 정의와 정리 그리고 중국인의 나머지 정리에 관하여 다루겠다.

5-3-1 합동(식)

일반적으로 나머지는 나누는 수보다 작지만, 합동식에서는 나누는 값에 제한이 없다는 차이점은 존재한다. 또한, 나머지는 수학에서 가장 신비로운 개념 중 하나로, 덧셈이나 곱셈에만 적용되는 줄 알았던 연산개념이 신기하게도 나머지에서 완전 같은 방법으로 적용된다는 점을 깨닫게 되면 정수론에 대한 관심이 꽃피게 되는 일이 많다. 이제 합동식을 정의하자.

정의 5-3-1. 합동식(congruence)

양의 정수 m과 두 정수 a, b에 대하여, a, b를 m으로 나누었을 때, 나머지가 같을 때, a와 b가 m을 법(modulus)으로 하여 합동이라고 하고 다음과 같이 표현한다.

$$a \equiv b \bmod m \Leftrightarrow m \mid (a-b)$$

위의 정의에서 합동기호「≡」가 들어있는 식을 합동식이라 하고, $m \nmid (a-b)$인 경우에 a와 b는 법 m에 관하여 합동이 아니라고 하며, 기호 $a \not\equiv b \bmod m$와 같이 표현한다.

다음은 합동식의 성질에 관하여 알아보자.

임의의 a, b, c에 대하여,

- 1. $a \equiv a(\mathrm{mod}\,m)$
- 2. $a \equiv b(\mathrm{mod}\,m) \Rightarrow b \equiv a(\mathrm{mod}\,m)$
- 3. $a \equiv b(\mathrm{mod}\,m),\ b \equiv c(\mathrm{mod}\,m) \Rightarrow\ a \equiv c(\mathrm{mod}\,m)$

이 성립한다. (3)의 경우만 증명한다.

(a − b) + (b − c) = (a − c)이므로 다음이 성립한다. $m \mid (a-b),\ m \mid (b-c) \Rightarrow m \mid (a-c)$.

정수전체의 집합 Z위에서 합동이 동치관계(equivalence relation)이므로 서로 소인 동치류(class)로 분할된다. 합동관계 $a \equiv b(\mathrm{mod}\,m)$에 의하여 결정되는 동치류를 **법 m에 관한 잉여류(residue class modulo m)**라고 한다. 이 때, a를 포함하는 잉여류 $a'(\bar{a})$는 다음과 같다.

- $a' = \{b \in Z \mid a \equiv b(\mathrm{mod}\,m)\} = \{a+mk \mid k \in Z\} = \{\cdots, a-2m, a-m, a, a+m, a+2m, \cdots\}$

일반적으로 정수전체의 집합 Z는 법 m에 관한 잉여류 0′, 1′, 2′, ⋯, (m-1)′로 분할된다. 예를 들어 정수 Z의 법 3에 관한 잉여류는 다음과 같다.

- $0' = \{3k \mid k \in Z\} = \{\cdots -9, -6, -3, 0, 3, 6, 9, \cdots\}$
- $1' = \{3k+1 \mid k \in Z\} = \{\cdots, -2, 1, 4, 7, 10, 13, \cdots\}$
- $2' = \{3k+2 \mid k \in Z\} = \{\cdots, -4, -1, 2, 5, 8, 11, \cdots\}$

정리 5-3-1. 합동식(congruence)

1. $a \equiv b(\mathrm{mod}\,m),\ c \equiv d(\mathrm{mod}\,m) \Rightarrow a \pm c \equiv (b \pm d)(\mathrm{mod}\,m)$

2. $a \equiv b(\mathrm{mod}\,m),\ c \equiv d(\mathrm{mod}\,m) \Rightarrow ac = bd(\mathrm{mod}\,m)$

3. $a \equiv b(\mathrm{mod}\,m) \Rightarrow a^n \equiv b^n(\mathrm{mod}\,m)$.

증명 정의 5-3-1을 이용한다.

1. $a \equiv b(\mathrm{mod}\,m) \Leftrightarrow a=b+sm,\ s \in Z$ ⋯ ①

$c \equiv d(\mathrm{mod}\,m) \Leftrightarrow c=d+tm,\ t \in Z$ ⋯ ②

∴ ①±② : $a \pm c \equiv (b \pm d)(\mathrm{mod}\,m)$.

2. ①×② : $ac = bd(\mathrm{mod}\,m)$.

3. $a^n - b^n = (a-b)(a^{n-1} + a^{n-2}b + \cdots + ab^{n-2} + b^n)$

$a \equiv b(\text{mod}m) \Rightarrow m \mid (a\text{-}b)$

$\Rightarrow m \mid (a^n - b^n)$

$\Rightarrow a^n \equiv b^n(\text{mod}m)$.

예제 14

다음 두 수 A, B에 대하여 각각의 조건에 따라 답하여라.

1. $A = 2^{100}$ 을 7로 나눌 때, 나머지를 구하여라.
2. $B = 3^{100}$ 의 첫째 자리수를 구하여라.

풀이 정리 5-3-1을 이용하여라.

1. $8=2^3 \equiv 1\text{mod}3 \Rightarrow (2^3)^{33} \equiv (1)^{33}\text{mod}3$

$\Rightarrow 2^{100} \equiv 2\text{mod}3$

∴ 나머지는 2이다.

2. 10으로 나눌 때의 나머지를 구하는 문제이다.

$9=3^2 \equiv -1\text{mod}10 \Rightarrow 3^4 \equiv 1\text{mod}10$

$\Rightarrow 3^{100} = (3^4)^{25} \equiv 1\text{mod}10$

∴ 나머지는 1이다.

양의 정수 $a = a_1a_2 \cdots a_n$ 을 10진법으로 표현하고, 법 11, 9그리고 3으로 나누었을 때의 나머지를 생각해보자. $a = a_1a_2 \cdots a_n$ $=a_n10^n + a_{n-1}10^{n-1} + \cdots + a_110 + a_0$ 일 때, 다음이 성립한다.

- $a \equiv a_0\text{mod}10$
- $a = [a_n(11-1)^n + a_{n-1}(11-1)^{n-1} + \cdots + a_{1(11-1)} + a_0]$

  $= [(-1)^n a_n + \cdots + a_0]$ mod11
- $a = [a_n(9+1)^n + a_{n-1}(9+1)^{n-1} + \cdots + a_1(9+1) + a_0]$

  $= (a_n + a_{n-1} + \cdots + a_1 + a_0)\text{mod}9$
- $10 \equiv 1\text{mod}3$, $a = a_n10^n + \cdots + a_0 \equiv (a_n + \cdots + a_0)\text{mod}3$

예제 15

양의 정수 a=123456을 11, 9, 3으로 나눌 때, 나머지를 구하여라.

풀이 위의 보조 개념을 이용한다.

a = 123456 = $[(11-1)^5 a_5 + (11-1)^4 a_4 + \cdots + (11-1)a_1 + a_0]$

= $[(-1)^5 a_5 + \cdots + a_0]\mathrm{mod}11$

= (-1+2-3+4-5+6)mod11

= 3mod11.

a = 123456 ≡ (1+2+3+4+5+6)mod9 ≡ 3mod9

a = 123456 ≡ 3mod9 ≡ 0mod3.

이제 합동식에서 역원을 정의하자.

정의 5-2-2. 곱셈에 대한 역원 : a×a′≡1(mod$m$)

모듈로 연산에서 각각의 정수는 곱셈에 대한 역원이 있을 수도, 없을 수도 있다. 떤 정수와 그 덧셈에 대한 역원의 합은 모듈로 n에 대하여 1과 합동이다. 단, gcd(a, m)=1이어야 한다.

대수적 방법으로 선형 일차방정식 ax=b는 a≠0 이면 $x=-\frac{b}{a}$ 인해를 가진다. 그러나 선형합동식 ax≡b(mod$m$)은 이야기가 달라진다. 예를 들어 5x≡3(mod7)을 생각하자. x 값을 구하기 위해서는 정의 5-3-2에 의해서 5의 법 7에 대한 역원이 필요하다. 다음을 관찰하자.

$$5 \times 5' \equiv 1(\mathrm{mod}7) \Rightarrow (7,5)=1 \Rightarrow 7a+5b=1\text{에서 } a=-2,\ b=3.$$

위의 예에서 a는 5에 대한 7의 역원이고, b는 7에 대한 5의 역원이므로 5′=3이다.

$$5x \equiv 3(\mathrm{mod}7) \Rightarrow 5\times5'x \equiv 3\times5'(\mathrm{mod}7)$$
$$\Rightarrow x \equiv 9(\mathrm{mod}7) \equiv 2(\mathrm{mod}7).$$

정의 5-3-3. 일차 합동식의 역원

(a, b)=1일 때, ax+by=1의 경우: a의 b에 대한 역원은 x이고, b의 a에 대한 역원은 y이다.

- p가 소수일 때, a의 역원은 a^{p-2} 이다.

예제 16

다음 선형합동식을 풀어라.

1. $3x \equiv 2 \bmod 7$
2. $7x \equiv 4 \bmod 5$

풀이 역원의 정의와 유클리드 알고리즘을 이용한다.

1. 3의 역원 $3'$을 구하자. $(7,3)=1 \Rightarrow 7a+3b=1$, a=1, b=-2. $3'=-2=5$.

   $3\times 3'x \equiv 2\times 3'(\bmod 7) \Rightarrow x \equiv 3(\bmod 7)$.

$\therefore$ x=7t+2, t∈Z.

2. 7의 역원을 구하자. $(7,5)=1 \Rightarrow 7a+5b=1$, a=-2, b=3. $7'=-2=3$.

   $7\times 7'x \equiv 4\times 7'(\bmod 5) \Rightarrow x \equiv 2(\bmod 5)$

$\therefore$ x=5t+2, t∈Z.

우리는 위의 정리를 이용하여 (a, b)=1일 때에 한하여 역원을 구하는 방법을 알았으며, 두 수가 서로 소가 아닐 경우 역원이 존재하지 않을 수도 있음을 안다. 여기에 대한 증명은 생략한다. 또한, 소수 p에 대한 정의로부터 다음과 같은 풀이도 가능하다.

$$3x \equiv 2 \bmod 7 \Rightarrow x \equiv 2\times 3'(\bmod 7)$$

$$\Rightarrow x \equiv 2\times 3^{7-2}\ (\bmod 7)(\because 3^5 = 243 \equiv 5(\bmod 7)$$

$$\Rightarrow x \equiv 3(\bmod 7)$$

$$7x \equiv 4 \bmod 5 \Rightarrow x \equiv 2\times 7'(\bmod 5)$$

$$\Rightarrow x \equiv 4\times 7^{5-2}\ (\bmod 5)(\because 7^3 = 343 \equiv 3(\bmod 5)$$

$$\Rightarrow x \equiv 2(\bmod 5)$$

정의 5-3-4. 잉여류의 집합

n 〉1 일 때, $Z_n = \{k \bmod | k \in Z\}$을 법 n 에 관한 잉여류의 집합이라 한다.

예제

$Z_4 = \{0,1,2,3\}$, $Z_6 = \{0,1,2,3,4,5,6\}$

법 n 에 관한 잉여류에 다음과 같이 +, *연산을 정의 할 수 있다.

정의 5-3-5. 잉여류의 집합

$(Z_n,+,*)$, $a, b \in Z_n$ 일 때, $c = a+b \in Z_n$, $c = (a+b) \bmod n$,
$d = ab \in Z_n$, $d = ab \bmod n$ 이다.

〈참고〉

1) 정리 5-3-1에 의해 이 연산은 잘 정의되어 있다. 결합법칙, 교환법칙도 성립한다.

2) Z_n 에서 0은 덧셈에 대한 항등원이고 $-a = n-a$ 이다.

3) $(Z_n, *)$ 에서는 단위원은 1이고 역원은 있는 경우도 있고 없는 경우도 있다.

예제

Z_6 의 경우를 보자. 3+4 =1, -3 = 3, -4 = 2, 3*4 = 0, $5^{-1} = 5$ 이다.

〈참고〉 p 소수인 경우, $a \neq 0$ 는 Z_p 에서 곱셈에 대하여 a^{-1} 가 존재한다.

5-3-2 중국인의 나머지 정리

중국인의 나머지 정리(Chinese remainder theorem)란, 정수론과 추상대수학에 관한 정리이다. 정수론에서는 연립합동식의 해를 구하는 방법이라 생각하면 된다. 정수론

내용이 다 그렇듯이 대학교에 가서나 배우게 되는데, 정확히 말하면 연립합동식을 푸는 방법에 관한 이야기 이다. 그런데 이름이 왜 하필 중국인의 나머지 정리냐 하면, 5세기의 중국 수학서 손자산경에 연립합동식 문제가 처음 등장했기 때문이며. 그 문제는 다음과 같다.

"개수를 알지 못하는 것들이 있다. 셋씩 센다면 두 개가 남고,
다섯씩 센다면 세 개가 남고, 일곱씩 센다면 두 개가 남는다. 총 몇 개인가?"

이제, 우리는 중국인의 나머지 정리에 관하여 논해보자. 법 $m_1, m_2, \cdots, m_n$의 곱을 M이라 하자. 그러면 $i = 1,2,3,\cdots,n$ 에 대하여, M, M_i, M_i^*을 다음과 같이 정의한다.

- $M = m_1 \times m_2 \times \cdots \times m_n$
- $M_i = M/M_i$
- $M_i \times M_i^* \equiv 1 \bmod m_i$, M_i^*는 M_i 의 m_i에 대한 역원이다.

정리 5-3-2. Chinese's remainder theorem(CRT)

$x \equiv r_1 \bmod m_1$, $x \equiv r_2 \bmod m_2$, $x \equiv r_3 \bmod m_3$, $\cdots$이라 하자. 이때 x는 법 M에 대하여, 다음과 같이 유일한 해를 가진다.

$$x = (r_1M_1M_1^* + r_2M_2M_2^* + \cdots) \bmod M .$$

증명 존재성과 유일성에 관하여 증명한다.

$x \equiv r_1 \bmod m_1$, $x \equiv r_2 \bmod m_2$, $x \equiv r_3 \bmod m_3$, $\cdots$ 이라 하자.

$r_1 = r_2 = \cdots\ r_i = \cdots = r$이면

$x \equiv r_i \bmod m_i \Leftrightarrow x \equiv r \bmod m_i \Leftrightarrow x \equiv r \bmod (m_1 m_2 \cdots m_n)$

한편, $(M_i, m_i) = 1$ 이므로 $M_iM_i^* + m_im_i^* = 1$ 을 만족하는 M_i^*, m_i^*가 존재한다. 여기에 $M_iM_i^* \equiv 1 \bmod m_i$, $r_iM_iM_i^* = r_i \bmod m_i$

$r = r_1M_1M_1^* + r_2M_2M_2^* + \cdots + r_nM_nM_n^*$ 이라 하자. 그러면 다음이 성립한다.

$$\begin{aligned} r \bmod m_i &= (r_1M_1M_1^* + r_2M_2M_2^* + \cdots + r_nM_nM_n^*) \bmod m_i \\ &= r_iM_iM_i^* \bmod m_i \end{aligned}$$

$= \begin{cases} r_i \bmod m_i : i = j \\ 0 \qquad\quad : i \neq j \end{cases}$ 여기에 $r_1 = r_2 = \cdots\ r_i = \cdots = r$ 이므로

$x \equiv r_i \bmod m_i \Leftrightarrow x \equiv r \bmod m_i \Leftrightarrow x \equiv r \bmod (m_1 m_2 \cdots m_n)$이 성립한다.

위의 증명에서 유일성에 대한 증명은 생략하였다. 이제, 우리는「개수를 알지 못하는 것들이 있다. 셋씩 센다면 두 개가 남고, 다섯씩 센다면 세 개가 남고, 일곱씩 센다면 두 개가 남는다. 총 몇 개인가?」에 대한 질문에 답하여 보자. 이 문제는 다음의 선형 연립합동식(★)을 구하는 문제와 같으며, [예제17]에서 다루겠다.

$$x \equiv 2(\text{mod}3),\ x \equiv 3(\text{mod}5),\ x \equiv 2(\text{mod}7) \cdots (★)$$

예제 16

다음 연립 선형합동식의 해를 구하여라.

1. $x \equiv 2(\text{mod}5),\ x \equiv 3(\text{mod}4)$
2. $x \equiv 2(\text{mod}3),\ x \equiv 3(\text{mod}5),\ x \equiv 2(\text{mod}7)$

풀이 정리[5-3-2]를 이용한다.

1. $M = m_1 \times m_2 = 5 \times 4 = 20,\ M_1 = m_2 = 4,\ M_2 = m_1 = 5.\ r_1 = 2,\ r_2 = 3.$

$M_1 M_1^* = 4M_1^* \equiv 1 \text{mod} 5$

$\Rightarrow (4,5)=1 \Rightarrow 4a+5b=1$

$\Rightarrow 4\times(-1)+5\times(1)=1,\ M_1^* = -1 = 5-1 = 4.$

$M_2 M_2^* = 5M_5^* \equiv 1 \text{mod} 4,\ M_2^* = 1.$

$x \equiv (r_1 M_1 M_1^* + r_2 M_2 M_2^*) \text{mod} 20$

$\equiv (2\times4\times4+3\times5\times1) \text{mod} 20 \equiv 7 \text{mod} 20.$

$\therefore x=20t+7,\ (t\in Z)$

2. $M = m_1 \times m_2 \times m_3 = 105$

$M_1 = m_2 \times m_3 = 35,\ M_2 = m_1 \times m_3 = 21,\ M_3 = m_1 \times m_2 = 15.$

$35M_1^* \equiv 1 \text{mod} 3,\ M_1^*=2.\ 21M_2^* \equiv 1 \text{mod} 5,\ M_2^*=1,\ 15M_3^* \equiv 1 \text{mod} 7,\ M_3^*=1.$

$x \equiv (r_1 M_1 M_1^* + r_2 M_2 M_2^* + r_3 M_3 M_3^*) \text{mod} 105$

$\equiv (2\times35\times2+3\times21\times1+2\times15\times1) \text{mod} 105 \equiv 23 \text{mod} 105$

$\therefore x=105t+23,\ t\in Z.$

[예제17]의 문제2에 대하여 중국인의 나머지정리가 아닌 다른 방법으로 풀이하여 보자.

별해 다음과 같다.

$x \equiv 2 \bmod 7 \Rightarrow x=7t+2, (t \in Z)$.

$7t+2 \equiv 3 \bmod 5 \Rightarrow 7t \equiv 1 \bmod 5 \Rightarrow t \equiv 7^* \bmod 5 = 3 \bmod 5,\ t=5s+3, (s \in Z)$.

$7t+2=7(5s+3)+2=35s+23$.

$35s+23 \equiv 2 \bmod 3 \Rightarrow 35s \equiv 0 \bmod 3$

$\Rightarrow s=3v, (v \in Z)$

$\therefore\ x=35s+23=105v+23$.

우리는 다음의 보조정리를 소개한다.

··· 1. $x \equiv r \bmod a \wedge r \bmod b \Rightarrow x \equiv r \bmod ab$

··· 2. $x \equiv r \bmod m_1 \wedge r \bmod m_2 \cdots \wedge r \bmod m_n \Rightarrow x \equiv r \bmod (m_1 m_2 \cdots m_n)$

예제 18

선형합동식 $13x \equiv 71 (\bmod 380)$ 의해를 구하여라.

풀이 다음 두 가지 방법으로 풀이한다.

1. $380=2^2 \times 5 \times 19$ 이므로 다음의 연립합동식을 풀면 된다.

$13x \equiv 71 \bmod 4,\ 13x \equiv 71 \bmod 5,\ 13x \equiv 71 \bmod 19$

$13x \equiv 71 \bmod 4 \equiv 3 \bmod 4 \Rightarrow x \equiv 3 \times 13^* \bmod 4 = 3 \bmod 4 (\because 13^* = 1)$ …①

$13x \equiv 71 \bmod 5 \equiv 1 \bmod 5 \Rightarrow x \equiv 1 \times 13^* \bmod 5 = 2 \bmod 5 (\because 13^* = 2)$ …②

$13x \equiv 71 \bmod 19 \equiv 14 \bmod 19 \Rightarrow x \equiv 4 \bmod 19$ …③

①,②,③을 중국인의 나머지정리를 이용하면 된다.

$\therefore\ x \equiv 327 (\bmod 380)$.

2. $(13, 380)=1 \Rightarrow 13x+380=1 \Rightarrow (-4) \times 380 + 117 \times 13 = 1$.

$x \equiv 71 \times 13^* \bmod 380 \equiv 71 \times 117 \bmod 390 \equiv 327 \bmod 380$.

유제 5

다음 선형 연립방정식의 해를 구하여라.

1. $17x \equiv 9 (\bmod 276)$

2. 3x≡6mod12, 2x≡5mod7, 3x≡1mod5.

3. 3 | n, 5 | (n+2), 7 | (n+4)를 만족하는 최소의 홀수는?(n〉3)

5-3-3 오일러 정리

해석학의 아버지라 불리는 수학계에 상당히 많은 영향을 끼친 스위스의 수학자인 레온하르트 오일러(Leonhard Euler)가 만들어 낸 오일러의 정리(Euler's theorem)를 증명하는 방법은 페르마의 소 정리(Fermat's little theorem)를 증명하는 방법과 거의 같다. 즉, 합동식을 이용하는 것이다. 정수론에 가장 기본이 되는 페르마의 소 정리에 관하여 소개한다.

정리 5-3-3. Fermat's little theorem

소수 p에 대하여, (a, p)=1일 때, 다음이 성립한다.

$$a^{p-1} \equiv 1(\mathrm{mod}p) \text{ 또는 } a^p \equiv a(\mathrm{mod}p) .$$

증명 a≢0(modp)인 a에 대하여 xa≡ya(modp)이면 x≡y(modp)임을 이용한다.

(a, p)=1이라 하자. 이제 a, 2a, …, (p-1)a를 p 로 각각 나눌 때 나머지는 1,2,3, …, (p-1)중의 어느 하나와 1 : 1 대응한다. 여기에

$a(2a)(3a)\cdots(p-1)a \equiv 1(2)(3)\cdots(p-1)\mathrm{mod}p$

$(p-1)!a^{p-1} \equiv (p-1)!\mathrm{mod}p \quad \Leftrightarrow \quad a^{p-1} \equiv 1\mathrm{mod}p$

$\therefore\ a^{p-1} \equiv 1\mathrm{mod}p$.

예제 19

다음 물음에 답하여라.

1. 모든 정수 a에 대하여, $a^{25}-a$ 는 30으로 나누어짐을 보여라.
2. 2009^{100} 을 15로 나눌 때 나머지를 구하여라.

풀이 $a^p \equiv a(\mathrm{mod}p)$ 을 이용한다.

1. 30=2×3×5이므로 $a^{25}-a$ 가 p=2,3,5로 나누어짐을 증명하면 된다.

$a^5 \equiv a\mathrm{mod}5 \Rightarrow a^{25} = (a^5)^5 = a^5 \equiv a\mathrm{mod}5$

$a^{25} - a \equiv 0 \bmod 5 (\because a \equiv a \bmod 5)$.

$a^3 \equiv a \bmod 3 \Rightarrow a^{25} = (a^3)^8 a \equiv a \bmod 3$

$a^{25} - a \equiv 0 \bmod 3 (\because a \equiv a \bmod 3)$.

$a^2 = a \bmod 2 \Rightarrow a^{25} = (a^2)^{12} a \equiv a \bmod 2$, $a^{25} - a \equiv 0 \bmod 2$.

$\therefore a^{25} - a \equiv 0 (\bmod 30)$, $a^{25} \equiv a \bmod 30$.

2. 15=3×5이므로 $2009^{100} \equiv r_1 \bmod 3$, $2009^{100} \equiv r_2 \bmod 5$ 인 r_1 r_2를 구한다.

$2009 \equiv 2 \bmod 3 \Rightarrow 2009^{100} \equiv 2^{100} \bmod 3$.

$2^2 \equiv 1 \bmod 3 \Rightarrow 2^{100} = (2^2)^{50} \equiv 1 \bmod 3$, $r_1 = 1$.

$2009 \equiv -1 \bmod 5 \Rightarrow 2009^{100} \equiv (-1)^{100} \bmod 5 \equiv 1 \bmod 5$. , $r_2 = 1$.

$2009^{100} \equiv 1 \bmod 3$, $2009^{100} \equiv 1 \bmod 5$ 이므로 $2009^{100} \equiv 1 \bmod 15$.

$\therefore$ 2009^{100} 를 15로 나눌 때 나머지는 1이다.

별해 $2009^{100} \equiv r \bmod 15$ 에서 r을 구하는 문제이다.

$2009 \equiv 4 (\bmod 15) \Rightarrow 2009^{100} \equiv 4^{100} \bmod 15$

$\Rightarrow 4^{100} \equiv r \bmod 15$, $4^2 \equiv 1 \bmod 15$

$\Rightarrow 4^{100} = (4^2)^{50} \equiv 1 \bmod 15$. $\therefore r = 1$.

유제 6

다음 물음에 답하여라.

1. 3^{100} 을 7로 나눌 때, 나머지를 구하여라.
2. 2017^{2017} 을 5로 나눌 때, 나머지를 구하여라.

m≥2일 때, $a \in Z_m$에 대하여, ab≡1(mod$m$)인 $b \in Z_m$가 존재하는 경우에 a를 단원(unit)이라 한다. 또한, b를 a의 곱셈에 대한 역원임은 앞에서 언급하였다. 양의 정수 m에 대하여, Z_m 중에서 m과 서로 소인 정수의 개수 혹은 Z_m에 있는 단원의 개수를 ∅(m)으로 표시하고 이 ∅를 **오일러 ∅함수(Euler ∅-function)** 라고 한다. 예를 들어 Z_5 = {1,2,3,4}의 경우, 5와 서로 소인 것은 4개이므로 $\phi(5) = 4$ 이고, Z_6 = {1,2,3,4,5}의 경우, 6

과 서로 소인 경우는 2개이므로 ∅(6)=2이다. 다음은 오일러함수의 성질이다.

- 1. p가 소수일 때, ∅(p) = p−1
- 2. (p, q)=1일 때, ∅(pq) = ∅(p)×∅(q)
- 3. p가 소수이고, (a, p)=1일 때, $a^{\phi(p)} = a^{p-1} \equiv 1 \mathrm{mod} p$

위의 오일러 함수의 성질 중 3의 경우는 페르마의 소 정리이며, 정리보다는 공리에 가까우므로 증명은 생략한다. 이제 오일러 정리에 관하여 소개한다.

정리 5-3-4. 오일러 정리(Euler's theorem)

양의 정수 m과 소수 p 그리고 (a, m)=1인 a에 대하여, 다음이 성립한다.

1. $a^{\phi(m)} \equiv 1(\mathrm{mod} m)$ 2. $\phi(p^m) = p^m - p^{m-1}$.

증명 페르마의 소 정리와 유사하다.

1. n 이하의 자연수중 n과 서로소인 수만 모아놓은 집합을 S라 하자. 정의에 의해 S의 원소의 개수는 φ(n) 이다.

$S = \{a_1, a_2, \cdots, a_{\phi(n)}\}$

라 하자. S의 각 원소들에 n과 서로소인 a를 곱한 집합을 aS라 하면

$aS = \{aa_1, aa_2, \cdots, aa_{\phi(n)}\}$

이다. 이 때, aS의 모든 원소들은 n과 서로소인 수들끼리만 곱한 수들이므로 그 원소들 역시 n과 서로소이다. 그리고 aS의 모든 원소들은 n으로 나눈 나머지가 서로 다르므로 aS의 원소들을 n으로 나눈 나머지는 S의 원소들을 재배열한 경우와 같다. 따라서 S의 모든 원소의 곱과 aS의모든 원소의 곱은 n으로 나눈 나머지가 같다.

$a_1 a_2 \cdots a_{\phi(n)} = a^{\phi(n)} a_1 a_2 \cdots a_{\phi(n)} \mathrm{mod} n$

$\therefore a^{\phi(n)} \equiv 1 \mathrm{mod} n$.

2. 정수 a에 대하여 (a, p^m)=1 ⇔ (a, p)=1 이다. 한편, 1,2,⋯,p^m 중에서 p의 배수인 정수는 1×p, 2×p, ⋯, $p^{m-1} \times p$ 개다. 따라서 1,2,⋯,p^m 중에서 p와 서로소인 정수의 개수는 $(p^m - p^{m-1})$개이다.

$\therefore \phi(p^m) = p^m - p^{m-1}$

예제 20

다음 물음에 답하여라.

1. $\varnothing(72)$ 의 값을 구하여라.
2. 2009^{2002} 의 끝자리 두수를 구하여라.

풀이 오일러의 성질과 정리를 이용한다.

1. $\phi(72) = \phi(2^3 \times 3^2)$
   $= \phi(2^3) \times \phi(3^2)$
   $= (2^3 - 2^2) \times (3^2 - 3) = 24.$
2. $2009^{2002} \equiv r \bmod 100$ 을 계산하는 문제이다.
   $2009^{2002} = 9^{2002} \Rightarrow 9^{\phi(100)} = 9^{40} \equiv 1 \bmod 100$
   $\Rightarrow 9^{2002} = (9^{40})^{50} * 9^2 \equiv 9^2 \bmod 100$

$\therefore 2009^{2002} \equiv 81 \bmod 100..$

유제 7

다음 물음에 답하여라.

1. 5^{100} 을 11로 나눌 때 나머지를 구하여라.
2. $\varnothing(m)=16$을 만족하는 모든 정수 m을 구하여라.
3. 어떤 정수 n에 대하여 $\varnothing(n)=2 \bmod 4$가 성립하는가?

우리는 제 5장 정수론에서 유클리드 알고리즘, 합동식, 중국인의 나머지 정리 그리고 페르마의 소 정리와 오일러의 정리 등을 다루었다. 이 모든 작업은 다음 절에서 다룰 RSA의 암호체계를 접할 준비과정으로 보면 된다.

5-4 RSA 암호체계

RSA는 공개키 암호시스템의 하나로, 암호화뿐만 아니라 전자서명이 가능한 최초의 알고리즘으로 알려져 있다. RSA가 갖는 전자서명 기능은 인증을 요구하는 전자 상거래 등에 RSA의 광범위한 활용을 가능하게 하였다.

1978년 로널드 리베스트(Ronald Rivest), 아디 샤미르(Adi Shamir), 레너드 애들먼(Leonard Adleman)의 연구에 의해 체계화되었으며, RSA라는 이름은 이들 3명의 이름 앞글자를 딴 것이다. 여기에 정수론을 암호학에 멋있게 응용한 예가 바로 RSA 공개키 암호체계(public key cryptosystem)이다. 이제 RSA 암호체계를 다루어 보자.

아무나 A에게 보내는 메시지에 암호를 걸 수 있으나, 어느 누구도 이 암호를 해독할 수 없다. 양의 정수인 두 개의 키 e와 d를 사용한다. 여기서 e는 암호키(공개됨)이고, d는 해독키(해독하는 사람만 안다)이다. 단지 e만 사용하면 암호를 걸 수는 있지만, d를 모르면 해독이 거의 불가능하다.

공개키와 해독키의 생성과정은 다음과 같다.

- 1. A는 서로 다른 두 소수 p, q를 생각해 낸다.
- 2. n=pq를 계산한다.
- 3. Ø(n)=Ø(pq)=(p−1)(q−1)을 계산한다.
- 4. 1〈e〈 Ø(n)이고 Ø(n)과 서로소 인 e를 선택한다.
- 5. ed≡1mod Ø(n)=1+k(p−1)(q−1)를 만족하는 d를 구한다.
  - d의 계산 : gcd(Ø(n),e)=1=Ø(n)x+ey인 x, y를 구한다.
  - 여기서 y값 또는 Ø(n)−y값이 d의 값이다.

A는 〈n, e〉는 공개하고, p, q, Φ(n), d 는 A만 알고 있다.

- 공개키는 [n, e] : 평문 m의 암호화 작업 : $m^e \text{mod} n = c$
- 해독키는 [n, d] : 암호문 c의 복호화 작업 : $c^d \text{mod} n = m$

B이 [m]의 내용을 [$m^e \equiv c \text{mod} n$]와 같이 계산하여 암호문 c값을 보낸다.
그러면 A는 받은 c로부터 다음과 같이 계산하여 평문 m을 해독해낸다.

$$c^d = (m^e)^d = m^{ed} = m^{1+k(p-1)(q-1)} \bmod n \ = m.$$

RSA암호체계는 사용하는 소수가 큰 경우가 가장안전하고 보안성이 있다. 그러나 실제적인 예는 컴퓨터를 사용하지 않을 경우는 큰 수를 사용하기가 어렵다.

예제 21

다음 상등법(mod$m$)을 계산하여라.

1. $12500^{81} \bmod (25777)$
2. $2017^{55} (\bmod 100)$

풀이 큰 수는 Mathematica를 이용한다.

1. $12500^{81} \bmod (25777) = ((12500)^3 \bmod 25777)^{27} \bmod 25777$
$= (8718)^{27} \bmod 25777$
$= ((8718)^3 \bmod 25777)^9 \bmod 25777$
$= (9620)^9 \bmod 25777$
$= ((9620)^3 \bmod 25777)^3 \bmod 25777$
$= (2571)^3 \bmod 25777$
$= 3391.$

2. 2017≡17(mod100)에서 다음이 성립한다.
$2017^{55} \equiv 17^{55} \bmod 100$
$\equiv (17^5 \bmod 100)^{11} \bmod 100 \ \ (\because 17^5 \equiv 57 \bmod 100)$
$\equiv 57^{11} \bmod 100$
$\equiv ((57)^4 \bmod 100)^2 \times 57^3 \bmod 100) \bmod 100 \ \ (\because 57^4 \equiv 1 \bmod 100)$
$\equiv ((1^2) \bmod 100 \times 57^3 \bmod 100) \bmod 100$
$\equiv 93 \bmod 100 .$

별해 예제21의 문제2에서 상등법을 다음과 같이 계산한다.

$\phi(100) = \phi(5^2) \times \phi(2^2) = 40 \ , 17^{40} \equiv 1 \bmod 100 .$

$17^{55} \bmod 100 = (17^{40}) \times 17^{15} \bmod 100$

$= ((17^5 \bmod 100)^5)^3 \bmod 100 \ \ (\because 17^5 \bmod 100 \equiv 57 \bmod 100)$

$= 57^3 \bmod 100$

$= 93 \bmod 100 .$

우리는 매우 큰 수는 Mathematica나 엑셀을 이용하면 된다. 그러나 일반적으로 계산하려면 앞에서 다룬 오일러 공식이나 중국인의 나머지 정리 등이 필요하다.

유제 8

다음 상등법(mod$m$)을 계산하여라.

1. 505^{2017} (mod11)
2. 123^{1000} (mod1000)

예제 22

다음 물음에 답하여라.

1. 두 소수 p=173, q=149을 이용하여 공개키와 해독키 e, d를 구하여라.
2. 두 소수 p=61, q=53을 이용하여 공개키와 해독키 e, d를 구하여라.

풀이 Euclid 계수를 이용한다.

1. n=173×149=25777. ∅(n)=(p-1)(q-1)=25456. 1〈e〈∅(n),에서 172, 148은 3의 배수가 아니므로 3의 배수 중 적당한 $3^4 = 81$ 을 택한다. e=81.
   (∅(n), e)=1 ⇔ (25456,81)=1
   ⇒ (-11×25456+3457×81=1, d=3457.
   ∴ 공개키는 e=81, 해독키는 d=3457.
2. n=3233. ∅(3233)=3120, 1〈e〈3120과 서로소인 적당한 수 e=17을 택한다.
   (3120,17)=1 ⇒ (-15)×3120+2753×17=1, d=2753.
   ∴ 공개키는 e=17, 해독키는 d=2753.

유제 9

다음 물음에 답하여라.

1. p=13, q=19, e=5 일 때, 해독키 d를 계산하여라.
2. p=47, q=71, e=79 일 때, 해독키 d를 계산하여라.

알파벳 A, B, C, ⋯, Z를 숫자 1,2,3,⋯, 25와 1:1로 대응시키면 다음 표(5-5)와 같다. 예를 들어 S, M, U에 대응하는 숫자는 18, 12, 20이므로 RSA 암호키를 걸기위해서는 다음과 같은 계산이 필요하다.

$$S\times 26^2+M\times 26+U=18\times 26^2+12\times 26+20=12500$$

[표 5-5] 알파벳의 숫자 대응 표 6

A	B	C	D	E	F	G	H	I	J
0	1	2	3	4	5	6	7	8	9
K	L	M	N	O	P	Q	R	S	T
10	11	12	13	14	15	16	17	18	19
U	V	W	X	Y	Z				
20	21	22	23	24	25				

예제 23

RSA 생성과정에서 암호키를 얻기위해 [표 5-5]를 이용하여 다음 알파벳과 대응되는 수를 계산하여라.

1. YOU 2. LOVE

풀이 표5-5]를 이용한다.

1. Y=24, O=14, U=20.

YOU=$24\times 26^2+14\times 26+20=$ 16608.

2. L=11, O=14, V=21, E=4.

LOVE=$11\times 26^3+14\times 26^2+21\times 26+4=$ 203350.

예제 24

갑이 공개한 공개키 [n=25777, e=81]를 보고 을이 메시지m=[SMU]에 암호문을 걸어 c를 갑에게 보낸다. 갑은 암호문 c를 보고 평문메시지 m을 해독해낸다.

1. 을은 암호문 c를 만들어라.
2. 갑은 c를 해독하여, 평문 m을 찾아라.

풀이 해답은 다음과 같으며 이유는 독자 스스로 생각해 본다.
1과 2는 참이다. 3과 4는 거짓이다.

유제 10

갑은 p=13, q=19, Φ(247)=216, d=173을 알고 있고 n과e를 공개한다. 을은 메시지 m=10을 $10^5 \equiv c(\text{mod}247) \equiv 212\text{mod}247$에서 212를 갑에게 보낸다. 갑은 212로부터 m의 값을 계산하여라.

우리는 [예제24] 의 경우, 메시지 m=[YOU]에 암호를 걸었을 때, YOU는 값은 다음과 같다.

$$\text{YOU}=24\times 26^2+14\times 26+19=16608$$

여기에 암호를 걸면

$$c=(16608)^{81}\text{mod}25777=173$$

라는 메시지가 나오고, 이를 해독하면

$$173^{3457}\text{mod}25777=16608$$

이 나와서 해독은 되지만, 16608=173×96에 대응되고, 이 숫자는 p와 서로소가 아니므로 일반적으로 RSA 암호체계가 제대로 작동되지 않는 경우가 있고, 할 수 있더라도 다른 사람이 암호를 해독할 수 있는 정보를 제공하므로 바람직하지 않다.

이산수학 연습문제

1. 페아노의 덧셈과 곱셈 공리를 이용하여 다음을 계산하여라.

(1) 5+5

(2) 5×5

2. 정렬공리를 이용하여 다음을 증명하여라.

(1) $\sqrt{2}$ 는 무리수이다.

(2) $a|b \Rightarrow |a| \le |b|,\ a,b \neq 0$ 이다.

3. 다음 gcd와 lcm을 구하여라.

(1) gcd(123, 35), lcm(123, 35)

(2) gcd(20,30,40), lcm(20,30,40)

(3) gcd(12990,17210), lcm(12990,17210)

4. 다음 유클리드 계수를 구하여라.

(1) gcd(23, 30)=23a+30b

(2) gcd(2,3,4)=2a+3b+4c

(3) gcd(2,3,5,7)=2a+3b+5c+7d

5. 임의의 양의 정수 a, b, n에 대하여 다음을 증명하여라.

$$\gcd(a^n, b^n) = 1 \Leftrightarrow \gcd(a,b) = 1 \Leftrightarrow \gcd(a^n, b) = 1$$

6. 다음 부정 방정식의 양의 정수해를 구하여라.

(1) 172x+20y=1000

(2) $\begin{cases} 2x + 3y + 5z = 201 \\ 3x + 5y + 7z = 315 \end{cases}$

7. 다음 합동식을 풀어라.

(1) $91x \equiv 419 \pmod{440}$

(2) $3x \equiv 6 \pmod{12}$, $2x \equiv 5 \pmod{7}$, $3x \equiv 1 \pmod{5}$

(3) $x \equiv \pmod{6}$, $x \equiv 5 \pmod{14}$, $x \equiv 4 \pmod{21}$

8. 다음 물음에 답하여라.

(1) $37^{100} \bmod 100$

(2) $20017^{300} \bmod 1000$

9. 다음을 증명하여라.

(1) $d \mid m \Rightarrow \varnothing(d) \mid \varnothing(m)$

(2) $\phi(m^2) = m\phi(m)$

10. RSA암호체계에서 두 소수 p=13, q=31에 대하여, 다음 물음에 답하여라.

(1) 암호키 e를 생각하여라.

(2) $\varnothing(n)$을 구하여라.

(3) 복호키 d를 구하여라.

(4) 표5-5를 이용하여 YES를 수로 나타내어 메시지 m을 구하여라.

(5) 암호문 $c = m^e \bmod n$ 을 만들어라.

(6) $c^d \bmod n$으로 평문 m을 구하여라.

CHAPTER 6

관계

관계(relation)란 객체들 간의 연관성을 표현하는 구조로서 전산학뿐만 아니라 다른 여러 분야에서도 기본적이고 중요한 개념이다. 일반적인 관계에 대하여 예를 들면, 학생과 스승의 관계, 부모와 자식사이의 관계, 남자친구와 여자친구사이의 관계 등이 있을 수 있다.

이와 같이 전산학이나 수학에서의 객체들도 여러 가지의 관계를 가진다. 특히, 곱집합과 순서쌍은 매우 중요한 관계를 가진다. 이 장에서는 이항관계, 관계의 표현, 관계의 성질 등에 대하여 다룰 것이다.

6-1 관계의 정의와 표현

곱집합은 앞에서 다루었고 이 절에서는 관계의 정의와 순서쌍, 이항관계, n항 관계 등 관계의 표현에 대하여 다루겠다.

6-1-1 관계(relation)

관계의 개념을 이해하기 위하여 순서쌍을 생각하자. 임의의 집합 {a, b}는 수서에 관계가 없다. 하지만, 두 개의 원소 (a, b)에 대하여, 순서를 생각하면 a는 첫 번째 원소이고 b는 두 번째 원소가 되어 순서를 생각하므로 이를 **순서쌍**(ordered pair)이라 한다.

순서쌍에 대한 관계의 일반적인 예를 들어 보자. 순서쌍 (a, b)를「a는 b의 스승이다」라는 관계를 나타낸다고 할 때, 순서를 바꾼 순서쌍 (b, a)는「b는 a의 스승이다」로 해석이 되기 때문에 순서에 따라 의미가 달라지므로 순서쌍은 순서에 따라 중요한 의미를 가진다.

「A와 B의 관계」 또는「A, B의 관계」라는 말은 사실 A와 B의 순서를 염두에 두고 있는 것이며, 이를 분명히 나타내기 위해서「A로 부터 B로의 관계」라는 표현을 한다.

정의 6-1-1. 관계(relation)

공집합이 아닌 두 개의 집합 A, B에 대하여, A에서 B로의 관계 R은 곱집합 A×B의 부분집합으로 이항관계(binary relation)라고 하며, 다음과 같이 표현한다.

$$R \subset A \times B$$

특히, A=B인 경우 이항관계 R은 A×A의 부분집합이며, $R \subset A^2$ 와 같이 표현하고, 단순히 A에서의 관계라고 말하며, ∅은 **0관계**라고 한다.

(a, b)∈R일 때, a와 b가 R에 관계가 있다고 말하며, 다음과 같이 표현한다.

$$a \underset{\sim}{R} b \text{ 또는 } {}_aR_b \text{ 또는 } aRb$$

위의 정의에서 첫 번째 원소의 집합을 정의역(domain)이라하고, 두 번째 원소의 집합을 치역(range)이라 하며, 각각 Dom(R), Ran(R)와 같이 표현한다.

⋯▸ Dom(R) = {a | (a, b)∈R} ⊂ A
⋯▸ Ran(R) = {b | (a, b)∈R} ⊂ B.

또한, 셋 이상의 관계도 정의되며, n개의 곱집합 $A_1 \times A_2 \times \cdots \times A_n$ 의 부분집합 R을 집합 $A_1, A_2, \cdots, A_n$ 에서의 n항 관계라고 하며, 다음과 같이 표현한다.

$$R = \{(a_1, a_2, \cdots, a_n) | a_1 \in A_1, \cdots, a_n \in A_n\}$$

특히, $A_1 = A_2 = \cdots = A_n = A$ 인 경우, $R \subset A \times A \times \cdots \times A = A^n$ 와 같이 표현한다.

예제 1

집합 A={1,2}, B={1,2,3} 에 대하여, 관계 R을 R={(a, b)∈A×B | a-b는 짝수}와 같이 정의 한다. 다음 물음에 답하여라.

1. A×B를 구하여라.
2. R의 순서쌍을 구하여라.
3. 1R3, 2R3, 2R2들이 성립하는가?
4. Dom(R)과 Ran(R)을 구하여라.

풀이 정의 6-1-1을 이용한다.

1. A×B={(1,1), (1,2), (1,3), (2,1), (2,2), (2,3)}
2. R의 순서쌍을 구하기 위해서는 관계R의 정의를 만족해야한다.
   (1,1) : 1-1=0은 짝수이다. (1,1)∈R.
   (1,2) : 1-2=-1은 짝수가 아니다. (1,2)∉R.
   (1,3) : 1-3=-2은 짝수이다. (1,3)∈R.
   (2,1) : 2-1=1은 짝수가 아니다. (2,1)∉R.
   (2,2) : 2-2=0은 짝수이다. (2,2)∈R.
   (2,3) : 2-3=-1은 짝수가 아니다. (2,3)∉R.
∴ R={(1,1), (2,2), (1,3)}.
3. 1R3 ⇔ (1,3)∈R 이므로 성립한다.
   2R3 ⇔ (2,3)∉R 이므로 성립하지 않는다.
   2R2 ⇔ (2,2)∈R 이므로 성립한다.
4. Dom(R)={1,2}=A, Ran(R)={1,2,3}=B.

예제 2

다음 물음에 답하여라.

1. A={1,2,3,4}일 때, 관계 R={(a, b)∈A×A | b≥a+1}를 구하여라.
2. A={1,2}, B={a, b}, C={ㄱ, ㄴ}일 때, A, B, C의 3항 관계인 R의 개수는?
3. A={2,4,5}, B={3,6,7,8}일 때, R={(a, b)∈A×A | b=ka, k∈Z}을 구하고 정의역과 치역을 구하여라.

풀이 곱집합의 정의를 이용한다.

1. R={(1,2), (1,3), (1,4), (2,3), (2,4), (3,4)}.
2. A×B×C={((1,a,ㄱ), (1,a,ㄴ), (1,b,ㄱ), (1,b,ㄴ), (2,a,ㄱ), (2,a,ㄴ), (2,b,ㄱ), (2,b,ㄴ)}의 8가지.
   R⊂A×B×C이므로 부분집합의 개수가 R의 모든 관계의 경우의 수이다.
∴ R의 개수는 2^8 =256가지. 단, ∅은 0관계이다.
3. b는 a의 배수이다.
   R={(2,6), (2,8), (4,8)} 이므로 정의역과 치역은 다음과 같다.
∴ Dom(R)={2,4}, Ran(R)={6,8}.

유제 1

다음 물음에 답하여라.

1. 두 집합 A=[1,3], B={2,4}일 때, 관계 R={(a, b)∈A×B | b≥a}를 구하여라.
2. 두 집합 A={a, b, c}, B={1,2,3}에서 A, B의 2항 관계 R의 개수를 구하여라.

정의 6-1-2. 역관계(inverse relation)

공집합이 아닌 두 개의 집합 A, B에 대하여, B에서 A로의 역관계 R^{-1}은 곱집합 B×A의 부분집합으로 다음과 같이 정의한다.

$R^{-1} \subset A \times B$, R^{-1}={(b, a)∈B×A | (a, b)∈R, a∈A, b∈B}

(a, b)∈R일 때, (b, a)∈R^{-1}이므로 $bR^{-1}a$와 같이 표현한다. R이 관계일 때, $(R^{-1})^{-1} = R$ 이 성립하고, R^{-1}의 정의역은 R의 치역과 같고 R^{-1}의 치역은 R의 정의역과 같으므로 $bR^{-1}a$ 는 aRb와 서로 같다는 것을 알 수 있다.

예제 3

다음 관계 R의 역관계 R^{-1}를 구하여라.

1. A={1,2,3}, B={3,4}일 때, 관계 R은 다음과 같다.

   R={(1,3), (2,3), (2,4), (3,4)}

2. A={1,2,3}에서의 관계 R은 {(a, b)∈A^2 | a>b, a∈A, b∈A}이다.

풀이 역관계의 정의를 이용한다.

1. R={(1,3), (2,3), (2,4), (3,4)}이므로 역관계는 다음과 같다.
   ∴ R^{-1}={(3,1), (3,2), (4,2), (4,3)}
2. a>b인 관계는 R={(2,1), (3,1), (3,2)}이다.
   ∴ R^{-1}={(1,2), (1,3), (2,3)}.

6-1-2 관계의 표현

관계를 표현하는 방법으로는 앞 절에서 관계를 설명할 때, 「집합 A={1,2,⋯,n}에서 원소 a, b가 a〉b인 관계 R」과 같이 표현하는 서술적 방법이 있고, 그 서술식에 따라 관계를 순서쌍들의 집합으로 표현하는 나열식 방법이 있다.

위의 두 가지 방법 이외에도 관계를 표현하는 방법으로는 순서쌍의 원소들 간의 관계를 그래프로 표현하는 방법으로서 , 화살표 도표, 좌표도표, 방향그래프, 관계행렬 등이 있다.

1. **화살표 도표**(arrow diagram)

화살표 도표를 이용한 관계의 표현은 a∈A, b∈B일 때, (a, b)∈R일 경우 집합 A에 있는 원소 a에서 집합 B에 있는 원소 b로 화살표를 그려서 관계를 표현한다.

예제 4

두 집합 A={1,2,3,4}, B={a, b, c}에 다하여, 그들 사이의 관계 R이 다음과 같다.

R={(1,a), (1,c), (2,b}, (2,c), (3,a), (3,c), (4,b)}

관계 R을 화살표 도표를 이용하여 나타내어라.

풀이 다음과 같다.

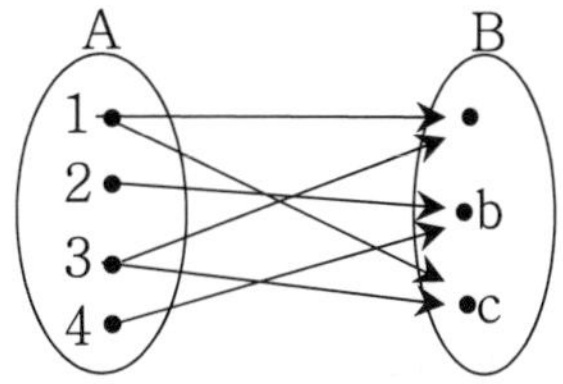

[그림 6-1] 화살표 도표

2. **좌표 도표**(coordinate diagram)

좌표 도표를 이용하여 관계를 이용하는 방법은 집합 A의 원소를 x축위의 점으로 표시하고 집합 B의 원소를 y축 위의 점으로 생각하여, a∈A와 b∈B가 관계가 있으면 a를 가르키는 x좌표축과 b를 가르키는 y좌표축이 만나는 곳에 점으로 표시한다.

예제 5

A={1,2,3,4,5}, B={2,3,4}이고, 집합 A에서 집합 B로의 관계 R이 다음과 같다.

R={(1,2), (1,4), (2,3), (4,2), (4,4), (5,2), (5,3)}

관계 R을 좌표 도표를 이용하여 표시하여라.

풀이 [그림 6-2]이다.

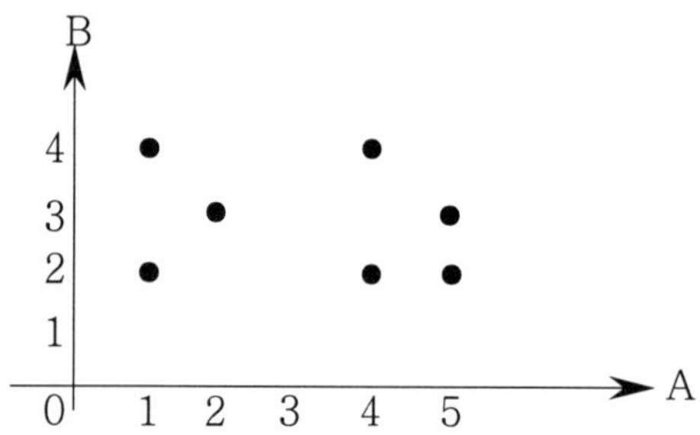

[그림 6–2] 좌표도표

유제 2

다음 물음에 답하여라.

1. A={1,2,3}, B={a, b, c, d}이고, 관계 R={(1,a), (1,b), (2,c), (3,a), (3,d)}일 때, 역 관계 R^{-1}을 화살표 도표를 이용하여 표시하여라.
2. A={1,2,3,4}, B={1, 2}이고, 관계 R={(1,1), (1,2}, (2,2), (3,2), (3,4)}일 때, 역 관계 R^{-1}을 화살표 도표를 이용하여 표시하여라.

3. 관계행렬(relation matrix)

관계를 표현하는 또 다른 방법으로서 부울 행렬을 이용하는 방법이 있다. 부울 행렬은 행렬 안에 있는 모든 원소들이 0 또는 1로 표시되는 행렬을 의미한다. 집합 A는 n개의 원소를 가지고 있고, 집합 B는 m개의 원소를 가지고 있다고 생각해 보자. 그러면

$$A = \{a_1, a_2, \cdots, a_n\}\ ,\ B = \{b_1, b_2, \cdots, b_n\}$$

이다. 이제, R이 집합 A와 B사이의 관계라고 하면 R의 관계행렬은 n개의 행과 m개의 열을 가지는 n×m행렬이고, 이 행렬을 **관계 행렬**이라 하고, M_R와 같이 표현하며, M_R의 각 원소들은 다음과 같이 정의한다.

$$M_R = [m_{ij}]_{n \times m} = \begin{cases} 1 \text{ if } (a,b) \in R : i = 1,2,\cdots,n \\ 0 \text{ if } (a,b) \notin R : j = 1,2,\cdots,m \end{cases}$$

예제 6

다음을 관계행렬로 나타내어라.

1. 두 집합 A={1,2,3}, B={1,2,4,6}에 대한 관계 R의 순서쌍의 집합이 다음과 같다.
   R={(1,1), (1,2), (1,4), (2,2), (3,4), (3,6)}
2. 1. 집합 A={1,2,3,4,5}이고, 관계 R={(a, b) | a⟨b, a∈A, b∈A}이다.

풀이 먼저 관계 R을 구한다.

1. $M_R = [m_{ij}]_{3 \times 4}$ 행렬이다.

	1	2	4	6
1	1	1	1	0
2	0	1	0	0
3	0	0	1	1

$$\Rightarrow \quad M_R = \begin{pmatrix} 1 & 1 & 1 & 0 \\ 0 & 1 & 0 & 0 \\ 0 & 0 & 1 & 1 \end{pmatrix}$$

2. R={(1,2),(1,3),(1,4),(1,5),(2,3),(2,4),(2,5),(3,4),(3,5),(4,5)}

$$M_R = [m_{ij}]_{5 \times 5} = \begin{matrix} & \begin{matrix} 1 & 2 & 3 & 4 & 5 \end{matrix} \\ \begin{matrix} 1 \\ 2 \\ 3 \\ 4 \\ 5 \end{matrix} & \begin{pmatrix} 0 & 1 & 1 & 1 & 1 \\ 0 & 0 & 1 & 1 & 1 \\ 0 & 0 & 0 & 1 & 1 \\ 0 & 0 & 0 & 0 & 1 \\ 0 & 0 & 0 & 0 & 0 \end{pmatrix} \end{matrix} \Rightarrow \begin{pmatrix} 0 & 1 & 1 & 1 & 1 \\ 0 & 0 & 1 & 1 & 1 \\ 0 & 0 & 0 & 1 & 1 \\ 0 & 0 & 0 & 0 & 1 \\ 0 & 0 & 0 & 0 & 0 \end{pmatrix}$$

6-1-3 합성관계

이절에서는 합성관계(composite relation)의 성질과 보집합을 소개하고, 부울 행렬과의 연계성 그리고 각각에 대하여 증명해 보겠다.

정의 6-1-3. 합성관계(composite relation)

세 집합 A, B, C에서 R을 A에서 B로의 관계라고하고, S를 B에서 C로의 관계라고 할 때, 집합 A에서 C로의 관계는 R과 S의 합성관계라고 하며, R∘S와 같이 표현하고, 다음과 같이 정의한다.

$$R \circ S = \{(a,c) | a \in A, b \in B,\ (a,b) \in R, (b,c) \in S\}$$

합성관계는 주어진 두 관계로부터 새로운 관계를 이끌어 내는 것이다. 다시 말하면 이미 존재하고 있는 관계 R과 S에서 새로운 관계 R∘S를 만들어 낸다. 일반적인 합성함수의 성질과 같이 관계 R의 치역이 관계 S의 정의역이 되어야 합성관계 R∘S를 만들 수 있다.

예제 7

다음 물음에 답하여라.

1. A={2,3,4,6}, B={4,8,18}, C={1,5,7,9}에 대하여, A에서 B로의 관계 R과 B에서 C로의 관계 S가 다음과 같이 정의한다.

   R={(a, b)∈A×B | mod(b, a)=0, S={(b, c)∈B×C | b⟨c}

   합성관계 R∘S를 구하여라.
2. A={1,2,3,4}, B={a, b, c}, C={x, y, z}에 대하여, A에서 B로의 관계를 R, B에서 C로의 관계를 S라 한다. 합성관계 R∘S를 화살표 도표로 나타내어라.
3. 위의 문제 2을 관계행렬을 이용하여 합성관계를 나타내어라.

풀이 mod(b, a)=0은 b는 a로 나누어떨어진다.

1. R={(2,4), (2,8), (2,18), (3,18), (4,4), (4,8), (6,18)}, S={(4,5), (4,7), (4,9), (8,9)}.

   (2,4)∈R, (4,5)∈S ⇒ (2,4)∘(4,5)⇒(2,5)∈R∘S

   (2,4)∈R, (4,7)∈S ⇒ (2,4)∘(4,7)⇒(2,7)∈R∘S

   (2,4)∈R, (4,9)∈S ⇒ (2,4)∘(4,9)⇒(2,9)∈R∘S

   (4,4)∈R, (4,5)∈S ⇒ (4,4)∘(4,5)⇒(4,5)∈R∘S

   (4,8)∈R, (8,9)∈S ⇒ (4,8)∘(8,9)⇒(4,9)∈R∘S

   ∴ R∘S={(2,5), (2,7), (2,9), (4,5), (4,7), (4,9)}
2. R과 S의 합성관계 R∘S의 화살표 도표는 [그림 6-3]이다.

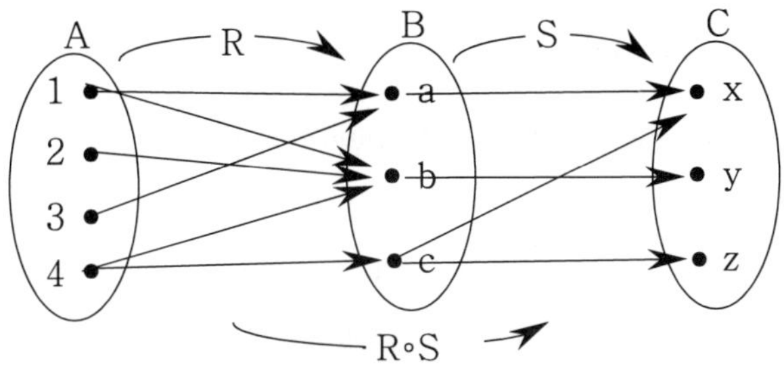

[그림 6–3] R∘S의 합성관계

3. 관계행렬 R, S는 다음과 같다.

$$M_R = [m_{ij}]_{4\times 3} = \begin{pmatrix} 1\,1\,0 \\ 0\,1\,0 \\ 1\,0\,0 \\ 0\,1\,1 \end{pmatrix},\ M_s = [m_{ij}]_{3\times 3} = \begin{pmatrix} 1\,0\,0 \\ 0\,1\,0 \\ 1\,0\,1 \end{pmatrix}$$

$$M_{R\,\circ\,S} = M_R \odot M_S$$

$$= \begin{pmatrix} 1\,1\,0 \\ 0\,1\,0 \\ 1\,0\,0 \\ 0\,1\,1 \end{pmatrix} \odot \begin{pmatrix} 1\,0\,0 \\ 0\,1\,0 \\ 1\,0\,1 \end{pmatrix} = \begin{matrix} \\ 1 \\ 2 \\ 3 \\ 4 \end{matrix}\begin{matrix} x\,y\,z \\ \begin{pmatrix} 1\,1\,0 \\ 0\,1\,0 \\ 1\,0\,0 \\ 1\,1\,1 \end{pmatrix} \end{matrix}$$

$$= \begin{pmatrix} 1\,1\,0 \\ 0\,1\,0 \\ 1\,0\,0 \\ 1\,1\,1 \end{pmatrix}.$$

∴ 실제로 R∘S={(1,x), (1,y), (2,y), (3,x), (4,x), (4,y), (4,z)}이다.

합성관계에서 R과 R의 합성은 $R \circ R = R^2$으로 쓰며, $R \circ R \circ \cdots \circ R = R^n$ 와 같이 표현한다. 또한, 관계행렬로 표현하면 다음과 같다.

$$M_{R^2} = M_R \odot M_R\ ,$$

$$M_{R^n} = M_R \odot M_R \odot \cdots \odot M_R\ = (M_R)^n \odot$$

우리는 위의 예제에서 임의의 a에 대하여 순서쌍 (a, a)∈R의 경우를 접하였는데, 이러한 경우를 합성관계의 또 다른 특징 중에 하나인 항등관계라 한다.

정의 6-1-4. 항등관계와 보관계

- 항등관계(identity relation) : 집합 A에 대한 항등관계는 I_A와 같이 표현하고 다음과 같이 정의한다.

$$I_A = \{(a,a) | a \in A\}$$

- 보관계(complementary) : $R^C = \{(a,b) | (a,b) \notin R\}$

집합 A의 두 원소 a, b가 $(a,b) \in I_A$ 이면 a=b이다. 또한, R이 집합 A에서 B로의 관계일 때, 다음이 성립한다.

$$I_A R = R I_B = R$$

위의 보조정리는 항등관계를 이용한 합성관계는 원래의 관계와 같다는 것을 의미한다.

예제 8

A={1,2,3,4}, B={1,2,3}이고, 집합 A에서 B로의 관계 R과 S가 다음과 같다.

R={(1,2), (1,3), (2,2), (3,1), (4,2)}

S={(1,1), (1,3), (2,3), (3,3), (4,1), (4,4)}

다음을 구하여라.

1. I_A, I_B 2. $I_A \circ R$ 3. R^C

풀이 정의 6-1-4를 이용한다.

1. I_A={(1,1), (2,2), (3,3), (4,4)}, I_B={(1,1), (2,2), (3,3)}
2. $I_A \circ R = R$ ={(1,2), (1,3), (2,2), (3,1), (4,2)}
3. A×B={(1,1),(1,2),(1,3),(2,1),(2,2),(2,3),(3,1),(3,2),(3,3),(4,1),(4,2),(4,3)}
   R^C ={(1,2),(1,3),(2,1),(2,3),(3,1),(3,2),(4,1),(4,2)}

우리는 역관계와 합성관계 그리고 보관계를 다루었다. 이런 관계들과 연계하여 결합 법칙과 더불어 다음 법칙들이 성립한다.

정리 6-1-1. 관계에 대한 정리

관계 R, S, T에 대하여 다음이 성립한다.

1. (R∘S)∘T=R∘(S∘T).
2. $(R^{-1})^{-1} = R$.
3. $(R \circ S)^{-1} = S^{-1} \circ R^{-1}$.

증명 집합 A, B, C, D를 생각한다.

1. (R∘S)∘T⊂R∘(S∘T)임과 (R∘S)∘T⊃R∘(S∘T)임을 동시에 보여야 한다.

a∈A, b∈b, c∈C, d∈D라 하자.

(⇒) (a,d)∈(R∘S)∘T ⇒ ∃c : (a,c)∈R∘S∧(c,d)∈T

(a,c)∈R∘S ⇒ ∃b : (a,b)∈R∧(b,c)∈S.

(b,c)∈S∧(c,d)∈T ⇔ (b,d)∈S∘T

(a,c)∈(R∘S)∧(c,d)∈T ⇒ (a,d)∈(R∘S)∘T

(⇐) 같은 방법으로 증명된다.

2. (a, b)∈R ⇒ (b, a)∈R^{-1}

⇒ (a, b)∈$(R^{-1})^{-1}$ =R.

3. (a, c)∈$(R \circ S)^{-1}$ ⇔ (c, a)∈(R∘S)

⇔ ∃b : (c, b)∘(b, a)∈(S∘R)-1

⇔ ∃b : (c, b)∈S^{-1} ∧(b, a)∈R^{-1}

⇔ (c, a)∈$(S^{-1} \circ R^{-1})$.

집합에 대한 관계나 합성관계를 통하여 일반적인 행렬의 연산과 부울 행렬의 연산에 관하여 어떤 차이가 있는지를 보자. 부울 행렬의 접합(join)과 교합(meet)은 4장에서 이미 다루었으므로 여기서는 전치행렬과 역행렬 및 보 행렬 등에 대한 부울 행렬과의 연계성을 생각해 보자.

⋯▸ 1. $M_{R\cup S} = M_R \vee M_S$, $M_{R\cap S} = M_{R\wedge S}$.

⋯▸ 2. $M_{R^c} = (M_R)^C$.

⋯▸ 3. $M_{R^{-1}} = (M_R)^T$.

예제 9

집합 A={1,2,3}에 대한, 관계 R과 S의 관계행렬이 다음과 같다.

$$M_R = \begin{pmatrix} 1\,0\,1 \\ 0\,1\,1 \\ 1\,1\,0 \end{pmatrix},\ M_S = \begin{pmatrix} 1\,0\,0 \\ 0\,1\,0 \\ 1\,0\,1 \end{pmatrix}.$$

다음을 구하여라.

1. $(M_R)^C$, $(M_S)^C$.
2. $M_{R^{-1}} = (M_R)^T$, $M_{S^{-1}} = (M_S)^T$.

풀이 보조정리를 이용한다.

1. $M_R = \begin{pmatrix} 1\,0\,1 \\ 0\,1\,1 \\ 1\,1\,0 \end{pmatrix}, (M_R)^C = \begin{pmatrix} 0\,1\,0 \\ 1\,0\,0 \\ 0\,0\,1 \end{pmatrix},\ M_S = \begin{pmatrix} 1\,0\,0 \\ 0\,1\,0 \\ 1\,0\,1 \end{pmatrix}, (M_R)^C = \begin{pmatrix} 0\,1\,1 \\ 1\,0\,1 \\ 0\,1\,0 \end{pmatrix}.$
2. $(M_R)^T = \begin{pmatrix} 1\,0\,1 \\ 0\,1\,1 \\ 1\,1\,0 \end{pmatrix} = M_R^{-1}.\ (M_S)^T = \begin{pmatrix} 1\,0\,1 \\ 0\,1\,0 \\ 0\,0\,1 \end{pmatrix} = M_{S^{-1}}.$

유제 3

관계행렬 M_R과 M_S 가 다음과 같을 때, 다음 물음에 답하여라.

$$M_R = \begin{pmatrix} 1\,0\,0\,0 \\ 0\,1\,1\,0 \\ 1\,0\,1\,0 \end{pmatrix},\ M_S = \begin{pmatrix} 1\,0\,0\,0 \\ 1\,1\,0\,0 \\ 0\,0\,1\,1 \end{pmatrix}.$$

1. $M_{R\cup S} = M_R \vee M_S$
2. $M_{R\cap S} = M_{R\wedge S}$
3. $M_{R^{-1}} = (M_R)^T$, $M_{S^{-1}} = (M_S)^T$.

6-2 관계의 성질과 폐쇄

한 집합 내에서 원소들이 갖는 특성이나 성질에 대하여 관찰하여 보면, A에서 B로의 관계보다는 A에서의 관계를 훨씬 많이 이용하고 있다. 관계를 원활하게 응용하기 위해서는 관계가 가지는 특정적인 성질을 확실하게 정의해둘 필요성이 있다. 지금부터 관계가 가지는 대표적인 성질을 소개한다.

6-2-1 관계의 성질

관계의 연산에 관하여는 앞의 절에서 다루었고, 이 절에서는 관계의 대표적인 성질인 반사관계, 비 바사관계, 대칭관계, 반 대칭관계, 추이관계 등에 관하여 다루겠다.

정의 6-2-1. 반사관계와 비반사관계

- 반사관계(reflexive relation) : ∀a, a∈A일 때, (a, a)∈R 이면 R을 반사관계라 한다.
- 비반사관계(irreflexive relation) : ∀a, a∈A일 때, (a, a)∉R.

집합 A에서 반사관계라 함은 A내의 모든 원소 a가 $_aR_a$ 인 것을 의미하는 것으로 A내의 모든 원소들이 자기 자신에게로 관계가 있다는 것이다. 실제로 반사관계 R에 방향그래프를 그렸을 때, 그래프의 모든 정점에서 자기 자신으로의 화살표가 존재하는 것을 말한다. 또한, 관계그래프로 나타내면 관계행렬의 주대각원소가 모두 1이 되는 것이다.

비반사관계는 반사관계와는 달리 집합 A의 모든 원소 a∈A에 대하여, (a, a)∉R인 경우를 말하는데, 방향그래프를 그렸을 때, 자기 자신으로 돌아오는 그래프는 하나도 없으며, 관계행렬의 주대각선 원소는 모두 0이다.

예제 10

관계 R={(1,1),(2,2),(3,3),(4,4)}, S={(1,1),(2,1),(2,2),(3,1),(3,3),(3.4),(4,2),(4,4)}, T={(1,1), (1,2), (2,2), (3,2), (3,3)} 가 주어져 있다. 관계 R, S, T의 관계그래프는 다음과 같으며, 주대각선 원소는 모두 1이므로 반사관계이다.

$$M_R=\begin{pmatrix}1&0&0&0\\1&1&0&0\\1&0&1&1\\0&1&0&1\end{pmatrix},\ M_S=\begin{pmatrix}1&0&0&0\\0&1&0&0\\0&0&1&0\\0&0&0&1\end{pmatrix},\ M_T=\begin{pmatrix}1&1&0\\0&1&0\\0&1&1\end{pmatrix}.$$

예제 11

다음 관계 R, S, T가 반사인지 비반사인지를 판별하여라.

R={(1,2),(1,3),(2,3),(2,4),(3,4),(4,1)}

S={(1,1),(1,3),(2,1),(2,2),(3,3),(3,4),(4,2),(4,4)}

T={(1,1),(1,3),(2,1),(2,2),(3,2),(3,4)}

풀이 관계행렬은 다음과 같다.

$$M_R=\begin{pmatrix}0&1&1&0\\0&0&1&1\\0&0&0&1\\1&0&0&0\end{pmatrix},\ M_S=\begin{pmatrix}1&0&1&0\\1&1&0&0\\0&0&1&1\\0&1&0&1\end{pmatrix},\ M_T=\begin{pmatrix}1&0&1&0\\1&1&0&0\\0&1&0&1\\1&0&0&0\end{pmatrix}$$

∴ R은 주대각원소가 모두 0이므로 비반사 관계이다.
S는 반사관계이고, T는 반사관계도 비반사 관계도 아니다.

유제 4

다음은 반사관계인지 또는 비 반사관계인지를 판별하여라.

1. 관계 R={(a,b)∈R | a≤b, a∈N, b∈N}
2. 관계 S={(a,b)∈S | a≤b, a∈N, b∈N}
3. ∅

정의 6-2-2. 대칭관계와 반대칭관계

1. 대칭관계(symmetric relation) : ∀a, a∈A일 때, (a, b)∈R 이면 반드시 (b, a)∈R 일 때, 대칭관계라 한다.
2. 반대칭관계(antisymmetric) : 다음이 성립할 때이다.

$$\forall a,\ a \in A\text{일 때, } (a, b) \in R \wedge (b, a) \in R \Rightarrow a = b.$$

집합 A에서 R이 대칭관계라 함은 (a, b)∈R이면 반드시 (b, a)∈R이 존재해야 한다는 것이다. 대칭관계 R을 방향그래프로 나타내면 하나의 정점에서 다른 정점으로 화살표가 나가면, 반드시 반대로 다른 정점에서 그 정점으로의 화살표가 있어야 한다. 또한, 관계행렬로 나타내면 주대각선 원소를 중심으로 대칭관계가 이루어진다.

예제 12

자연수 m, n에 대하여, 다음이 대칭관계인지를 판별하여라.

1. R={(m, n) | m∈N, n∈N, m+n=10}
2. S={(m, n) | m∈N, n∈N, m〉n}
3. T={(m, n) | m∈N, n∈N, m=n}

풀이 정의 6-2-2를 이용한다.

1. (m, n)∈R ⇒ (n, m)∈R이다. 즉, (4,6)∈R ⇒ (6,4)∈R이므로 대칭관계이다.
2. 반례 : (5,4)∈S(∵5〉4)이지만, (4,5)∉S이므로 대칭관계가 아니다.
3. m=n이므로 (m, n)∈T ⇒ (n, m)∈T이다. 대칭관계.

반 대칭관계는 A내의 모든 원소 , b에 대하여, a≠b이면 (a, b)∉R이거나 또는 (b, a)∉R인 관계를 말한다. 즉, a≠b이고 (a, b)∈R이면 (b, a)∉R이어야 한다. 반 대칭 관계를 방향그래프로 그리면 서로 다른 정점 a에서 b로의 화살표가 존재하면 b에서 a로의 화살표는 없어야 하며, 반사관계 (a, a)∈R의 유무는 반 대칭관계와 무관하다.

또, 관계행렬로 표시하면 $M_R = [m_{ij}]_{m\times n}$에서 $i \neq j$ 일 때, $m_{ij} = 0$이거나 $m_{ij} = 0$인 행렬이 되는 것이 반 대칭관계이므로 대칭관계와 반대개념이 아니라는 점을 유의해야 한다.

$$\begin{array}{c} \\ 1 \\ 2 \\ 3 \\ 4 \end{array}\begin{array}{c} 1\,2\,3\,4 \\ \begin{pmatrix} 1 & 0 & 1 & 0 \\ 1 & 0 & 1 & 0 \\ 0 & 1 & 0 & 0 \\ 0 & 0 & 1 & 1 \end{pmatrix} \end{array}$$

[그림 6-4] 반 대칭관계의 예

[그림 6-4]는 반 대칭관계의 방향그래프와 관계행렬에 대한 예를 든 것인데, 관계행렬에서 주대각선 원소를 중심으로 대칭이 아니라는 점을 명확하게 보여주고 있다.

예제 13

다음 관계가 반대칭인지를 판별하여라.

1. $R=\{(x, y) \mid x\in N, y\in N, y=x+1\}$
2. $A=\{1,2,3,4\}$에서, 관계 S, T가 다음과 같다.
   (1) $S=\{(1,2),(2,2),(2,3),(3,1),(3,4),(4,4)\}$
   (2) $T=\{(1,1),(1,2),(2,1),(2,3),(3,1),(3,4),(4,4)\}$

풀이 정의 6-2-2를 이용한다.

1. $(a, a+1)\in R \Rightarrow (a+1,a)\notin R$이므로 반대칭이다.
2. (1) $(a, b)\in S \Rightarrow (b, a)\notin S$이므로 반대칭이다.
   (2) $1\neq 2$인데, $(1,2)\in T \land (2,1)\in T$이므로 반대칭이 아니다.

위에서 다룬 대칭관계와 반 대칭관계와는 달리, 집합 A의 임의의 원소 a, b에 대하여, $(a, b)\in R$이면 $(b, a)\notin R$인 관계를 **비대칭관계**(asymmetric relation)라고 한다. 비 대칭관계에서는 $(a, a)\in R$을 허용하지 않는다.

유제 5

다음은 무슨 관계들인지를 조사하여라.

1. R={(1,1),(2,1),(2,2),((3,2),(2,3))

2. S={(1,2)}　　3. T={(a, b) | a+b는 짝수}

정의 6-2-3. 추이관계(transitive relation)

- 추이관계(transitive relation) : R이 집합 A내의 모든 원소 a, b, c에 대하여, R이 다음과 같이 성립할 때이다.

$$(a, b)\in R \land (b, c)\in R \Rightarrow (a, c)\in R$$

집합 A에서 R이 추이관계라 함은 위의 정의 6-2-3을 의미하는데, 좀더 구체적으로 이야기하면 A내의 원소 a, b, c에 대하여, (a, b)∈R이고 (b, c)∈R이지만 (a, c)∉R인 경우는 추이관계가 아니다.

추이관계에 대한 방향그래프를 그렸을 때, 그래프의 정점 a에서 b로의 화살표가 존재하고, b에서 c로의 화살표가 존재하면 반드시 a에서 c로의 화살표가 존재해야 한다. 또, 관계행렬로 표시했을 때, $M_R = [m_{ij}]$ 에서 $m_{ij} = 1$이고 $m_{jk} = 1$이면 $m_{ik} = 1$ 인 행렬이 되어야 추이적 관계라고 말한다.

예제 14

다음 관계가 추이적(transitive)인지를 판별하여라.

1. R={(x, y) | x∈Z, y∈Z, x≤y}
2. 두 집합 A, B에 대하여 부분집합의 관계 : S={(A, B) | A⊂B}
3. A={1,2,3,4}에서, 관계 R과 S가 다음과 같다.
   (1) R={(1,1),(1,2),(1,3),(2,3),(4,4)}
   (2) S={(1,2),(1,3),(2,3),(3,2),(3,4),(4,4)}

풀이 추이적 개념에 유의한다.

1. 임의 의 정수 x, p, y에 대하여, x≤p∧p≤y ⇒ x≤y이므로 추이적이다.
2. 임의의 세 집합 A, C, B에 대하여, A⊂C∧C⊂B ⇒ A⊂B이므로 추이적이다.
3. (1) (a, b)∈R∧(b, c)∈R ⇒ (a, c)∈R을 만족하므로 추이적이다.
   (2) 반례 : (2,3)∈R∧(3,2)∈R이지만 (2,2)∉R이므로 추이적이 아니다.

6-2-2 관계의 폐쇄(closure of R)

집합 A에서의 관계 R은 일반적으로 반사적, 대칭적, 추이적성질을 가지지만 그렇지 않을 경우가 있다. 만일 R이 어느 특정한 성질을 가지고 있지 않으면 그 성질을 가질 때까지 관계 R에 새로운 순서쌍을 추가할 수 있다. 우리가 원하는 특정 성질을 갖도록 최소의 순서쌍을 관계 R에 추가하여 집합 A에 대한 새로운 관계 S를 만드는 것이 필요하다. S와 같은 관계가 존재하면 우리가 원하는 성질(반사적, 대칭적, 추이적 등)에 대한 R의 **폐쇄 또는 폐포**라고 한다.

특정한 성질이 반사적이면 반사적 폐쇄, 대칭적이면 대칭적 폐쇄, 추이적이면 추이적 폐쇄라고 한다.

정리 6-2-1. 관계에 대한 폐쇄

집합 A에 대한 관계 R에 대하여 다음과 같이 정리한다.

1. 반사적 폐쇄(reflexive closure) : R∪{(a, a) | a∈R}
2. 대칭적 폐쇄(symmetric closure) : R∪R-1

$$R^{-1} = \{(b,a) \in A^2 | (a,b) \in R\}.$$

위의 정리는 정의에 더 가까우므로 증명은 의미가 없다. 반사적 폐쇄가 되기 위해서는 R의 방향그래프에 있는 모든 정점에서 자기 자신으로의 화살표가 존재해야 하며, 대칭적 폐쇄는 모든 화살표가 양방향이어야 한다.

예제 15

집합 A에 대하여, 다음 관계의 반사적 폐쇄를 구하여라.

1. A={1,2,3}, R={(1,3),(2,1),(2,2),(3,2)}
2. A={1,2,3,4}, R={(1,1),(1,2),(1,4),(2,3),((3,3),(3,4),(4,3)}

풀이 위 정리를 이용한다.

1. 반사적 폐쇄가 되기 위해서는 모든 a에 대하여, (a, a)∈R이어야 하므로 (1,1), (3,3)을 추가해야 한다. S={(1,1),(1,3),(2,1),(2,2),(3,2),(3,3)}

2. (2,2), (4,4)를 추가하면 반사적 폐쇄 S가 된다.
S={(1,1),(1,2),(1,4),(2,2),(2,3),((3,3),(3,4),(4,3),(4,4)}.

예제 16

집합 A에 대하여, 다음 대칭적 폐쇄를 구하여라.

1. A={1,2,3}, R={(1,2),(1,3),(2,1),(2,2),(3,2)}
2. A={1,2,3,4}, R={((1,1),(1,2),(1,4),(2,3),(3,3),(3,4),(4,3)}

풀이 다음과 같다.

1. 내칭적 폐쇄가 되려면, (a, b)∈R이면 (b, a)∈R이어야 한다.
(1,3)∈R, (3,2)∈R이므로 (3,1), (2,3)을 추가해야 한다.
S={(1,2),(1,3),(2,1),(2,2),(2,3),(3,1),(3,2)}
2. S={((1,1),(1,2),(1,4),(2,1),(2,3),(3,2),(3,3),(3,4),(4,1),(4,3)}

관계의 폐쇄의 마지막 정리로 추이적 폐쇄를 생각해 보자. 앞의 반사적이나 대칭적 폐쇄와 마찬가지로 추이적 성질을 갖도록 현재의 순서쌍에 새로운 순서쌍을 더 이상 필요 없을 때까지 계속적으로 반복해서 추가해야 한다.

정리 6-2-2. 추이적 폐쇄(transitive closure)

집합 A에 대한 관계 R에 대하여 다음과 같이 정리한다.

1. 추이적 폐쇄(transitive closure) : R^*

$$R^* = R \cup R \cup \cdots \bigcup_{n=1}^{\infty} R^n.$$

R의 추이적 폐쇄 R^*을 관계행렬로 표현하면 다음과 같다.

$$M_{R^*} = M_R \vee M_{R^2} \vee \cdots$$
$$= M_R \vee (M_R)^2_{\odot} \vee \cdots$$

R^*의 방향그래프에서의 의미는 한 정점에서 다른 한 정점으로 도달할 수 있는 경로가 존재하느냐의 문제이다. 즉, 방향그래프의 한 정점에서 화살표를 따라가면 다른 정점으로 도달할 수 있는지 여부를 나타낸다. 이런 의미에서 M_{R^*}을 **도달행렬**(reachability matrix)이라고도 한다.

예제 17

집합 A에 대하여, 다음 관계 R, S에 대하여, 추이적 폐쇄 R^*, S^*를 구하여라.

1. A={1,2,3}, R={(1,2),(2,3),(3,1)}
2. A={1,2,3,4}, S={(1,1),(1,2),(1,4),(2,3),(3,3),(3,4),(4,3)}
3. A={1,2,3}, R={(1,2),(2,3),(3,1)}을 도달행렬을 이용하여 구하여라.

풀이 새로운 순서쌍이 더 이상 필요 없을 때가지 계속 반복한다.

1. (1,2)∧(2,3)에서 (1,3)을 추가, (1,3)∧(3,1)에서 (1,1)을 추가.
   (2,3)∧(3,1)에서 (2,1)을 추가, (2,1)∧(1,2)에서 (2,2)를 추가.
   (3,1)∧(1,2)에서 (3,2)를 추가, (3,2)∧(2,3)에서 (3,3)을 추가한다.

∴ S^*={(1,1),(1,2),(1,3),(2,1),(2,2),(2,3),(3,1),(3,2),(3,3)}

2. (1,2)∧(2,3)에서 (1,3)을 추가, (2,3)∧(3,4)에서 (2,4)을 추가.
   (1,2)∧(2,4)에서 (1,4)를 추가한다.

∴ S^*={(1,1),(1,2),(1,3),(1,4),(2,3),(2,4),(3,3),(3,4),(4,3)}

3. 먼저 관계행렬을 만든다.

$$M_R = \begin{pmatrix} 0&1&0 \\ 0&0&1 \\ 1&0&0 \end{pmatrix},\ M_{R^2} = M_R \odot M_R = \begin{pmatrix} 0&1&0 \\ 0&0&1 \\ 1&0&0 \end{pmatrix} \odot \begin{pmatrix} 0&1&0 \\ 0&0&1 \\ 1&0&0 \end{pmatrix} = \begin{pmatrix} 0&0&1 \\ 1&0&0 \\ 0&1&0 \end{pmatrix}.$$

$$M_{R^3} = M_{R^2} \odot M_R = \begin{pmatrix} 0&0&1 \\ 1&0&0 \\ 0&1&0 \end{pmatrix} \odot \begin{pmatrix} 0&1&0 \\ 0&0&1 \\ 1&0&0 \end{pmatrix} = \begin{pmatrix} 1&0&0 \\ 0&1&0 \\ 0&0&1 \end{pmatrix}.$$

$$\therefore M_{R^*} = M_R \vee M_{R^2} \vee M_{R^3} = \begin{pmatrix} 1&1&1 \\ 1&1&1 \\ 1&1&1 \end{pmatrix}.$$

유제 6

집합 A={a. b,c}일 때, 관계 R={(a, b), (b, c)}일 때, 추이적폐쇄를 도달행렬을 이용하여 구하여라.

6-3 동치관계와 분할

동치관계(equivalence relation)란 일반적인 개념으로는「같다」라는 의미인데, 이 절에서 다룰 동치관계란 반사적, 대칭적, 추이적 관계를 동시에 만족하는 관계이다.

정의 6-3-1. 동치관계(equivalence relation)

관계 R이 반사적, 대칭적, 추이적인 관계를 동시에 만족할 때이다.

1. $(a, a) \in R$
2. $(a, b) \in R \Rightarrow (b, a) \in R$
3. $(a, b) \in R \wedge (b, c) \in R \Rightarrow (a, c) \in R$

동치관계에 대한 예로 컴퓨터에서 논리회로와 컴퓨터 프로그램이 같은 입력으로부터 같은 출력이 나온다면 이를 동치라고 하며, 앞장에서 부울 대수에서도 이미 우리는 동치에 대한 개념을 다루어 보았다. 실제로 방향그래프로 나타내면 동치관계의 개념이 더욱 선명해진다. (a, b)가 동치관계 R에 속할 때, $a \sim b$ 와 같이 표현한다.

예제 18

정수전체의 집합을 Z라 하자. 이에 대한 관계 R이 $R=\{(a, b) \in Z \times Z \mid a \equiv b(\text{mod}3)\}$ 일 때, R이 Z에 대한 동치관계임을 보여라.

풀이 반사적, 대칭적, 추이적 관계임을 보인다.

(1) 3 | (a-a) ⇔ a≡a(mod3)이므로 (a, a)∈R. 반사적이다.
(2) a-b=3k, k∈Z라 하자. b-a=3(-k)이므로 a≡b(mod3) ⇔ b≡a(mod3).
(a, b)∈R이면 (b, a)∈R. 대칭적이다.
(3) 임의의 a, b, c에 대하여, a-b=3m, b-c=3n, m∈Z, n∈Z이라 하자.
a-c=3(m+n), 3 | (a-c)이다. 즉, (a-b) ∧3 | (b-c) ⇒3 | (a-c) 이므로
(a, b)∈R ∧ (b, c)∈R ⇒ (a, c)∈R이다. 추이적이다.
∴ 반사적, 대칭적, 추이적 관계이다.

예제 19

집합 A={1,2,3}에 대한 다음 관계 R, S가 동치관계인지를 판단하고, 동치관계가 아니라면, 어떤 원소가 추가되어야 하는가?

1. R={(1,1),(2,2),(2,3),(3,2),(3,3)}
2. S={(1,1),((1,2),(1,3),(2,1),(2,2),(2,3),(3,1),(3,2))

풀이 방향그래프도 그려본다.

1. (1,1), (2,2), (3,3)이 있으므로 (a, a)∈R, 반사적이고, 추이적이며, (2,3)과 (3,2)가 있으므로 (a, b)∈R ∧(b, a)∈R이므로 대칭적이다.
2. 반사적이 되기 위해서는 (3,3)이 추가되어야 하고, 대칭적이 되기 위해서는 (3,2)가 추가되어야 한다.

정의 6-3-2. 동치류(equivalence class)

관계 R이 집합 A의 관계일 때, 임의의 a∈A에 대하여, [a]를 R에 대한 동치류라고 하고 다음과 같이 정의한다.

[a]={b∈A | (a, b)∈R}

관계 R이 A에 대한 동치관계이므로 R은 반사적이다. A의 각 원소 a에 대한 동치류에서 a∈[a]가 성립하므로 공집합이 되는 동치류는 존재하지 않는다. 또한, R이 대칭적이므로 (a, b)∈R이면 (b, a)∈R이 되고, a, b∈[a], 이고 a, b∈[b]이므로 [a]=[b]이 성립한다.

예제 20

다음 집합 A와 동치관계 R에 대하여, A의 각 원소의 동치류를 구하여라.

1. A={1,2,3,4,5,6}, R={(a, b)∈A×A | a≡b(mod2)}이다.
2. A={1,2,3,4}, R={(1,1),(1,2),(2,1),(2,2),(3,3),(3,4),(4,3),(4,4)}이다.

풀이 정의 6-3-2를 이용한다.

1. R={(1,1),(1,3),(1,5),(2,2),(2,4),(2,6),(3,3),(3,5),(4,2),(4,4),(5,1),(5,3),(5,5),(6,2),(6,4),(6,6)}
   [1]={b | 1-b≡0(mod2), b∈A}={1,3,5}=[3]=[5]
   [2]={b | 2-b≡0(mod2), b∈A}={2.4.6}=[4]=[6]
2. [1]={b | b=1,2}={1,2}, [2]={b | b=1,2}={1,2}, [1]=[2], [3]=[4]={3,4}.

관계 R을 집합 A에 대한 동치관계라고 할 때, A의 각 원소들의 동치류의 집합을 R에 의한 A의 **몫집합**(quotient set) 혹은 **상집합**이라 하고 기호「A/R」로 표현하고, 다음과 같이 정의한다. 또한, 몫집합은 집합의 분할을 의미한다.

A/R={[a] | a∈A}

예제 21

집합 A와 동치관계R이 다음과 같을 때, 각각의 몫집합을 구하여라.

1. A={1,2,3,4,5},
   R={(1,1),(1,4),(1,5),(2,2),(2,3),(3,2),(3,3),(4,1),(4,4),(4,5),(5,1),(5,4),(5,5)}
2. A={1,2,3,4,5,6}, R={(x, y)∈A×A | x≡y(mod3)}

풀이 몫집합의 정의를 이용한다.

1. [1]={1,4,5}, [2]={2,3}=[3], [1]=[4]=[5],
   ∴ A/R={{[1], [2], [3], [4], [5]}={{1,4,5}, {2,3}}
2. R={(1,1),(1,4),(2,2),(2,5),(3,3),(3,6),(4,1),(44),(5,2),(5,5),(6,3),(6,6)}
   [1]={1,4}=[4], [2]={2,5}=[5],]3]={3,6}=[6]
   ∴ A/R={{1,4}, {2,5}, {3,6}}

위의 [예제25]에서 [1]=[4]=[5]= $A_1 = \{1,4,5\}$, [2]=[3]= $A_2 = \{2,3\}$ 일 때, 몫집합은 A/R= {A_1, A_2 }이고, A= $A_1 \cup A_2$ 이고, $A_1 \cap A_2 = \phi$ 이므로 집합 A는 A_1과 A_2로 분할된다.

6-4 순서관계(order relation)

어떤 특정한 일을 수행하는데 있어서 우리는 순서를 정해서 일을 수행하듯이, 컴퓨터 프로그램 작업에 있어서도 프로그램이 진행되는 순서를 그려서 부분 작업들에 대한 순서를 정한다. 이처럼 일에 대한 순서를 정하는 관계를 순서관계라고 하는데, 이절에서는 반순서 관계, 선형순서 관계, 사전식 순서, 위성정렬 등에 관하여 소개한다.

정의 6-4-1. 반순서 관계(partially ordered relation)

집합 A의 관계 R이 반사적, 반대칭적, 추이적일 때, 반순서 관계 또는 부분순서관계라고 하며, 반순서 관계 R을 가진 집합 A를 반순서 집합(poset)이라 하고 (A, R)와 같이 표현한다.

반순서 관계를 부분순서 관계라고 하는데, 부분이라는 용어를 쓰는 이유는 집합 A의 원소의 모든 쌍이 관계를 가지는 것은 아니기 때문이다. 반순서 관계를 기호「≤」를 사용하여 나타내고, 반순서 집합을 나타내는데 기호「(A, ≤)」를 사용한다. 여기서 A는 집합을 나타내고, ≤는 은 A의 반순서 관계를 나타낸다. 만약 집합 A에 대한 관계 R이 반순서 관계이면 A의 두 원소 a, b에 대하여, (a, b)∈R을 a≤b로 표기하고「a가 b를 선행한다(x precdes b)」라고 읽는다.

예제 22

다음의 관계들이 부분순서 관계임을 보여라.

1. 자연수 집합 N에 대한 관계 ≤
2. 집합 A의 부분집합 사이의 포함관계 ⊂

풀이 부분순서 관계의 정의를 이용한다.

1. $\forall a$, $a \in N$, $a \leq a$이므로 반사관계, $a, b \in N$, $a \leq b \wedge b \leq a \Rightarrow a=b$이므로 반대칭, $a, b, c \in N$, $a \leq b \wedge b \leq c \Rightarrow a \leq c$이므로 추이 관계이다.

∴ 관계 ≤는 부분순서관계이다.

2. $S \subset A$라 하자. $S \subset S$이므로 반사관계이다.
$S, T \subset A$라 하자. $S \subset T \wedge T \subset S \Rightarrow S=T$이므로 반대칭 관계이다.
$S, T, U \subset A$라 하자. $S \subset T \wedge T \subset U \Rightarrow S \subset U$이므로 추이 관계이다.

∴ 관계 ⊂는 부분순서관계이다.

유제 7

집합 A={1,2,3,4}에 대한 관계들이 다음과 같을 때, 각 관계들이 반순서 관계인지를 판별하여라.

1. R={(1,1),(1,2),(2,2),(2,3),(3,3),(4,4)}
2. S={(1,1),(1,2),(1,4),(2,2),(2,4),(3,3),(4,1),(4,4)}
3. 정수 전체의 집합 Z에 대한 관계 :「≥」

반순서 관계를 방향그래프로 나타내면 복잡해서 한눈에 파악하기가 쉽지는 않다. 이런 이유로 독일의 수학자 하세(H. Hasse)가 고안한 **하세 도표**(Hasse diagram)를 사용하면 반순서 관계를 명확히 나타낼 수 있어서 편리하다. 여기에 하세 도표를 그리는 방법은 다음과 같다.

- 1. 반사적 관계 : 정점에서 자기 자신으로의 화살표를 모두 제거한다.
- 2. 추이적 관계 : 추이적 관계에 해당하는 화살표를 모두 제거한다.
- 3. 화살표 제거 : 모든 화살표가 아래에서 위로 향한다고 가정하고 제거한 다음 작은 점으로 나타낸다.

하세도표를 그리는 방법에 대한 반순서 관계에 대한 예가 [그림 6-5]의 a, b, c, d의 순서대로 잘 나타나 있다.

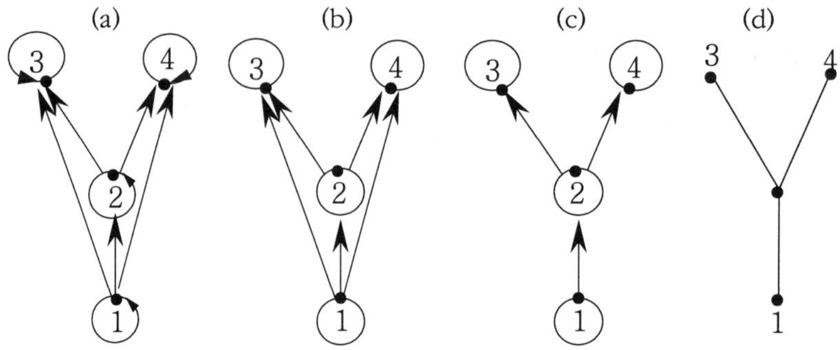

[그림 6-5] 반순서 집합 하세도표

예제 23

다음 반순서 집합에 대한 하세도표를 그려라.

1. A={1,2,3,4,6,9}이고 m | n은 mod(m, n)=0라고 하자. 반순서 집합 (A, |)이다.
2. A={1,2,3}에 대한 멱집합 P(A)는 관계 ⊂에 대해 반순서 집합 (P(A),⊂)이다.

풀이 반순서 관계의 정의와 [그림 6-6]를 이용한다.

1. R={(1,1),(1,2),(1,3),(1,4),(1,6),(1,9),(2,2),(2,4),(2,6),(3,3),(3,6),(3,9),(4,2),(4,4),(6,2),(6,2),(6,6),(9,3),(9,9)}에서 하세도표는 [그림 6-15-a]이다.

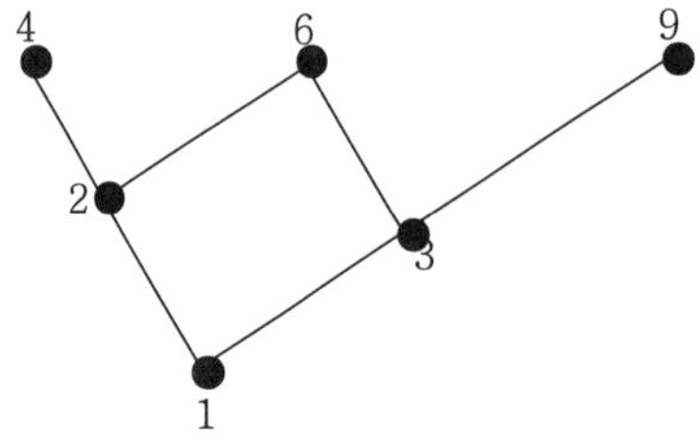

[그림 6-6-a]

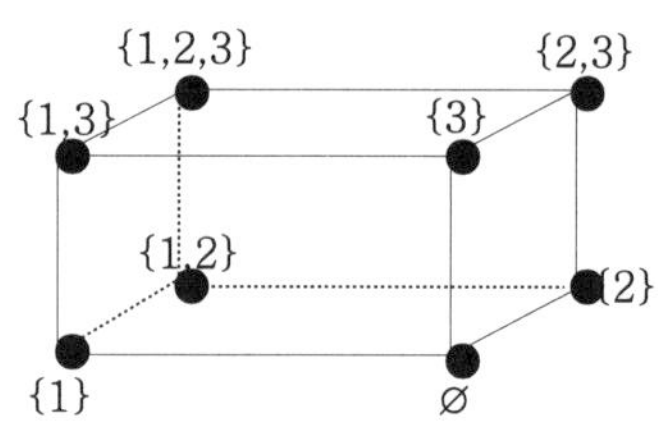

[그림 6-6-b]

2. P(A)={∅,{1},{2},{3},{1,2},{1,3},{2,3},{1,2,3}}에서 하세도표는 [그림 6-6]이다.

유제 98

다음 반순서 집합에 대한 하세도표를 그려라.

1. A={1,2,3,4}에 대한 관계 R={(1,1),(1,2),(1,3),(2,2),(3,2),(3,3),(4,2),(4,3),(4,4)}

이다.

2. A={1,2,3,4,5,6}일 때, 나누어짐에 대한 관계, 즉, x, y가 A의 원소일 때, mod(x, y)=0(x는 y로 나누어 나머지가 0이다)이 되는 관계이다.

예제 24

집합 A={1,2,3,4}에 대해서 [그림6-7]은 하세도표들이다. 하세도표에 나타난 반순서 관계들의 순서쌍을 각각 나열하여라.

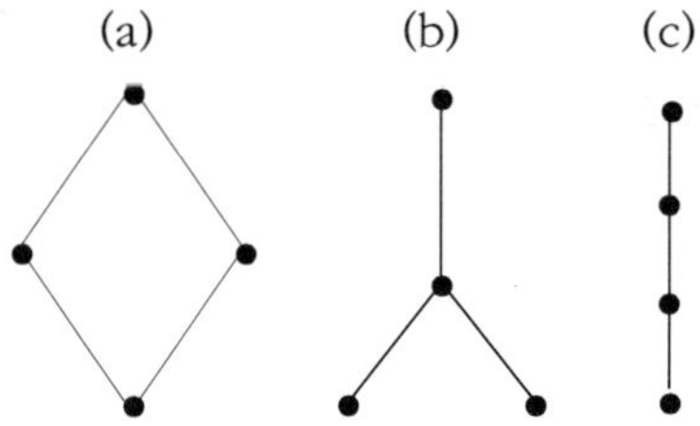

[그림 6-7] 하세도표.

풀이 반순서 관계이므로 반사적, 반대칭, 추이적 관계를 생각한다.

1. 반사적이므로 (1,1),(2,2),(3,3),(4,4)∈R, 반대칭이므로 (1,2),(1,3),(2,4),(3,4)∈R 추이적이므로 (1,4)∈R.

   ∴ R={(1,1),(1,2),(1,3),(1,4),(2,2),(2,4),(3,3),(3,4),(4,4)}

2. 반사적이므로 (1,1),(2,2),(3,3),(4,4)∈R, 반대칭이므로 (1,3),(2,3),(3,4)∈R 추이적이므로 (1,4),(2,4)∈R.

   ∴ R={(1,1),(1,3),(1,4),(2,2),(2,3),(2,4),(3,3),(3,4),(4,4)}

3. 반사적이므로 (1,1),(2,2),(3,3),(4,4)∈R,
   반대칭이므로 (1,2),(2,3),(3,4)∈R, 추이적이므로 (1,3),(1,4),(2,4)∈R.
   ∴ R={(1,1),(1,2),(1,3),(1,4),(2,2),(2,3),(2,4),(3,3),(3,4),(4,4)}.

이제 우리는 선형순서 관계에 대하여 다루겠다. 선형순서관계를 전순서 관계(totally ordered relation)라고도 표현하는데, 선형순서 관계는 비교가능이라는 용어가 등장한다. 비교가능이 일반적으로 대소를 구별하거나 순서를 정하는 것과는 차이가 있다.

정의 6-4-2. 선형순서 관계(lineally ordered relation)

반순서 집합 (A,≤)에서 A의 원소 a, b가 a≤b 또는 b≤a이면 a와 b를 비교가능(comparable)하다고 하고, A의 모든 두 원소들이 비교가능 하면 A를 선형 순서 집합이라 하며, 관계 ≤ 를 선형 순서 관계라고 한다.

반순서 집합 (A,≤)에서 임의의 두 원소 a, b가 비교가능 하다는 것은 a≤b, 또는 b≥a가 반드시 성립하는 경우이다. 예를 들어 반순서 집합 (Z, ∣)에서 두 수 3과 6은 3 ∣ 6 또는 6 ∣ 3이므로 비교가능 하지만 3 ∤ 5 또는 5 ∤ 3이므로 비교가능 하지 않다.

선형순서 관계란 집합의 원소를 정해진 순서관계에 의해서 일렬로 배열할 수 있는 경우이므로 선형순서를 가진 집합을 하세도표로 그리면 하나의 직선형태가 된다. 또한, 선형순서 관계를 나타내는 기호로「〈」를 사용하고 선형순서 집합 A을 (A,〈)와 같이 표현한다.

예제 25

A={1,2,3,4,6,12}일 때, 반순서 집합(A, ∣)을 하세도표로 그리고, A에 대한 관계「 ∣ 」가 선형순서 관계인지를 판별하여라. 단, ∣ 은 mod(x, y)=0의 의미이다.

풀이 집합 A에 대한관계 ∣ 를 잘 정의한다.「 ∣ 」을 만족하는 순서쌍은 다음과 같다.
(1,1),(1,2),(1,3),(1,4),(1,6),(1,12),(2,2),(2,4),(2,6),(2,12),(3,3),(3,6),(3,12),(4,4),(4,12),(6,6),(6,12),(12,12)}.

위의 순서쌍은 반사적, 반대칭, 추이적 관계를 만족하며, 하세도표는 다음과 같다.

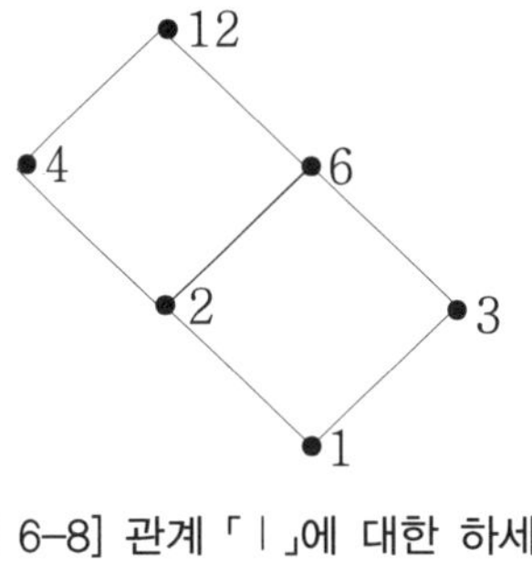

[그림 6-8] 관계「 ∣ 」에 대한 하세도표

2와 3, 4와 6은 서로 나누어지지 않으므로 비교가능하지 않다.

∴ 관계「 ∣ 」는 선형순서관계가 아니다.

유제 9

다음 반순서 관계는 선형순서 관계인지를 판별하여라.

1. (N,≤), (Z,≤), (R,≤)
2. 집합 A={1,2,3,4,5}에 대한 반순서 관계 R이 아래와 같다.
   R={(1,1),(1,2),(1,3),(1,4),(1,5),(2,2),(2,3),(3,3),(3,5),

우리가 앞에서 다룬 반순서 관계와 선형순서관계이외에도 순서 관계에서 사전식 순서와 위상정렬 등이 있는데, 이 책에서는 생략한다.

6-5 반순서와 속(lattice)

이 절에서는 반순서 집합의 극대원소(maximal element)와 극소원소(minimal element), 최대원소와 최소원소, 그리고 상한(least upper bound)과 하한(greatest lower bound)및 속(lattice)에 관하여 다루겠다.

6-5-1 반순서 집합

이절에서는 하세도표와 더불어 반순서 관계를 다루겠다.

정의 6-5-1. 극대(maximal)원소와 극소(minimal)원소

반순서 집합을 (A,≤)라 하자.
1. 극대원소 : ∀a∈A, c≤a ⇒ c=a」일 때, c∈A인 c를 말한다.
2. 극소원소 : ∀a∈A, a≤c ⇒ c=a」일 때, c∈A인 c를 말한다.

극대 원소(maximal element)와 극소 원소(minimal element)는 부분 순서 집합에서 그와 비교 가능한 원소들 가운데 가장 크거나 가장 작은 원소이다. 극대 · 극소 원소는 각각 존재하지 않을 수도, 유일하게 존재할 수도, 둘 이상 존재할 수도 있다.

예제 26

반순서 집합 A, B, C, D의 하세도표가 다음 [그림 6-9]과 같을 때, 극대원소와 극소원소를 구하여라.

1. A={a, b, c, d} 2. B={1,2,3,4}

3. C={1,2,3,4,5,6,7,8} 4. D={a, b, c, d, e, f}

4. s : n+13은 양의 정수이다.

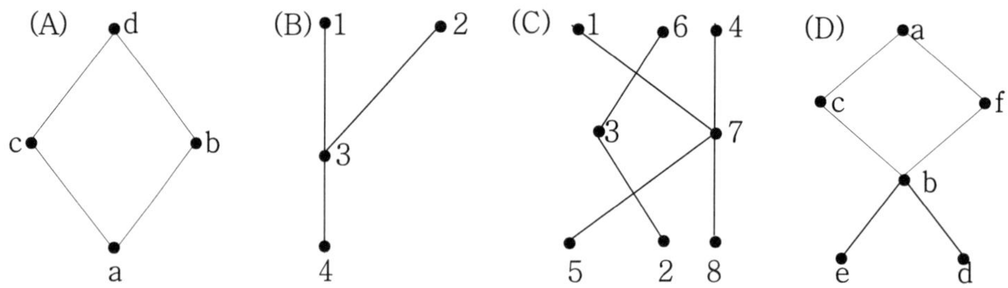

[그림 6-9] 하세도표, A, B, C, D

풀이 정의 6-5-1을 이용한다.

1. 극대원소는 d, 극소원소는 a.
2. 극대원소는 1과2, 극소원소는 4.
3. 극대원소는 1,4,6이고 극소원소는 5,2,8이다.
4. 극대원소는 a, 극소원소는 e, d 이다.

유제 10

반순서 집합 A, B의 하세도표가 다음 [그림 6-10]과 같다, 극대원소와 극소원소를 구하여라.

1. A={a, b, c, d, e, f, g}

2. B={1,2,3,4,5,6}

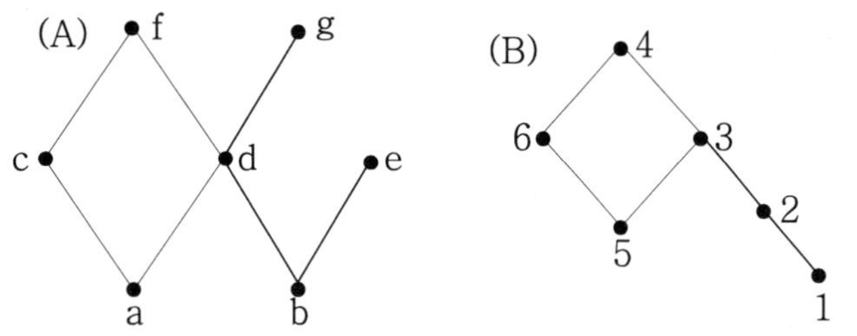

[그림 6-10] 하세도표 A, B

최대원소와 최소원소를 정의하기 위하여, (N,≤)를 자연수 전체의 집합이라 하자. 최소원소는 1이지만 최대원소는 존재하지 않는다. 또한, (Z,≤)를 정수들의 반순서 집합이라 하면, 최대원소와 최소원소 모두 존재하지 않는다. 반순서 집합은 최대원소와 최소원소를 유일하게 하나씩만 가진다. (A,≤)를 반순서 집합이라 하자. 최대원소와 최소원소는 다음과 같이 정의한다.

- 최대원소(greatest element) : $\forall x \in A$, $x \leq a$일 때, $a \in A$를 A의 최대원소라 한다.
- 최소원소(least element) : $\forall x \in A$, $a \leq x$일 때, $a \in A$를 A의 최소원소라 한다.

예제 27

반순서 집합 A, B의 하세도표가 [유제10]의 [그림 6-10]와 같을 때, 극대원소와 최대원소 그리고 극소원소와 최소원소를 구하여라.

풀이 위의 최대, 최소원소의 정의를 이용한다.

1. 극대원소 : e, f, g. 최대원소는 없다.
   극소원소 : a, b. 최소원소는 없다.
2. 극대원소 : 4. 최대원소 : 4.
   극소원소 : 1,5. 최소원소는 없다.

위의 예제에서 반순서 집합 A에서 f, g와 a, b는 비교불능이므로 최대원소와 최소원소가 존재할 수 없고, 반순서 집합 B에서 1과 5는 비교불능이므로 최소원소가 존재하지 않는다.

정의 6-5-2. 상계(upper bound)와 하계(lower bound)

반순서 집합을 (A,≤)라 하고, B⊂A라 하자.
1. 상계 : a∈A가 ∀b, b∈B에 대하여, b≤a이면 a를 B의 상계라 한다.
2. 하계 : a∈A가 ∀b, b∈B에 대하여, a≤b이면 a를 B의 하계라 한다.

위의 정의를 다시 반복하여 설명해 보자. B가 반순서 집합 A의 부분집합이면, B내의 모든 원소 b에 대하여, b≤a인 원소 a가 A내에 존재할 때, a를 A내에서 B에 대한 상계라고 한다. 다음 예제를 통하여 좀 더 상계와 하계에 대한 개념을 이해하자.

예제 28

반순서 관계 A={a, b, c, d, e, f}에 대한 하세도표가 [그림 6-11]의 (A), (B)와 같다. C⊂A인 집합 C={c, e, f}에 대한 상계와 하계를 구하여라.

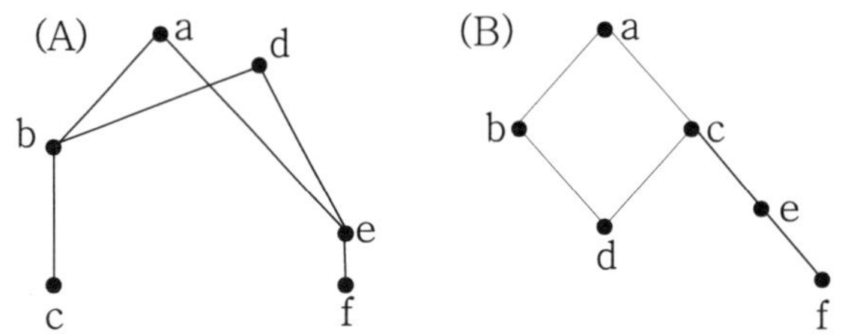

[그림 6-11] A에 대한 하세도표

풀이 정의 6-5-2를 이용한다.
1. 그림 (A)에서 집합 C의 상계는 a, d, 하계는 없다.
2. 그림 (B)에서 집합 C의 상계는 c, a, 하계는 f이다.

예제 31

반순서 집합 A={1,2,3,4,5,6,7}에 대한 하세도표가 [그림 6-12]과 같다. 다음 A의 부분집합 B, C, D, E가 다음과 같다. 상계와 하계를 구하여라.

1. B={1,2}, 2. C={2,3,5} 3. D={4,5} 4. E={6,7}

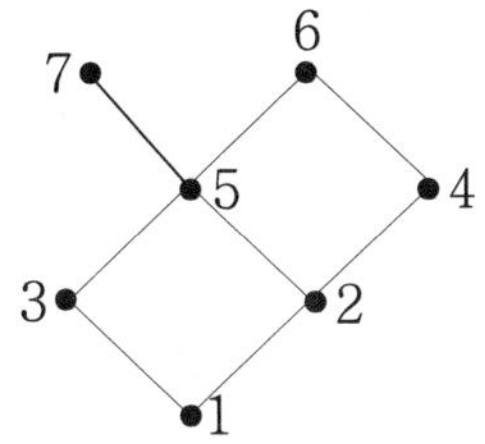

[그림 6-12] 하세도표 A

풀이 다음과 같다.

1. B={1,2}의 상계 : 2,4,5,6,7. 하계 : 1.
2. C={2,3,5}의 상계 : 5,6,7. 하계 : 1.
3. D={4,5}의 상계 : 6. 하계 : 1,2.
4. E={6,7}의 상계 : 없다. 하계 : 5,3,2,1.

위의 예제에서 B의 상계로 2와 3은 비교불능이므로 3은 제외되었고, D의 상계 역시 같은 의미로 7이 제외되었다. 또한, D의 하계에서 2와 3은 비교불능이므로 3이 제외되고, E의 하계에서 4,5는 같은 의미로 4가 제외되었다.

유제 11

반순서 집합 A={1,2,3,4,5,6,7.8,9}에 대한 하세도표가 [그림 6-13]와 같다. A의 부분집합 B, C, D가 다음과 같다. 각각의 상계와 하계를 구하여라.

1. B={1,2}
2. C={3,4,5}
3. D={5,7,8}

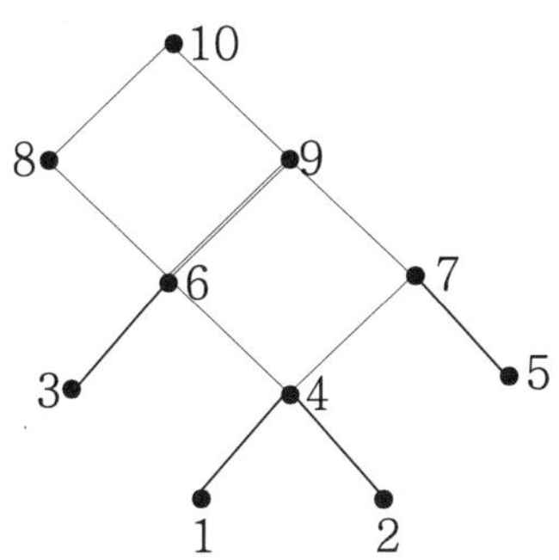

[그림 6-13] 하세도표 A.

우리는 위의 [예제31]과 [유제11]를 접하면서 극대와 극소, 최대와 최소 그리고 상계와 하계에 대한 개념이 어느 정도 이해되었을 것으로 본다.

정의 6-5-3. 상한(least upper bound)과 하한(greatest lower bound)

반순서 집합을 (A,≤)라 하고, B⊂A라 하자.

- 상한 : a∈A가 B의 상계이고, ∀x, a≤x이면 a를 B의 상한이라 하고, LUB(B)로 표기한다.
- 하한 : a∈A가 B의 하계이고, ∀x, x≤a이면 a를 B의 하한이라 하고, GLB(B)로 표기한다.

상한과 하한을 좀 더 자세히 설명해 보자. B가 반순서 집합 A의 부분집합이라면, 원소 a∈A가 B에 대한 상계이고, A내에 있는 B에 대한 모든 상계 b에 대해서 a≤b일 때, a를 상한이라고 한다. 즉, 상계의 원소 중에서 최소인 상계가 상한이다. 하한 또한, 이와 반대의 개념으로 하계중에서 최대인 하계가 하한이다.

예제 30

반순서 집합 A={1,2,3,4,5,6,7,8,9,10,11,12,13}에 대한 하세도표가 [그림 6-14]와 같을 때, A의 부분집합 B, C가 다음과 같을 때, 상계와 하계 그리고 상한 LUB와 하한 GLB를 각각 구하여라.

1. B={6,7,8}　　　　2. C={8,9,10,11}

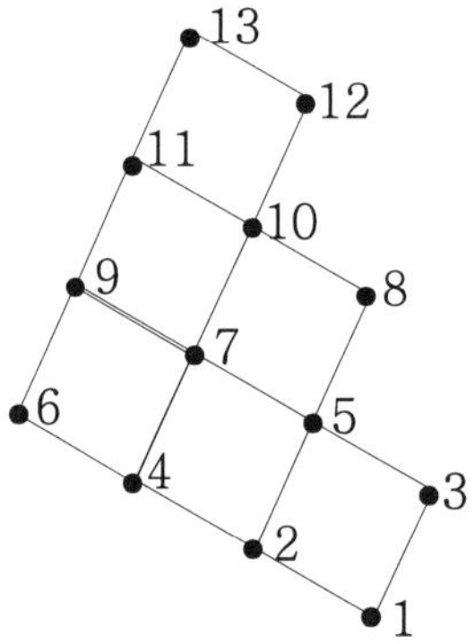

[그림 6-14] 하세도표 A

풀이 정의 65-3을 이용한다.

1. B={6,7,8}의 상계 : 11,13 하계 : 1,2.
   상한 LUB(B) : 11. 하한 GLB(B) : 2.
2. C={7,8,9,10}의 상계 : 11,13 하계 : 1,2,3,5.
   상한 LUB(C) :11 하한 GLB(C) : 5.

유제 12

반순서 집합 A={1,2,3,4,5,6,7,8,9,10,11,12,13}에 대한 하세도표가 [그림 6-15]와 같을 때, A의 부분집합 B, C, D가 다음과 같을 때, 상계와 하계 그리고 상한 LUB와 하한 GLB를 각각 구하여라.

1. B={4,5,6}
2. C={7,8,9,10}
3. D={11,12,13}

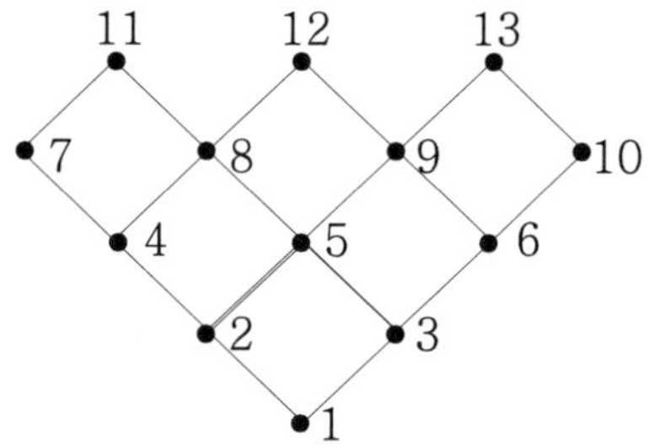

[그림 6-15] 하세도표 A

6-5-2 속(lattice)

격자(lattice)는 두 원소 부분집합의 상한과 하한이 항상 존재하는 부분 순서 집합이다. 다시 말해, 임의의 a, b∈L에 대해, l≤a, b≤u 인 최소원소 l과 최대 원소 u가 항상 존재하는 부분 순서 집합 (L,≤)이다.

정의 6-5-4. 속(lattice)

반순서 집합 (L,≤)에서 a, b∈L에 대하여, 집합{a, b}라 하고, 상한과 하한이 각각 유일하게 존재할 때, (L,≤)를 속 또는 격자라 한다.

반순서 집합에서 상한 LUB(a, b)=a∨b로 표기하고, a와 b의 논리합(join)이라 하고, 하한 GLB(a, b)=a∧b로 표기하고, a와 b의 논리곱(meet)이라고 한다. 부울 대수와 마찬가지로 기호∨ 대신에 (+), 기호 ∧대신에 (*) 또는 (•)를 사용하기도 한다.

예제 31

임의의 집합 A={1,2,3}에 대하여, P(A)를 멱집합이라 하자. 반순서 집합 ([P(A),⊂)는 속임을 보여라.

풀이 정의 6-5-4를 이용한다.

P(A)={∅,{1},{2},{3},{1,2},{1,3},{2,3},{1,2,3}}에서 하세도표는 [그림 6-16]이다.

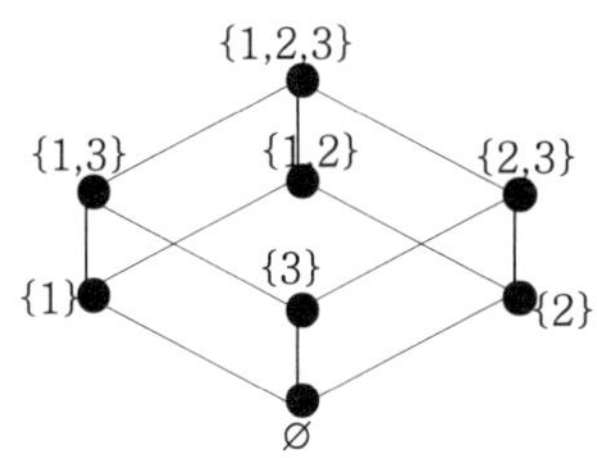

[그림 6-16] 하세도표 P(A)

위의 [그림 6-16]에서 상한과 하한의 관계를 조사하자.

LUB({a},{b})={a}∨{b}={a, b}, LUB({b},{c})={b}∨{c}={b, c}

LUB({b},{b, c})={b}∨{b, c}={b, c},

LUB({a, b},{b, c})={a, b}∨{b, c}={a, b, c}

등으로 모든 원소 쌍에 대하여 상한이 존재한다. 또,

GLB({a},{b})={a}∧{b}=∅, GLB({a},{a, b})={a}∧{a, b}={a}

GLB({a, b},{a, b, c})={a, b}∧{a, b, c}={a, b}

등으로 모든 원소 쌍에 대하여 하한이 존재한다.

∴ 임의의 원소 쌍에 대하여, 유일한 상한과 하한이 존재하므로 P(A)는 속이다.

예제 32

다음 반순서 집합 A와 $(D_{36}, |)$이 [그림 6-17]과 같을 때, 속인지를 판별하여라.

1. A={1,2,3,4,5,6,7,8}
2. $(D_{36}, |)$, 단, D_n은 n의 약수의 집합이고, | 은 mod(m, n)=0이다.

[반순서 집합 A] [반순서 집합 $(D_{36}, |)$]

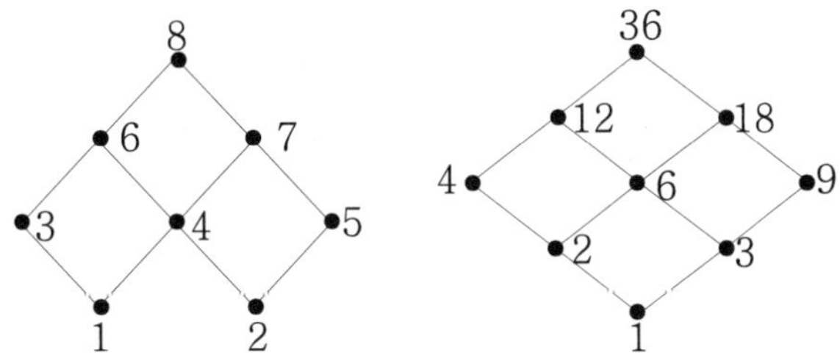

[그림 6-17] 하세도표

풀이 상한과 하한의 유일성과 존재성을 생각한다.

1. 상한은 존재하지만, GLB(1,2), GLB(2,3), GLB(1,5), GLB(3,5) 등의 하한이 존재하지 않으므로 속이 아니다.
2. a | b ⇔ mod(a, b)=0이므로 a∨b=lcm(a, b), a∧b=gcd(a, b) 이다.
   ULB(1,2)=1∨2=2, ULB(2,3)=2∨3=6, ULB(4,9)=4∨9=36, ⋯
   GLB(2,3)=2∧3=1, GLB(12,18)=12∧18=6, GLB(6,3)=6∧3=3, ⋯
   ∴ 상한과 하한이 유일하게 존재하므로 속이다.

   〈참고〉 a | b : a∨b=lcm(a, b), a∧b=gcd(a, b)

유제 13

다음 물음에 답하여라.

1. 반순서 집합 $(D_{30}, |)$이 속인지를 판별하여라.
2. 반순서 집합 A={1,2,3,4}에 대한 하세도표가 [그림 6-18]과 같을 때, 다음 부분집합들의 상한과 하한을 구하여라.

(1) B={1,2} (2) C={1,3}

(3) D={3,4} (4) E={1,2,4}

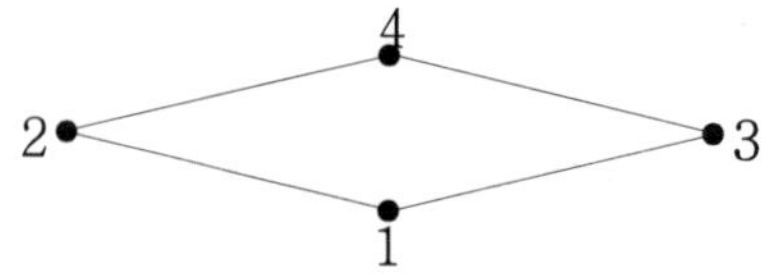

[그림 6-18] A의 하세도표

일반적으로 격자형은 속(lattice)이라 할 수 있고, 다음 [그림 6-19]는 격자형이 아닌 부분순서 집합들의 예를 든 것이다.

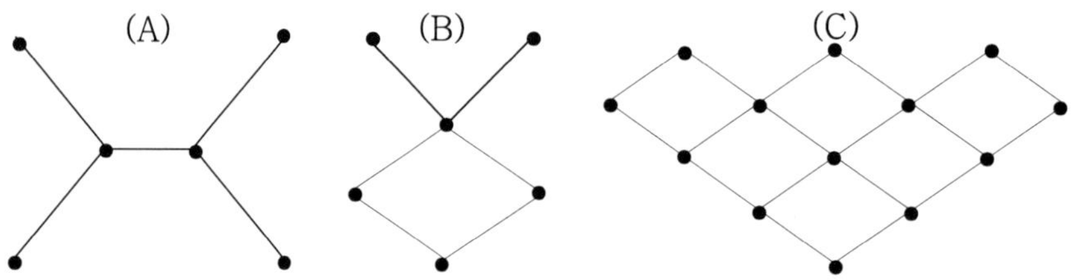

[그림 6-19] 속이 아닌 반순서 집합의 예

이산수학 연습문제

1. A={1,2,3}, B={a, b, c, d}, C={4,5}일 때, 다음 물음에 답하여라.

(1). A×B를 구하여라.

(2). B×C를 구하여라.

(3). 집합 A에서 C로의 관계를 구하여라.

2. A={1,2,3,4}, B={a, b, c}, C={2,4,6,8,10}일 때, 다음 물음에 답하여라.

(1). B×B를 구하여라.

(2). A에서 C로의 관계가 R={(x, y)∈A×C | mod(x, y)=0}일 때, R의 순서쌍은?

(3). (2)에서 R의 역관계 R^{-1} 을 구하여라.

(4). Dom(R)과 Ran(R)를 구하여라.

3. A={1,2,3,4,5}에 대한 관계 R과 S가 다음과 같을 때, 이 관계를 행렬을 이용하여 나타내어라.

(1). R={(1,1),(1,4),(1,5),(2,5),(3,3),(3,5),(5,4),(5,5)}

(2). S={(3,3),(2,3),(2,5),(3,1),(2,1),(1,3)}

4. A={1,2,3,4,5}에 대한 관계 R={(1,1),(1,4),(2,3),(2,5),(3,5),(5,1),(5,2)}에 대하여, 다음 물음에 답하여라.

(1). Dom(R)과 Ran(R)을 구하여라.

(2). R에 대한 좌표도표를 구하여라.

(3). R에 대한 방향그래프를 구하여라.

(4). R에 대한 관계행렬을 구하여라.

5. 관계 R과 S에 대한 관계행렬이 다음과 같을 때, R^2 과 S^2을 구하여라.

(1). $M_R = \begin{pmatrix} 1\,1\,0 \\ 0\,0\,1 \\ 1\,1\,0 \end{pmatrix}$ (2). $M_S = \begin{pmatrix} 1\,0\,1\,0 \\ 0\,0\,1\,0 \\ 0\,1\,1\,1 \\ 0\,1\,0\,1 \end{pmatrix}$.

6. 집합 A={1,2,3,4}에 대한 관계 R이 다음과 같은 순서쌍으로 주어졌을 때, 반사적, 추이적, 대칭적인지를 판별하여라.

(1). $R_1 = \{(1,2),(2,1)\}$

(2). $R_2 = \{(1,1),(2,2),(3,3),(4,4)\}$

(3). $R_3 = \{(1,1),(1,2),(2,1),(2,2),(3,3),(3,4),(4,4)\}$

(4). $R_4 = \{(1,1),(1,2),(1,3),(2,1),(2,2),(2,3)\}$

7. 집합 A={1,2,3,4}에 대한 관계 R이 R={(1,2),(1,3),((1,4),(2,3),(3,1),(4,3)}일 때, R의 추이적 폐쇄를 구하여라.

8. 반순서 집합 A, B에 대한 하세도표가 다음과 같을 때, 이에 대응하는 반순서 관계를 순서쌍으로 나타내어라.

(1). A={1,2,3,4,5}

(2). B={a, b, c, d, e}

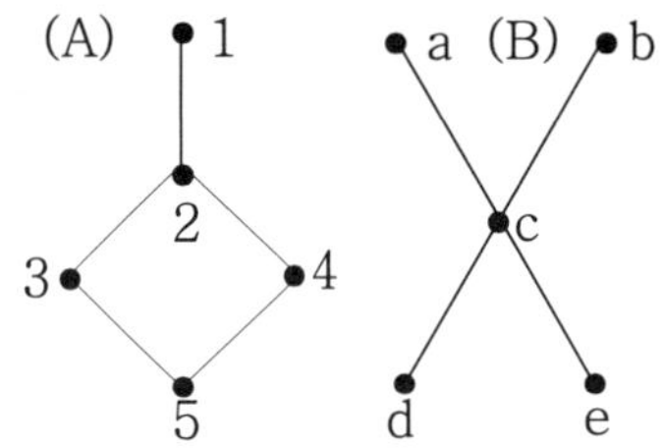

9. A={2,3,4,6,8,20,24,48,100,120}에 대해「나누어떨어진다.」반순서 관계를 R이라 할 때, 하세도표를 그리고 극대원소와 극소원소를 구하여라.

10. N을 양의 정수라 하고, 반순서 집합 (N, |)이 속인지를 판별하여라.

CHAPTER 7 그래프 이론

그래프는 점과 선으로 구성되며, 여러 가지 상황을 표현할 수 있는 추상적인 수학체계이다. 그래프 이론은 네트워크, 연결, 비행기 항로 등과 관련하여 컴퓨터 과학 분야에 다양하게 응용되는 중요한 이론으로 이장에서는 경로와 순환, 방향그래프, 평면그래프 그리고 그래프 착색과 그래프 탐색 등에 관하여 다루겠다.

7-1 그래프의 개념

그래프는 방향그래프와 비 방향그래프로 구분하며, 일반적인 그래프의 형태는 방향그래프이므로 특정한 언급이 없는 한 그래프는 무 방향그래프임을 의미한다. 이절에서는 다중그래프, 부분그래프, 인접행렬 등에 관하여 다루겠다.

정의 7-1-1. 그래프(graph)

그래프는 G=(V, E)로 정의한다.

1. V={$v_1, v_2, \cdots, v_n$ } : 정점(vertex, node, point)의 집합($\neq \varnothing$)이다.
2. E={$e_1, e_2, \cdots, e_n$ } : 간선(edge, arc, branch, line)의 집합이며, 간선 e_k는 서로 다른 정점의 쌍 (v_i, v_j)이다.

그래프에서 간선 e_k를 표현하는 정점의 쌍 (v_i, v_j)의 순서에 무관하면, 즉, (v_i, v_j)와 (v_j, v_i)이 동일한 간선이므로 **무방향 그래프**라고 한다. 반면, 순서를 생각하면, $e_k = (v_i, v_j)$는 v_i에서 v_j로의 투사(incident)라고 하고, v_i는 시작점(initial vertex), v_j는 종착점(terminal vertex)이라고 하며, **유향(방향) 그래프**라고 한다. 그리고 그래프를 그림으로 표현할 때, 정점의 위치는 중요하지 않으며, 정점사이에 간선이 존재하느냐 혹은 존재하지 않느냐가 중요하고, 간선의 형태는 중요하지 않다.

예제 1

그래프 $G_1 = (V_1, E_1)$ 와 유향그래프 $G_2 = (V_2, E_2)$ 의 정점의 집합과 간선의 집합들이 다음과 같다. 그래프를 그림으로 표현하여라.

1. $V_1 = \{a, b, c, d, e\}$

   $E_1 = \{(a, b), (a, e), (b, c), (b, d), (d, a), (d, e)\}.$

2. $V_2 = \{1, 2, 3, 4\}$

   $E_2 = \{(1, 2), (1, 4), (2, 1), (2, 4), (4, 3)\}.$

풀이 정의 7-1-1을 이용한다.

1. 무방향 그래프 [그림 7-1-a]
2. 유향그래프 [그림 7-1-b]

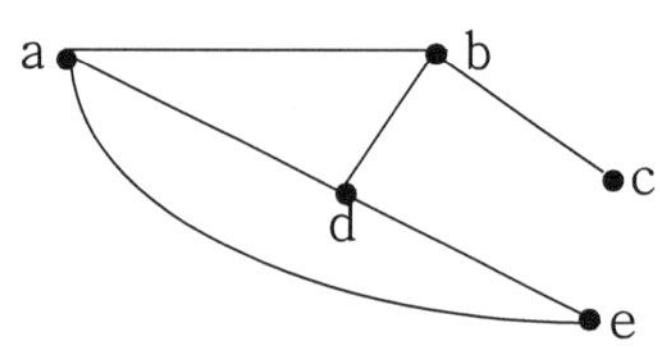

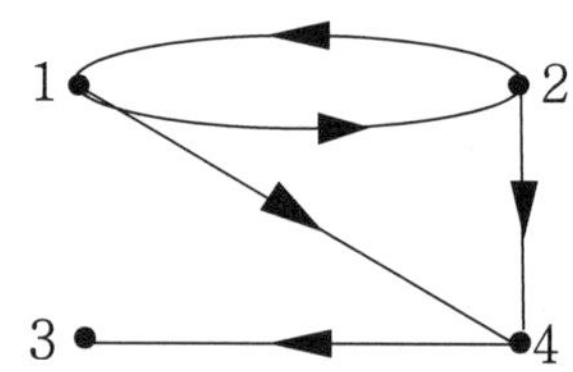

[그림 7-1-a] [그림 7-1-b]

〈참고〉 간선을 변 또는 연결선, 정점을 꼭짓점이라고도 한다.

예제 2

다음 그래프 G_1, G_2, G_3에서 꼭짓점과 변의 집합 V와 E를 구하여라.

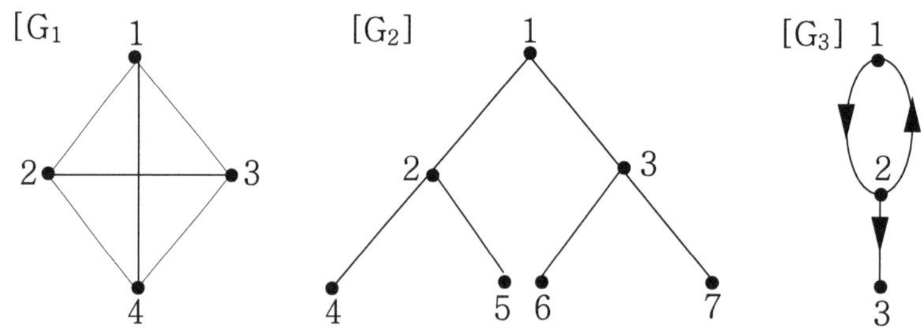

[그림 7-2] 무방향 그래프와 유향그래프

풀이 그래프의 정의를 이용한다.

1. $V(G_1) = \{1,2,3,4\}$

   $E(G_1) = \{(1,2),(1,3),(1,4),(2,3),(2,4),(3,4)\}$

2. $V(G_2) = \{1,2,3,4,5,6,7\}$

   $E(G_2) = \{(1,2),(1,3),(2,4),(2,5),(3,6),(3,7)\}$

3. $V(G_3) = \{1,2,3\}$

   $E(G_3) = \{(1,2),(2,1),(2,3)\}$.

우리는 그래프 G=(V, E)에서 V의 한 정점으로부터 자기 자신으로의 간선이나 다른 정점으로의 간선을 두 개 이상 허용하는 그래프를 **다중그래프**(multigraph)라고 한다. 앞에서 언급하였지만 그래프는 여러 상황을 묘사할 수 있는데, 예를 들어 두 도시를 연결하는 도로는 여러 개가 있을 수 있다. 이런 상황을 표현하기 위해 다중그래프가 필요하며, 임의의 한 정점에서 자기 자신에게 연결되는 간선 $e_i = (v_i, v_i)$ 을 **닫힌곡선**(loop)이라 한다.

예제 3

다중그래프 G=(V, E)의 정점 V와 간선 E가 다음과 같다. 그림으로 표현하여라.

$$V = \{v_1, v_2, v_3, v_4\}$$

$$E = \{e_1, e_2, e_3, e_4, e_5, e_6, e_7, e_8\}$$

$$= \{(v_1,v_2),(v_1,v_2),(v_1,v_1),(v_2,v_3),(v_2,v_4),(v_3,v_4),(v_3,v_4),(v_3,v_4)\} .$$

풀이 그림으로 표현하기 위해서는 먼저 G의 정점을 고정하고 간선을 연결한다.

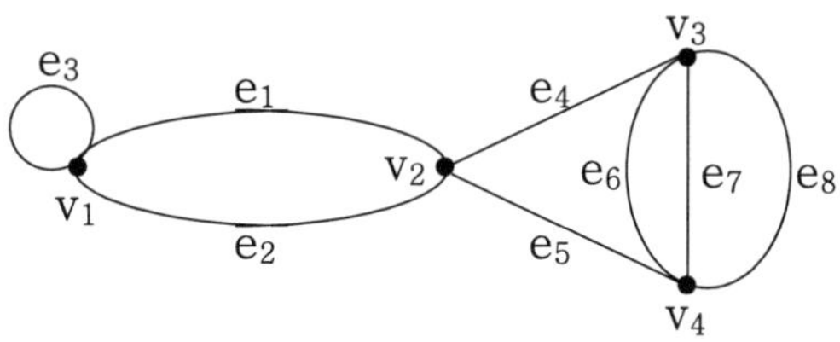

[그림 7-3] 다중 그래프

유제 1

그래프 $G_1=(V_1,E_1)$ 과 $G_2=(V_2,E_2)$ 의 정점의 집합과 간선의 집합이 각각 다음과 같을 때, 그림으로 나타내어라.

1. V_1 ==$\{1,2,3,4\}$

   E_1 = {a, b, c, d, e, f}

   = {(1,2),(1,3),(1,4),(2,3),(2,4),(3,4)}.

2. V_2 = {a, b, c, d, e}

   E_2 = {1,2,3,4,5,6,7}

   = {(a, b),(a, c),(a, e),(b, b),(c, d),(d, e),(e, f)}.

[그림 7-3]에서 정점 v_1과 정점v_2는 서로 인접하다(adjacent)라고 하며, 간선 e_1 은 정점 v_1과 정점v_2에 접해있다 라고 한다. 또한, 정점 $v_i(i=1,2,\cdots)$ 에 접한 간선의 개수를 정점 v_i 의 **차수(degree)**라고 하고 $\deg(v_i)$로 표시한다. 다중그래프에서 임의의 한 정점에 접한 닫힌곡선(loop)은 차수의 2배이다.

정리 5-2-1. 각 정점에서 차수의 총합

그래프 G=(V, E)에서 각 정점의 차수의 총합은 다음과 같다.

- $\sum_{v\in V}\deg(v)=2|E|$, 단, $|E|$ 는 간선의 총 개수이다.

증명 하나의 간선에 2개의 정점이 투사되므로 위의 정리가 성립한다.

예제 2

다음 물음에 답하여라.

1. [그림 7-3]에서 각 정점에서의 차수를 구하여라.
2. 각 정점에서 차수의 총합이 총 간선의 수의 2배임을 확인하여라.

3. 임의의 그래프에서 간선의 총수가 50일 때, 각 정점의 차수의 초합을 구하여라.

풀이 정리7-1-1을 이용한다.

1. $\deg(v_1)$ =4, v_1에 간선이 2개이므로 차수가 2, 루프가 1개이므로 차수가 2이다.
   $\deg(v_2)$ =4, $\deg(v_3)$ =4, $\deg(v_4)$ =4.
2. $\deg(v_1)$ + $\deg(v_2)$ + $\deg(v_3)$ + $\deg(v_4)$ =16. 실제로 간선은 8개이다.
3. $\sum_{v \in V} \deg(v) = 2|E|$ 에서 $|E|$=50이므로 $\sum_{v \in V} \deg(v) = 100$.

정의 7-1-2. 부분 그래프(subgraph)

그래프 G=(V, E)에 대하여, 부분 그래프는 다음과 같이 정의한다.
1. V′⊂V이고 E′⊂E인 그래프 G′=(V′, E′)를 G의 부분 그래프라 한다.
2. V′=V이고 E′⊂E인 그래프 G′=(V′, E′)를 G의 부분 신장그래프 (spanning subgraph)라 한다.

부분 그래프는 위의 정의에서와 같이 G의 정점이나 간선을 제거한 그래프를 말하는 것으로 정점을 제거할 때는 간선 역시 제거해야 한다. 그 이유로는 정점을 제거한 경우 정점에 접해있던 간선들은 더 이상 간선으로서의 의미가 없기 때문이다. 한편, 간선을 제거할 때는 정점을 그대로 둔다. 그래프 G에서 간선만 제거하고 정점은 그대로 둔 그래프를 신장 부분 그래프 또는 생성 부분 그래프라고 한다.

예제 5

다음 그래프 G=(V, E)에서 정점의 집합 V와 간선의 집합 E가 다음과 같다.

V={a b, c, d, e, g, h}

E={1,2,3,4,5,6,7,8,9,10,11,12}

={(a, b),(b, g),(b, c),(a, f),(g, f),(c, g),(c, d),(g, h),(d, h),(f, e),(e, h),(d, e)}

1. 그래프 G=(V, E)를 그림으로 나타내어라.
2. 정점 g를 제거한 그래프 G′를 그려라.

3. 간선 3=(b, c), 7=(c, d), 9=(d, h)을 제거한 그래프 G″를 그려라.

풀이 다음과 같다.

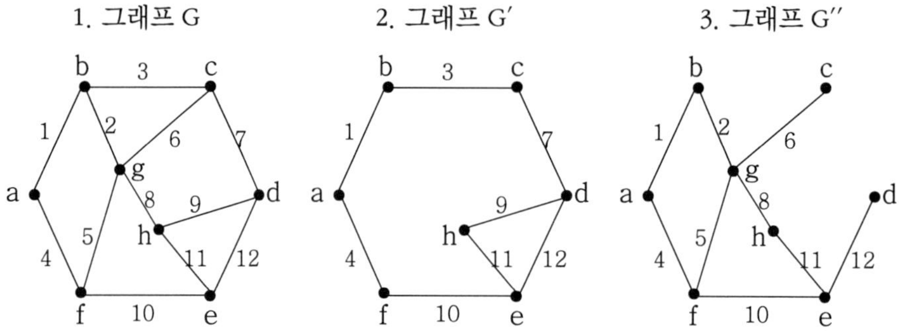

[그림 7-4] 그래프 G, G′, G″

위의 [그림 7-4]에서 그래프 G′=(V′, E′)은 V′⊂V, E′⊂E이므로 G의 부분그래프이고, 그래프 G″=(V″, E″)은 V″=V이고 E″⊂E이므로 부분 신장그래프 또는 생성부분 그래프이다.

그래프에서 정점들 사이에 연결 여부에 따라 연결그래프, 강한 연결 그래프 등을 다음과 같이 정의한다.

- 연결 그래프 : 그래프의 모든 정점들이 연결되어있는 그래프이다.
- 강한 연결 그래프 : 임의의 두 정점 a와 b에 대하여, a에서 b로의 경로와 b에서 a로의 경로가 존재할 경우인데, 유향그래프에서만 의미를 가진다.
- 연결요소 : 모든 정점들이 연결되어있는 부분을 말하며, 연결 수(connectedly number)는 임의의 그래프 G에서의 연결요소의 개수이다.

[그림 7-5]는 연결그래프(connected graph)와 연결요소에 관한 예이다. 그림 7-5의 (a)는 연결 그래프이지만 강한 연결그래프는 아니다. 왜냐하면 연결선의 반대방향으로의 간선이 없기 때문이다. (b)는 서로 떨어져 있기 때문에 연결그래프는 아니며, 2개의 연결요소로 구성되어 있다.

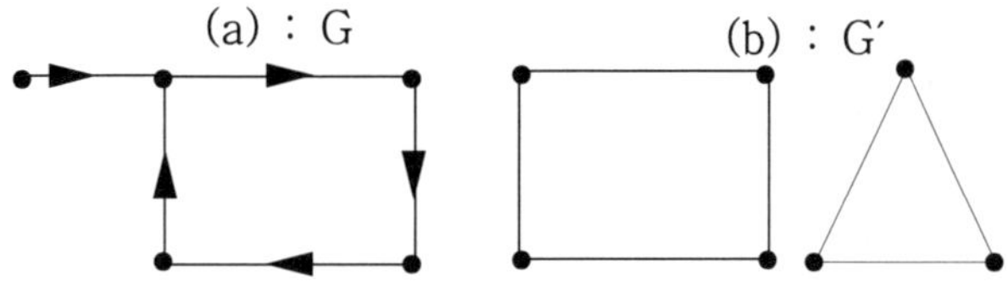

[그림 7-5] 그래프 G와 G′

7-2 그래프의 표현

그래프는 그림을 이용하여 표현하는 것이 가장 자연스럽고 우리가 이해하기에도 가장 쉬운 방법이다. 그러나 컴퓨터는 그림으로 표현된 정보를 이해할 수 없기 때문에 일반적으로 인접행렬(adjacency matrix)이나 인접리스트(adjacency list) 그리고 부속 행렬(incidence matrix) 등에 이해 표현된다.

(1) 인접행렬

그래프의 구조를 나타내기 위하여 정점의 수만큼 행과 열을 가진 행렬을 이용하는 방법을 말한다. 그래프 G=(V, E)의 정점 $V=\{v_1, v_2, \cdots, v_n\}$ 에 1부터 n까지 번호를 부여하여 n×n행렬로 나타낸다.

정의 7-2-1. 인접행렬(adjacency matrix)

$|V|=n$ 일 때, 인접행렬 M(G)의 원소 m_{ij}는 다음과 같이 정의한다.

$$m_{ij}=\begin{cases}1: & (v_i, v_j)\in E \\ 0: & (v_i, v_j)\notin E\end{cases}$$

예제 6

그래프 G와 G′이 [그림 7-6]의 (A)와 (B)와 같을 때, 각각의 인접행렬을 구하여라.

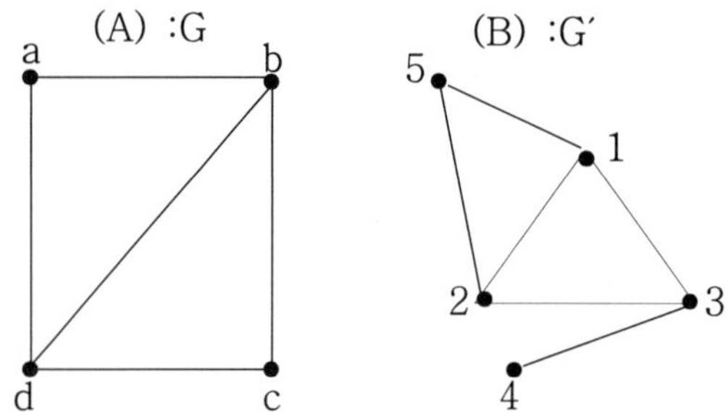

[그림 7-6] 그래프 G, G′

풀이 정의 7-2-1을 이용한다.

1. $M(G)=[m_{ij}]_{4\times 4}=\begin{pmatrix}0&1&0&1\\1&0&1&1\\0&1&0&1\\1&1&1&0\end{pmatrix} \Leftarrow \begin{matrix}a\\b\\c\\d\end{matrix}\begin{pmatrix}0&1&0&1\\1&0&1&1\\0&1&0&1\\1&1&1&0\end{pmatrix}$

2. $M(G')=[m_{ij}]_{5\times 5}=\begin{pmatrix}0&1&1&1&1\\1&0&1&0&1\\1&1&0&1&0\\1&0&1&0&0\\1&1&0&0&0\end{pmatrix} \Leftarrow \begin{matrix}1\\2\\3\\4\\5\end{matrix}\begin{pmatrix}0&1&1&1&1\\1&0&1&0&1\\1&1&0&1&0\\1&0&1&0&0\\1&1&0&0&0\end{pmatrix}$

유제 2

그래프 G=(V, E)에서 정점의 집합 V와 간선의 집합 E가 다음과 같을 때, G를 그림으로 나타내고, 인접행렬을 구하여라.

V={a, b, c, d, e}

E={1,2,3,4,5,6,7}

={(a, b),(a, c),(a, d), (b, c),(c, d),(c, e),(d, e)}.

(2) 인접리스트

인접리스트(adjacency list)는 각 정점에 대해 포인터(pointer)가 주어지고 그 정점으로부터 연결된 정점들을 차례로 연결 리스트로 표시한 것인데, 순서에는 관계가 없다. [그림 7-6]의 (A)를 인접리스트로 나타내 보자.

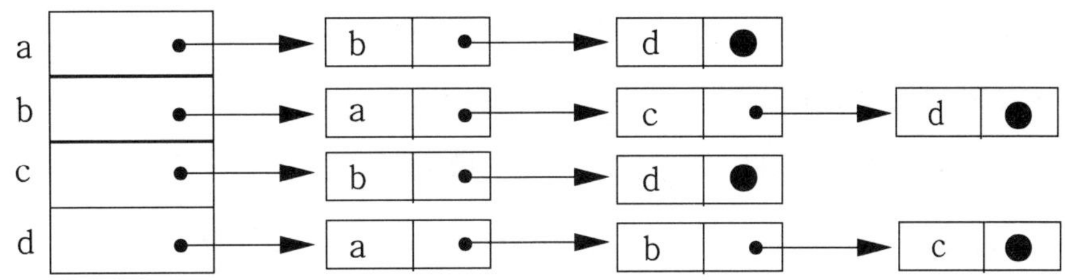

[그림 7-7] 인접리스트

(3) 부속 행렬

정점의 집합은 $V=\{v_1,v_2,\cdots,v_n\}$ 이고, 간선의 집합은 $E=\{e_1,e_2,\cdots,e_m\}$ 로 구성된 그래프 G=(V, E)를 행렬로 표현하기 위해, 부속 행렬(incidence matrix)을 사용하자. 여기에 부속 행렬은 나음과 같이 정의한나.

⋯▸ M(G)= $[m_{ij}]_{n\times m}$, $m_{ij}=\begin{cases}1: \text{간선 } e_j\text{가 정점 } v_i\text{에 접해있는 경우}\\ 0: \text{간선 } e_j\text{가 정점 } v_i\text{에 접해있지 않은는 경우}\end{cases}$

예제 7

그래프 G=(V, E)에서 정점의 집합 V와 간선의 집합 E가 다음과 같을 때, 부속 행렬을 구하여라.

V={a, b, c, d}

E={1,2,3,4,5}={(a, b),(a, c),(a, d),(b, d),(c, d)}.

풀이 정점 a는 간선 1,2 및 3이 접해있으므로 $m_{11}=m_{12}=m_{13}=1$ 이고 $m_{14}=m_{15}=0$ 이다. 나머지 경우 b, c, d도 같은 방법으로 한다.

$$M(G)=\begin{pmatrix}1&1&1&0&0\\1&0&0&1&0\\0&1&0&0&1\\0&0&1&1&1\end{pmatrix} \quad \Leftarrow \quad \begin{array}{c|ccccc} & 1&2&3&4&5\\ \hline a&1&1&1&0&0\\ b&1&0&0&1&0\\ c&0&1&0&0&1\\ d&0&0&1&1&1\end{array}$$

(4) 방향(유향)그래프

그래프 G=(V, A)에서 V={$v_1,v_2,\cdots,v_n$ }는 무방향 그래프에서와 같이 정점의 집합이고 공집합이 아니며, A={$a_1, a_2, \cdots, a_n$ }는 간선의 집합으로, $a_k = \langle v_i, v_j \rangle (i \neq j)$을 말하는데, v_i에서 v_j로의 방향을 의미한다. 또한, 방향그래프에서 차수는 두 가지로 나누어 생각한다. 임의의 정점 v_i에서 나가는 간선의 개수를 **진출차수**(out degree), v_i로 들어오는 간선의 개수를 **진입차수**(in degree)라고 한다. 또한, 진출차수의 총합과 진입차수의 총합은 같다.

〈참고〉 진입차수가 0인 정점을 소스(source)라고 하고 진출차수가 0인 정점을 싱크(sink)라고 한다.

예제 8

다음 [그림 7-8]에서 각 정점에 대한 진출차수, 진입차수를 구하고, 그리고 싱크(sink)와 소스(source)를 찾아라.

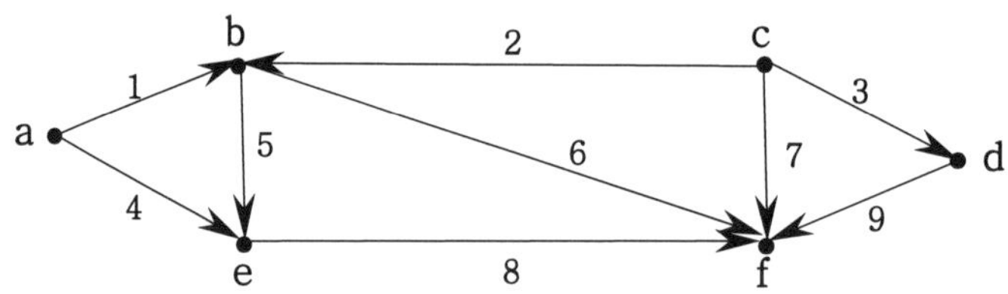

[그림 7-8] 방향그래프

V={a, b, c, d, e, f}

A={1,2,3,4,5,6,7,8,9}

={〈a, b〉,〈b, c〉,〈c, d〉,〈a, e〉,〈b, e〉,〈b, f〉,〈c, f〉,〈e, f〉,〈f, d〉}

풀이 다음과 같다.

(1) 진출차수부터 구한다.

deg(a)=2, deg(b)=2, deg(c)=3, deg(d)=1, deg(e)=1, deg(f)=0.

(2) 진입차수를 구하면 다음과 같다.

deg(a)=0, deg(b)=2, deg(c)=0, deg(d)=1, deg(e)=2, deg(f)=4.

∴ 싱크는 정점 f이고, 소스(source)는 정점 a, c이다.

위의 예제에서 진출차수의 총합이 9이고, 진입차수의 총합도 9이므로 총 진입차수의 합과 총 진출차수의 합이 같음을 확인할 수 있다.

정의 7-2-2. 방향그래프에서의 인접행렬

$|V| = n$ 일 때, 인접행렬 M(G)의 원소 m_{ij}는 다음과 같이 정의한다.

$$m_{ij} = \begin{cases} 1: & (v_i, v_j) \in A \\ 0: & (v_i, v_j) \notin A \end{cases}$$

방향그래프에서 인접행렬은 방향을 고려하는 것 외에는 무방향 그래프에서의 인접행렬과 유사하다. 유향그래프의 인접행렬에서 i번째 행의 1의 개수는 v_i의 진출차수와 같고, i번째 열의 1의 개수는 v_i의 진입차수와 같다.

7-3 경로와 순환

이절에서는 경로(path)와 단순경로(simple path), 순환(cycle)과 단순순환(simple cycle) 그리고 오일러(Euler) 경로와 순환 및 해밀턴(Hamilton)경로 와 정리 등에 관하여 다루겠다.

7-3-1 경로와 순환

경로와 순환은 다음과 같이 정의한다.

정의 7-3-1. 경로(path)와 순환(cycle)

1. $e_1 = (u_1, v_1)$, $e_2 = (u_2, v_2)$, $\cdots$, $e_k = (u_k, v_k)$ 가 간선이고 모든 $1 \le i \le k-1$에 대하여, $v_i = u_{i+1}$ 을 만족할 때, $(e_1, e_2, \cdots, e_n$)를 경로(path) 라고 한다.
3. $v_i = u_{i+1}$ 을 만족할 때, $(e_1, e_2, \cdots, e_n$)를 경로(path) 라고 한다.- $u_1 = v_k$ 인 경로를 순환이라고 한다.
4. ~$e_1 = (u_1, v_1)$, $e_2 = (u_2, v_2)$, $\cdots$, $e_k = (u_k, v_k)$ 가 간선이고 모든 $1 \le i \le k-1$에 대하여, $v_i = u_{i+1}$ 을 만족할 때, $(e_1, e_2, \cdots, e_k)$ 를 경로(path) 라고 한다. 그리고 이 경로를 $(u_1, u_2, \cdots, u_k, v_k)$로도 표시한다.

위의 정리를 다시 설명하면 정점 u_1에서 v_k 까지 가기위해서는 (u_1,v_1), (v_1,v_2), $\cdots$, (v_{k-1},v_k)의 경로를 거친다는 것이고, 시작점과 마지막 정점이 같은 경우 순환이라는 의미이다. 이제 단순경로, 단순순환과 경로의 길이를 정의하자.

- 단순경로 : 경로 상에서 각 정점들이 중복되지 않고, 한번만 나타나는 경로.
- 단순순환 : $u_1 = v_k$ 인 경로를 제외하고는 각 저점들이 한번만 나타나는 경로.
- 경로(순환)의 길이 : 경로위에 속해있는 간선의 개수.

실제로 순환이나 경로 상에는 정점이나 간선들이 중복하여 나타나는 경우가 많으며, 단순경로나 단순순환에서는 루프가 존재하지 않는다.

예제 9

[그림 7-9]에 나타난 그래프 G=(V, E)를 다음과 같이 표현했을 때, 이들이 경로, 단순경로, 순한, 단순순환 인지를 판별하여라.

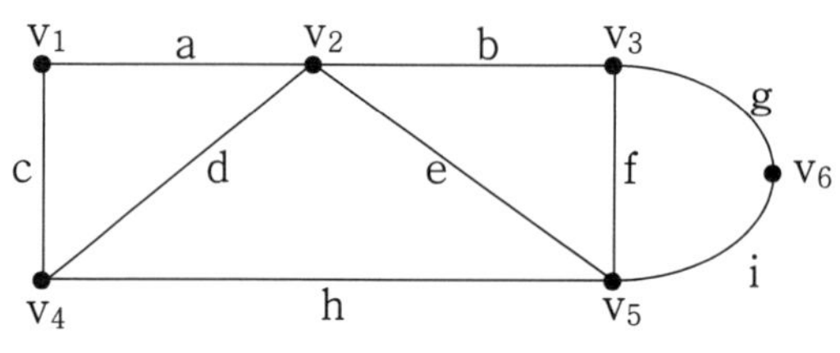

[그림 7-9] G=(V, E)

1. (v_1, v_2, v_3, v_6)
2. $(v_1, v_2, v_3, v_5, v_2, v_3, v_6)$
3. $(v_2, v_4, v_5, v_2, v_3, v_5, v_2)$
4. (a, b, f, e, d)
5. (a, b, i, h)

풀이 정의 7-3-1을 이용한다.

1. 길이 3인 단순경로이다.
2. 길이가 6인 경로이다.

3. v_2에서 v_2로의 길이가 6인 순환이다.

4. v_1에서 v_4로의 길이가 5인 경로이다.

5. v_3에서 v_5로의 간선이 없으므로 경로가 아니다.

유제 3

[그림 7-9]에 나타난 그래프 G=(V, E)를 다음과 같이 표현했을 때, 이들이 경로, 단순 경로, 순한, 단순순환 인지를 판별하여라.

1. $(v_1, v_2, v_3, v_5, v_4, v_1)$
2. $(v_1, v_2, v_3, v_5, v_2, v_4, v_5, v_6)$
3. (d, e, i, g, b, a, c)

정리 7-3-1. 인접행렬 Mk의 요소

- 정점 $V=\{v_1, v_2, \cdots, v_n\}$ 을 가진 그래프 G에 대한 인접행렬 $M(G)=[m_{ij}]$ 이 있을 때, 정점 v_i에서 v_j까지 의 길이가 k인 경로의개수는 M^k의 원소 m_{ij}이다.

예제 10

그래프 G=(V, E)에서 V와 E가 다음과 같을 때, 각각의 물음에 답하여라.

V={a, b, c, d}, E={1,2,3,4}={(a, c),(a, d),(b, c),(c, d)}

1. 그래프 G를 그리고 인접행렬을 구하여라.
2. 각 정점간의 길이가 2인 경로의 개수를 구하여라.
3. 각 정점간의 길이가 3인 경로의 개수를 구하여라.

풀이 정리 7-3-1을 이용한다.

1. 그래프 G는 [그림 7-10]이다.

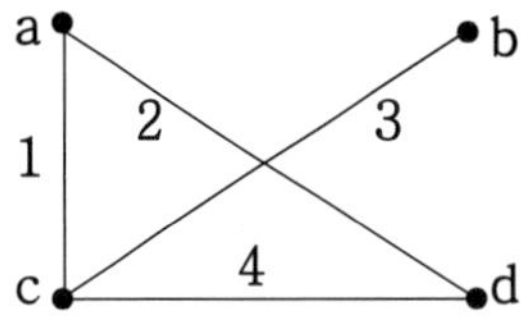

$$M(G) = \begin{pmatrix} 0\,0\,1\,1 \\ 0\,0\,1\,0 \\ 1\,1\,0\,1 \\ 1\,0\,1\,0 \end{pmatrix} \quad \Leftarrow \quad \begin{matrix} & a\,b\,c\,d \\ \begin{matrix} a \\ b \\ c \\ d \end{matrix} & \begin{pmatrix} 0\,0\,1\,1 \\ 0\,0\,1\,0 \\ 1\,1\,0\,1 \\ 1\,0\,1\,0 \end{pmatrix} \end{matrix}$$

[그림 7-10] 그래프 G와 인접행렬

2. $M^2(G) = M \times M = \begin{pmatrix} 0\,0\,1\,1 \\ 0\,0\,1\,0 \\ 1\,1\,0\,1 \\ 1\,0\,1\,0 \end{pmatrix} \begin{pmatrix} 0\,0\,1\,1 \\ 0\,0\,1\,0 \\ 1\,1\,0\,1 \\ 1\,0\,1\,0 \end{pmatrix} = \begin{pmatrix} 2\,1\,1\,1 \\ 1\,1\,0\,1 \\ 1\,0\,3\,1 \\ 1\,1\,0\,2 \end{pmatrix}$

k=2 : 행렬 M^2의 원소 $m_{11} = 2$ 의 의미는 a에서 a로의 길이가 2인 경로의 개수가 2개가 있다는 뜻이다. 실제로 (a, d, a)와 (a, c, a)의 2개이다. 또한, $m_{32} = 0$ 은 c에서 b로의 길이가 2인 경로는 존재하지 않는다는 의미이다.

∴ 길이가 2인 경로의 개수는 M^2의 각각의 원소들의 숫자이다.

3. $M^3(G) = M^2 \times M = \begin{pmatrix} 2\,1\,1\,1 \\ 1\,1\,0\,1 \\ 1\,0\,3\,1 \\ 1\,1\,0\,2 \end{pmatrix} \begin{pmatrix} 0\,0\,1\,1 \\ 0\,0\,1\,0 \\ 1\,1\,0\,1 \\ 1\,0\,1\,0 \end{pmatrix} = \begin{pmatrix} 2\,1\,4\,3 \\ 1\,0\,3\,1 \\ 4\,3\,2\,4 \\ 2\,0\,4\,1 \end{pmatrix}$

k=3 : $m_{13} = 4$ 이므로 a에서 c로의 길이가 3인 경로는 4개가 존재한다는 의미 이다. 실제로 다음과 같다. (a, c, a, c), (a, d, a, c), (a, c, d, c), (a, c, b, c).

∴ 길이가 3인 경로의 개수는 M^3의 각각의 원소들의 숫자이다.

유제 4

유향그래프 G=(V, A)의 정점의 집합 V와 간선의 집합 A가 다음과 같다. G의 그래프를 그림으로 표현하고 정점 2에서 4까지의 길이가 3인 경로가 존재하는지를 판별하여라.

V={ 1,2,3,4}

A={ a, b, c, d, e, f}={(1,2),(2,3),(3,1),(3,4),(4,2),(4,3)}

[유제4]의 유향그래프를 인접행렬로 나타냈을 때, $M^2(G) = M^2 = M \odot M$ 으로 길이가

2인 경로의 존재유무를 알 수 있고, $M^4(G) = M^*$ 으로 도달행렬을 나타낸다.

7-3-2 오일러 경로와 순환

18세기 중엽 동 프로시아에 있는 쾨닉스버그 도시는 [그림 7-11]의 (a)와 같이 프레겔 강 위에 놓여있는 7개의 다리(*)에 의하여 4개의 지역(•)으로 분할되어 있다. 문제는「어느 한 지역에서 출발하여 다리 위를 한 번씩 지나 모든 다리를 지나는 방법이 있겠는가?」하는 것이 곧 바로「The seven bridges of KÖnigsberg problems」이다.

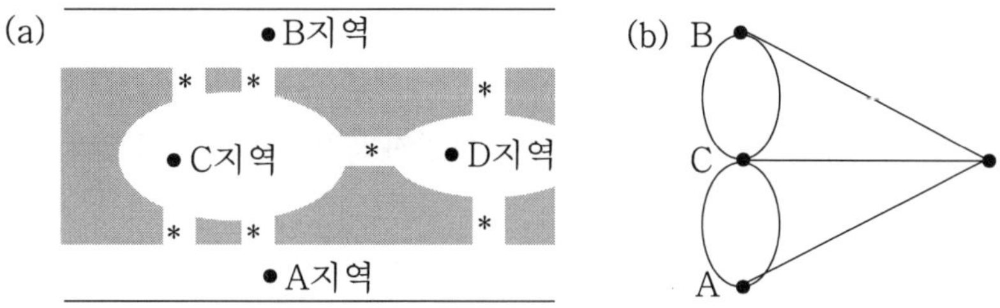

[그림 7-11] The seven bridges of KÖnigsberg problems

그림 (a)를 그래프 형태로 그린 것이 (b)이다. 이러한 물음에 대하여 1736년 오일러(Euler)가 불가능함을 증명하였으며, 그래프 이론의 출발점이 된 것으로 본다.

정의 7-3-2. 오일러 경로(path)와 순환(cycle)

1. 오일러 경로 : 연결그래프 G에 있는 모든 간선을 오직 한번만 지나는 경로를 말한다.
2. $u_1 = v_k$ 인 경로를 오일러 순환이라고 한다.

오일러 경로는 시점과 종점이 일치하지 않으며, 정의 7-3-2에서 언급한 연결그래프에서 오일러 순환을 가지는 그래프를 오일러 그래프(Euler graph)라고 한다.

정리 7-3-2. 오일러 경로와 순환에 대한 정리

1. 오일러 경로 : 연결그래프 G에서 정점의 차수가 홀수인 서로 다른 2개를 제외한 다른 모든 정점의 차수는 짝수이어야 한다.
2. 오일러 순환 : G의 모든 정점의 차수는 짝수이어야 한다.

위의 정리에 대한 증명은 생략하고 오일러 경로에 대한 정리에서 정점의 차수가 홀수인 차수가 2개라는 것은 시작점과 종착점을 의미한다.

예제 11

[그림 7-12]에서 그래프 G_1, G_2가 오일러 경로인지 또는 순환인지를 판별하고 오일러 순환이라면 오일러 순환을 찾아라.

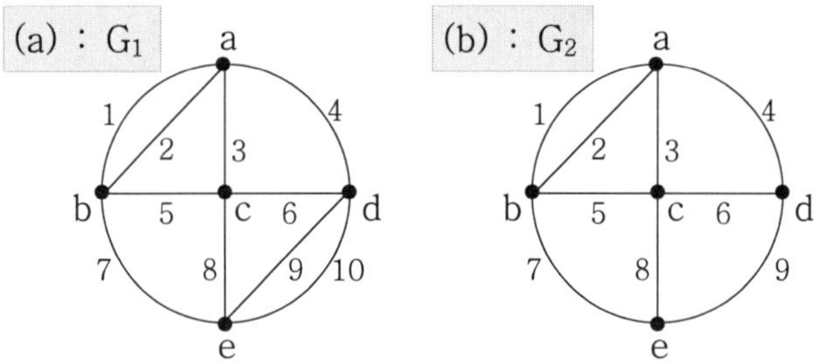

[그림 7-12] 오일러 경로와 순환

풀이 정리 7-3-2를 이용한다.

(a). 각 정점에서의 차수가 4로 모두 짝수이므로 오일러 순환이 존재한다. 시점과 종점이 a인 순환 로는 다음과 같다.
(a-b-c-d-e-c-a-b-e-d-a : 2-5-6-9-8-3-1-7-10-4).

(b). 정점 d, e는 차수가 각각 3이므로 시점과 종점이며, 그이외의 차수는 모두 4로 짝수이다. 여기에 오일러 순환은 존재하지 않고, 오일러 경로는 존재하며 다음과같다.
(e-c-a-b-c-d-a-b-e-d : 8-3-2-5-6-4-1-7-9).

위의 [예제10]은 「집배원은 모든 길을 다 지나 가고 우체국에 되돌아와야 하는데, 수고를 덜기 위하여 한 번 간 길을 다시 가지 않으려면 집배원 어떤 길을 택하여야 할까?」라는 일명 중국인의 집배원 문제(chinese postman problem)라고도 한다.

예제 12

[그림 7-13]에서 그래프 G_1, G_2가 오일러 경로인지 또는 순환인지를 판별하고 오일러 순환이라면 오일러 순환을 찾아라.

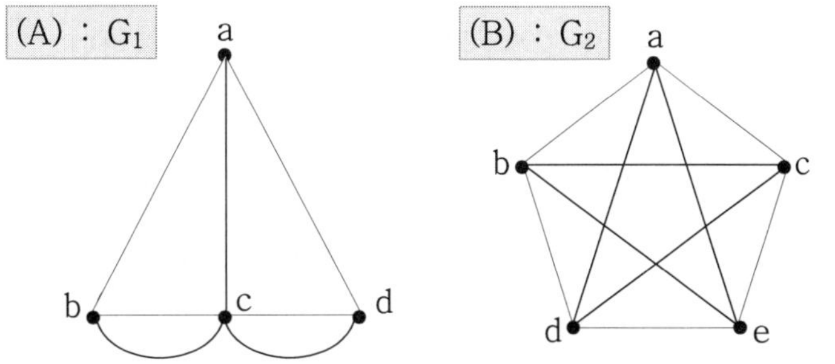

[그림 7-13] 그래프 G_1, G_2

풀이 다음과 같다.

(A). 각 정점에서의 차수가 홀수의 차수를 가지므로 오일러 경로와 순환은 없다.

(B). 모든 정점에서의 차수가 짝수이므로 오일러 순환인 오일러 그래프를 가지며, 홀수 차수의 정점이 없으므로 오일러 경로는 존재하지 않는다.

유제 5

그래프 G=(V, E)에서 정점의 집합 V와 간선의 집합 E는 다음과 같을 때, 오일러 경로, 순환의 존재여부를 판단하여라.

V={1,2,3,4}

E={a, b, c, d, e, f, g, h}={(1,2),(1,3),(2,3),(2,4),(2,5),(3,4),(3,5),(4,5)}.

정의 7-3-3. 해밀턴 경로(path)와 순환(cycle)

1. 해밀턴(Hamilton)경로 : 연결그래프 G에 있는 모든 정점을 오직 한번만 지나는 경로를 말한다.
2. 해밀턴(Hamilton)순환 : $u_1 = v_k$ 인 경로를 오일러 순환이라고 한다.

위의 정의에서 해밀턴 경로는 시점과 종점이 같지 않으며, 해밀턴 순환을 가지는 그래프를 해밀턴 그래프라고 한다. 그래프에서 오일러 순환의 존재여부를 판별하는 것은 각각의 정점의 차수를 조사함으로서 비교적 쉽게 판별할 수 있음을 우리는 안다. 하지만 해밀턴 순환의 존재여부를 판별하는 것은 그리 쉽지가 않다. 실제로 체계적인 방법은 아직 잘 알려지지 않았고, 단지 다음과 같은 방법으로 어느 정도 판단한다.

➔ Hamilton 순환을 가지기 위한 조건

⋯➝ 1. 그래프 G의 정점이 n개 일 때, 각 정점의 차수가 n/2보다 크면, Hamilton 순환을 가진다. 때로는 n/2보다 적을 때도 성립할 때가 있다.

⋯➝ 2. G의 정점의 수를 n, 간선의 수를 m이라고 할 때, $m \geq \dfrac{n^2-3n+6}{2}$ 을 만족할 때, Hamilton회로를 가진다.

⋯➝ 3. 서로 인접하지 않는 두 정점 u와 v사이에 식 deg(u)+deg(v)≥n 이 성립하면, 경로를 갖는다.

⋯➝ 4. 모든 정점 v에 대해 부등식 deg(v)≥2 가 성립하면 경로를 갖는다.

예제 13

다음 그래프 G_1, G_2, G_3에서 Hamilton 순환, 경로 및 해밀턴그래프가 있는지를 판별하여라.

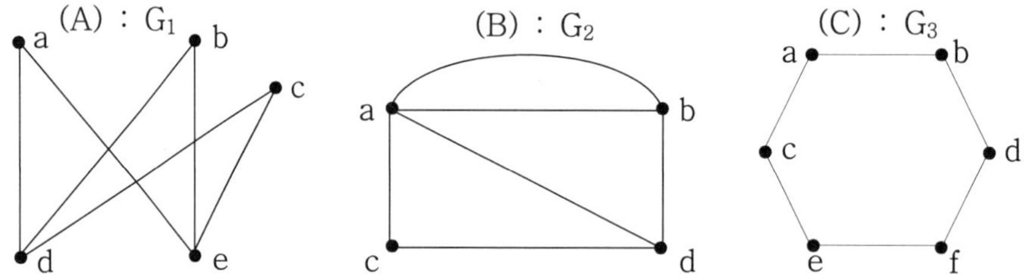

[그림 7-14] 해밀턴 회로

풀이 해밀턴의 경로와 순환조건을 이용한다.

(A). deg(a, b, c, d, e)≥2, deg(a)+deg(d)≥5, deg(b)+deg(d)≥5, 등 임의의 두 정점 의 차수의 합이 5이상이므로 경로를 가지며, 경로는 (a, c, b, d, e)등이다. 순환은 존재하지 않음.

(B). deg(a, b, c, d)≥2이고, m=6, n=4이므로 식 $m \geq \dfrac{n^2-3n+6}{2}$ 이 성립한다, 따라서 해밀턴 경로와 순환이 존재하므로 해밀턴 그래프도 존재한다.

(C). 순환이 존재하려면 각 정점에서의 차수가 $\dfrac{n}{2}$이상, 즉, 3이상이어야 하지만 deg(a, b, c, d, e, f, g)=2인데도 순환이 존재하는 특수한 경우이다. 실제로 순환은 (a, b, d, f, e, c, a)이고, 경로는 (a, c, e, f, d, b) 이다.

7-4 특수한 형태의 그래프

그래프에는 정점과 간선의 특성에 따라 여러 종류의 다양한 형태의 그래프가 존재한다. 이절에서는 특수한 형태의 그래프로 정규그래프, 완전그래프, 순환그래프, 동형그래프 그리고 평면그래프 등에 관하여 다루겠다.

(1) 완전그래프

그래프 G=(V, E)에서 모든 정점의 쌍 사이에 간선이 반드시 존재하는 그래프를 완전 그래프(complete graph)라고 하며, n개의 정점을 가지고 있으면 K_n와 같이 표현한다. 또한, 완전 그래프 K_n은 n≥2에 대하여, $\dfrac{n(n-1)}{2}$개의 간선을 가진다.

예제 14

다음은 정점을 1~6개를 가지는 완전그래프의 예이다.

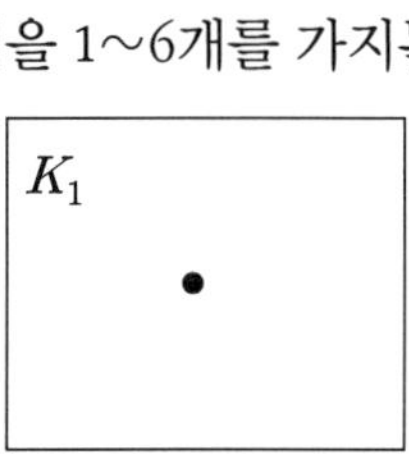

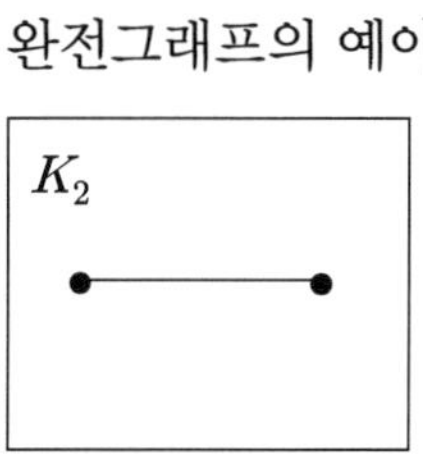

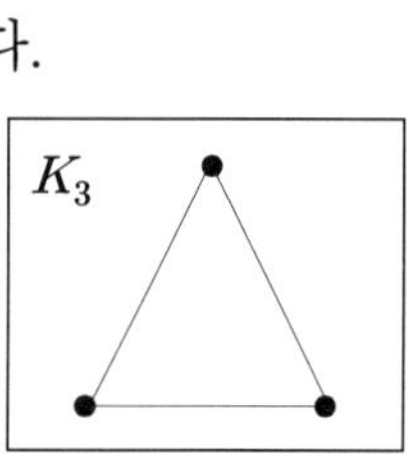

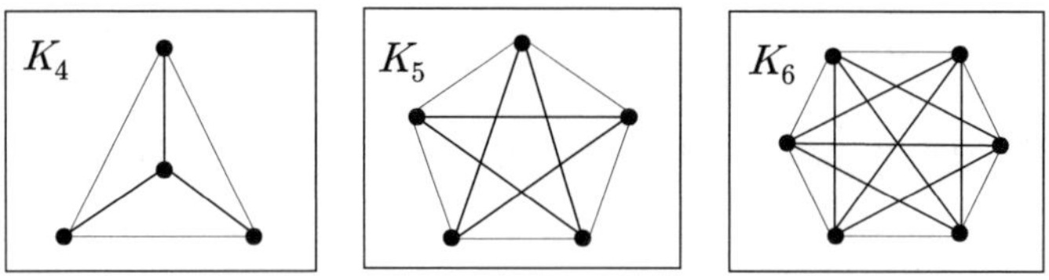

[그림 7-15] 완전그래프

완전그래프는 n개의 정점을 가지면 (n-1)개의 간선을 가지는 곧 정의할 정규그래프이다.

(2) 정규그래프

그래프 G=(V, E)의 모든 정점에서 차수가 같은 무방향 그래프를 정규그래프(regular graph)라고 한다. 또한, 각 정점에서의 차수가 k인 그래프를 k차 정규그래프라 하고, G(K_k) 또는 K_k 와 같이 표현한다. k차 정규그래프의 예는 [그림 7-16]와 같다.

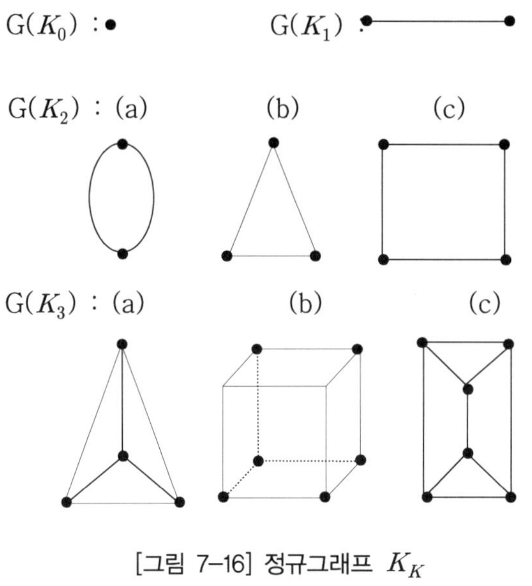

[그림 7-16] 정규그래프 K_K

정규그래프와 유사한 순환그래프를 생각하자. G=(V, E)에서 정점의 집합 V={$v_1, v_2, \cdots, v_n$ }이고, 무방향이며, 간선의 집합 E={(v_i, v_{i+1}) | $1 \le i \le n$ }∪(v_n, v_1)일 때, 그래프 G를 순환

그래프라고 하고 C_n 과 같이 표현한다. 예로 C_6 인 순환그래프가 [그림 7-17]이다.

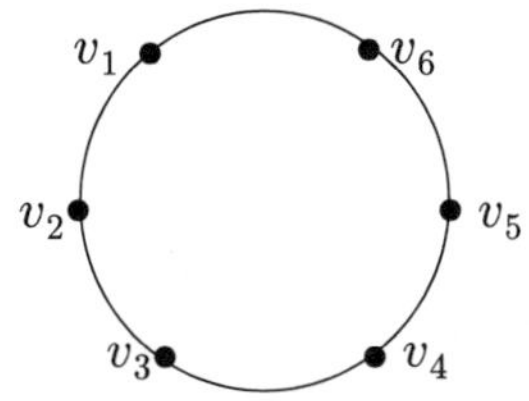

[그림 7–17] 순환그래프 C_6

그래프 G=(V, E)에서 정점의 집합 V가 두 개의 부분집합 P, Q로 분할하여 각 간선이 부분집합 P내의 정점과 Q내의 정점의 쌍으로 나타내지면 이때, G를 **이분그래프**(bipartite graph) 라고 한다. 여기서 V=P∪Q이고 P∩Q=∅이다. 또한, P내의 모든 정점과 Q내의 모든 정점의 쌍 사이에 간선이 모두 존재하면 이때, G를 **완전 이분그래프**(complete bipartite graph)라고 한다. 여기서 V의 부분집합 P, Q의 원소 개수가 각각 m, n개인 완전 이분그래프를 $K_{m,n}$와 같이 표현 한다.

예제 15

집합 P, Q가 정점의 집합 V의 분할 일 때, [그림 7-18]의 그래프 G_1, G_2, G_3는 완전 이분 그래프 이다. $K_{m,n}$ 으로 표현하여라.

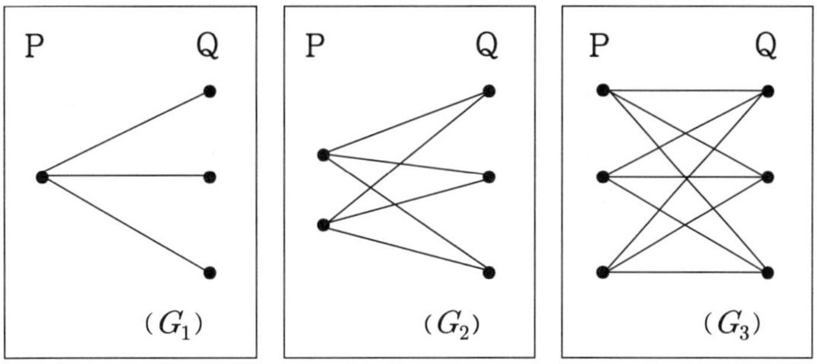

[그림 7–18] 완전 이분 그래프

풀이 완전 이분그래프이다.

$\therefore (G_1) = M_{1,3}$, $(G_2) = M_{2,3}$, $(G_3) = M_{3,3}$.

유제 6

다음 그래프 G_1과 G_2가 각각 완전 그래프인지 또는 이분그래프 인지를 판별하여라.

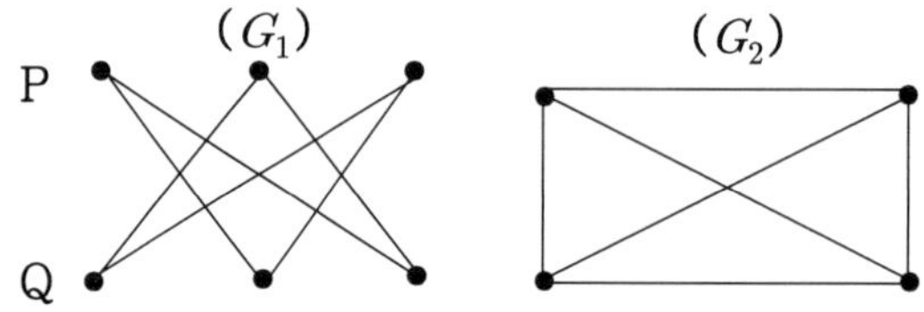

[그림 7-19] 그래프 G_1, G_2

(3) 동형그래프

그래프의 모형과 생김새는 다르지만 대응되는 정점과 간선이 동일한 그래프를 동형그래프라고 한다. 동일 그래프 이지만 매우 다양한 형태로 그릴 수 있으므로 한눈에 동일한 그래프인지를 판단하기는 쉽지 않다.

정의 7-4-1. 동형그래프(isomorphic graph)

그래프 G=(V, E), G′=(V′, E′)에 대하여, 전단사 함수 f : V→ V′ 가 존재하여 (u, v) ∈E이기위한 필요충분조건이 (f(u), f(v))∈E′일 때, f를 G에서 G′으로의 동형사상이라 하고, G와 G′를 동형그래프라 한다.

일반적으로 그래프 G와 그래프 G′이 동형그래프(isomorphic graph)이면 G≅G′ 와 같이 표현하며, 동형사상(isomorphism)은 동치의 개념보다 강한개념이다. 동형 그래프는 직관으로 식별하기 어려우므로 다음의 경우를 이용하면 동형그래프를 구별하는데 도움이 된다.

- 1. 상호간의 정점과 간선의 개수를 비교한다.
- 2. 각 정점의 높은 차수에서 낮은 차수로 간선을 1:1로 대응시켜나간다.

상호 서로 다른 차수가 발생하거나 1:1 대응이 되지 않고 간선들의 이웃이 보존되지 않은 경우는 동형이 아니다.

예제 16

아래 [그림 7-20]에 나타난 그래프 G_1와 G_1'그리고 G_2와 G_2'는 동형그래프이다. 확인하여라.

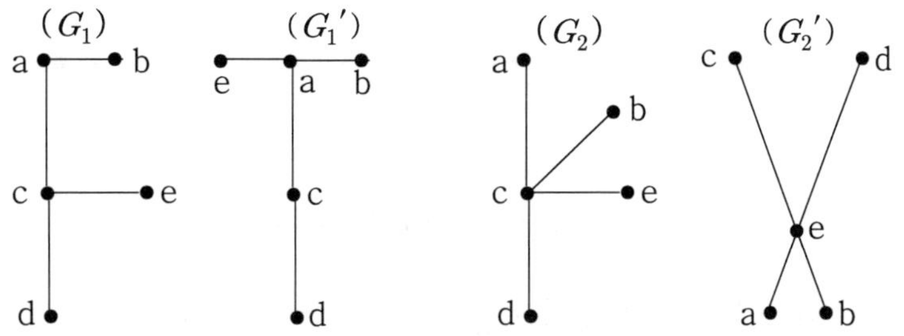

[그림 7–20] 동형그래프

풀이 정의 7-4-1을 이용한다.

유제 7

다음 [그림 7-21]에서 그래프 G_1의 그림 (a)와 (B) 그리고 그래프 G_2의 그림 ©와 (d)는 동형인지 아닌지를 판별하여라.

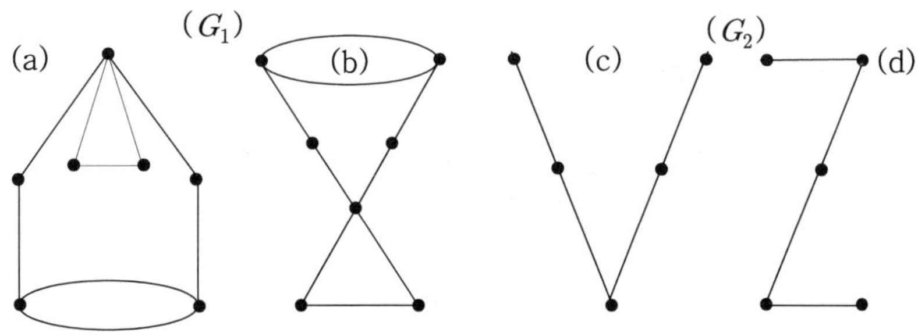

[그림 7–21] 그래프 G_1, G_2

우리는 위의 예제와 유제를 접하면서 동형그래프에 관하여 알아보았다. 그래프 G위에 몇 개의 정점들과 간선을 추가함으로써 얻어지는 새로운 그래프 G′과 동형이 되는 그래프 H가 존재할 때, 그래프 G와 H는 준동형 그래프(homomorphic graph)라고 한다.

예제 17

[그림 7-22]에 나타난 그래프 G_1와 G_2는 준동형 그래프임을 설명하여라.

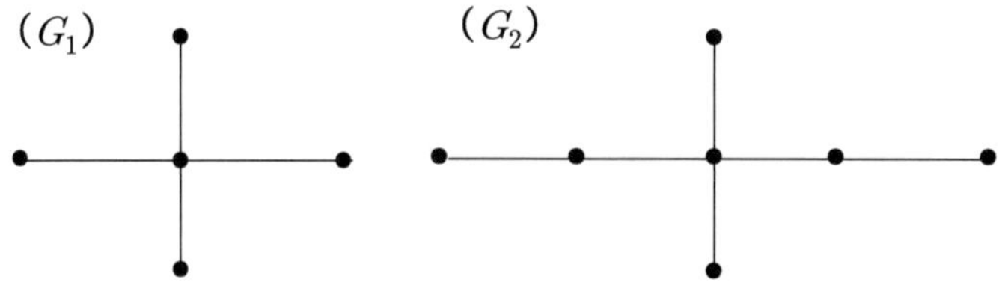

[그림 7-22] 준동형 그래프

풀이 그래프 G_1에서 2개의 정점을 추가함으로써 그래프 G_2를 만들 수 있으므로 그래프 G_1와 G_2는 준동형 그래프이다.

(4) 평면그래프

전자제품의 회로도는 제품에 사용되는 반도체, 저항, 스위치, 전구 등의 연결 상태를 그래프로 나타낸 것이다 이 그래프의 변이 꼭짓점이 아닌 곳에서 교차하면 합선이 일어나기 때문에 이를 막기 위한 추가적인 조치가 필요하다. 지금부터 변이 서로 교차하지 않도록 그래프를 그릴 수 있는 방법에 대하여 살펴본다.

정의 7-4-2. 평면그래프(planar graph)

평면위에 그래프 G=(V, E)를 그릴 때, 간선들이 정점 이외에서는 서로 교차하지 않도록 그릴 수 있는 그래프를 평면그래프라고 한다.

평면위에 간선들이 교차하지 않도록 그리는 것이 불가능한 그래프를 비 평면(non-planar graph) 그래프라고 한다. 다음은 평면그래프의 예인데, 정점을 제외한 어느 곳에서도 교차점이 없음을 본다.

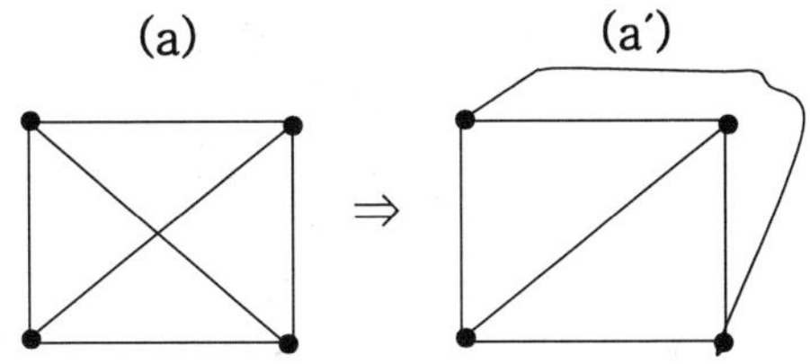

[그림 7-23] 평면그래프

예제 18

[그림 7-24]에 나타난 그래프들은 평면그래프이다. 확인하여라.

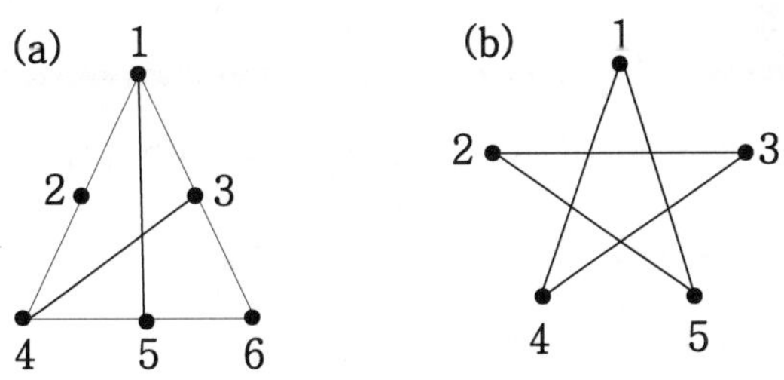

[그림 7-24] 그래프 (a), (b)

풀이 [그림 7-24]의 (a)와 (b)이다.

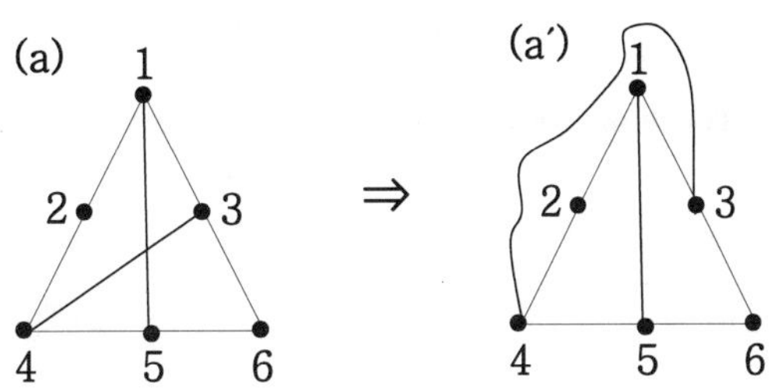

[그림 7-25] (a) 평면그래프

(a)에서 간선 (3,4)를 이동 변형시킨 것이다.

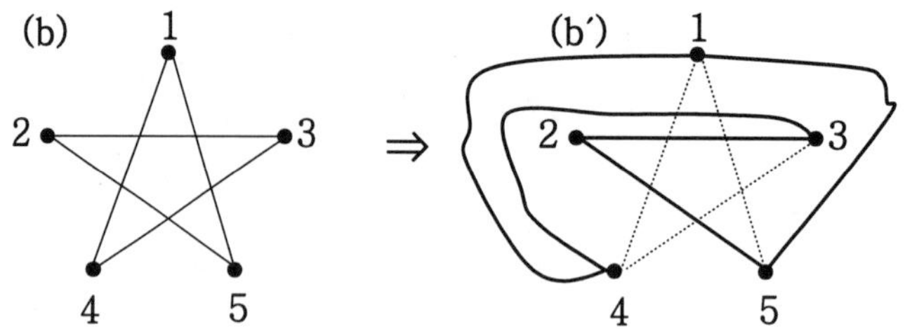

[그림 7-26] (b) 평면그래프

(b)에서 간선 (1,4), (1,5), (3,4)를 이동 변경시킨 것이다.

유제 8

[그림 7-27]에 나타난 그래프들이 평면그래프인지를 판별하여라.

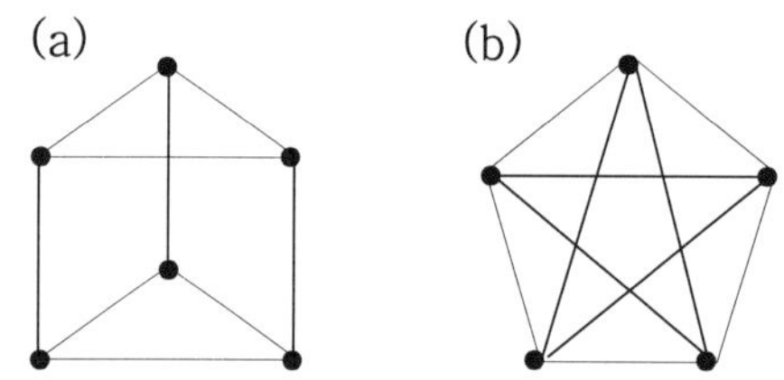

[그림 7-27] 그래프 (a), (b)

우리는 의 예제와 유제를 다루면서 단순한 평면그래프는 쉽게 판별이 가능하지만 조금만 복잡해지면 사정이 달라진다. 이런 문제점을 해결하는데, 다음의 정의와 정리가 필요하다.

- **면(face)** : 평면그래프에서 교차하지 않는 변에 의하여 나누어지는 영역.
- **면의 차수** : 면의 경계를 이루는 순환의 길이.

평면그래프 G를 평면위에 그린 후 간선을 따라 평면을 자른다면 평면은 여러 조각으로 분할될 것이다. 이 조각을 **영역**(region)이라 하고, 이 때, 각 **면(영역)**의 경계는 간선들의 순환으로 이루어져 있고, **면의 차수는 순환의 길이 deg(f)**로 표시한다.

예제 19

[그림 7-28]에서 면 $f_i(i=1,2,3,4)$ 의 경계와 차수를 구하여라.

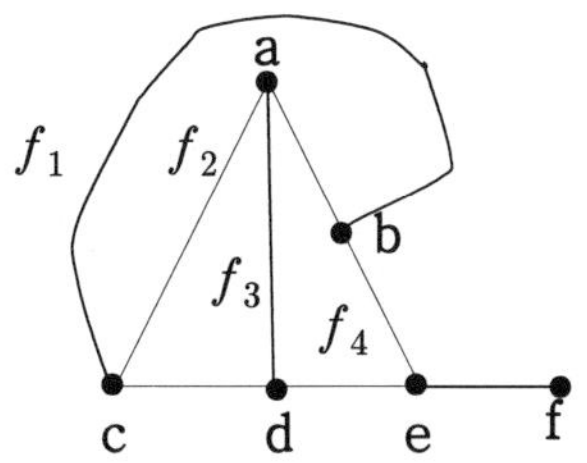

[그림 7-28] 면

풀이 면과 면의 차수의 정의를 이용한다.

f_1의 경계 : (b, c, d, e, f, e, b), deg(f_1)=6.

f_2의 경계 : (a, c, b, a), deg(f_2)=3.

f_3의 경계 : (a, c, d, a), deg(f_3)=3.

f_4의 경계 : (a, b, e, d, a), deg(f_4)=4.

정리 7-4-1. 오일러의 정리

연결된 평면그래프에서 정점의 수를 v, 간선의 수를 e, 면의 수를 f라 할 때 다음이 성립한다.

$$v - e + f = 2$$

증명 간선의 수 e에 대하여 수학적 귀납법을 이용한다.

P(n) : n은 간선의 수 n=e 이고, v-e+f=2를 만족하는 술어라 하자.

1. 기본단계 : e=1이면 (1) (2)

이다. 그러므로 (1)은 v=1, f=2 이고 (2)는 v=2, f=1이므로 v-e+f=2, P(1)이 성립한다.

2. 귀납가정 : n=k일 때, P(k)이 성립한다고 가정하자.

귀납단계 : n=k+1일 때 성립함을 보이자.

즉, 간선 1개를 추가하는 경우인데, 두 가지로 나누어 생각한다.

(1) 새로운 정점을 1개 추가하여 다른 간선과 교차하지 않도록 기존에 있던 정점과 연결하는 경우이다. 이 때, 간선과 정점은 증가하지만 면은 변하지 않으므로 (v+1)-(e+1)+f=2가 성립한다.

(2) 이미 그래프 내에 있는 두 정점 사이에 간선을 추가하여 연결하는 경우이다. 이 때, 추가된 간선은 다른 간선들과 교차하지 않아야 한다. 정점은 변하지 않고, 간선과 면은 1개씩 증가하므로 다음과 같다.

v-(e+1)+(f+1)=2. (1), (2)에서 모두 성립하므로 P(k+1)이 성립한다.

예제 20

정점의 수가 10이고 각 꼭짓점의 차수가 3인 연결된 평면그래프의 면의 수를 구하라.

풀이 차수의 합은 10 x 3=30이므로 변의 수는 e=30/2=15이다.

오일러 공식 v-e+f=2에서 f=7.

∴ 면의 수는 7이다.

정리 7-4-2. 오일러의 정리

연결된 단순 평면그래프(**다중그래프는 아님**) G=(V, E)에서 정점의 수를 v(v≥3), 간선의 수를 e라 할 때, 이들의 관계는 e≤3v-6 이다.

증명 (1) v=3이면 e≤3이므로 성립한다.

(2) v≥4일 때, 면의 차수의 총합은 2e, 면은 최소한 3개의 변을 포함하므로 3f≤2e이다. f=2-v+e.

3f≤2e ⇒ 3(2-v+e)≤2e.

∴ e≤3v-6.

예제 21

다음은 평면그래프가 아님을 보여라.

1. 완전그래프 K_5.
2. 완전 이분 그래프 $K_{3,3}$

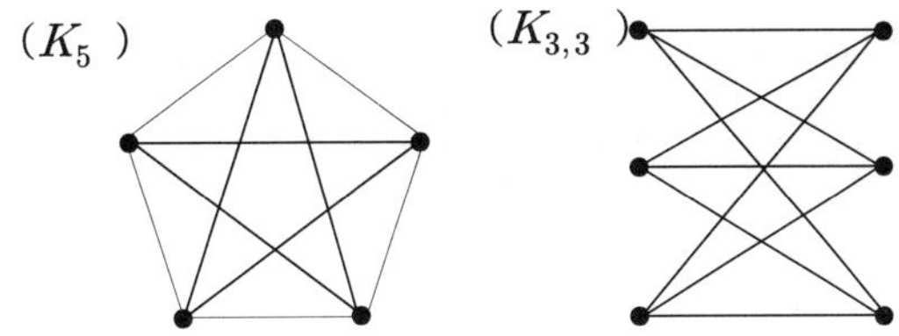

[그림 7-29] 그래프 K_5, $K_{3,3}$

풀이 정리 7-4-2를 이용한다.

1. v=5, $e = \dfrac{5(5-1)}{2} = 10$, e≤3v-6 ⇒ 10≰9이므로 평면그래프가 아니다.
2. v=6, e=9, 한 면은 최소한 4변을 포함하므로 4f≤2e가 성립한다.
   4f≤2e ⇒ 4(2-v+e)≤2e (∵v-e+f=2)
   ⇒ e≤2v-4, 9≰8이므로 평면그래프가 아니다.

이분그래프에는 삼각형이 존재할 수 없으므로 닫힌 영역이 생기려면, 최소한 4개의 간선이 그 영역을 둘러싸야 함으로 deg(f)≥4이다.

〈참고〉 f_i를 면, e를 간선의 수라고 할 때 : $\sum \deg(f_i) = 2e$.

(5) 정다면체

다음 경우의 정다면체는 평면그래프이다.

[표 7-1] 정다면체

정다면체	정사면체	정육면체	정팔면체	정십이면체
면의 모양	3각형	4각형	3각형	5각형
면의 개수	4	6	8	12
정점의 개수	4	8	6	20
변의 개수	6	12	12	30
v−e+f	2	2	2	2

유제 9

정육면체와 정팔면체는 평면그래프임을 그림으로 확인하여라.

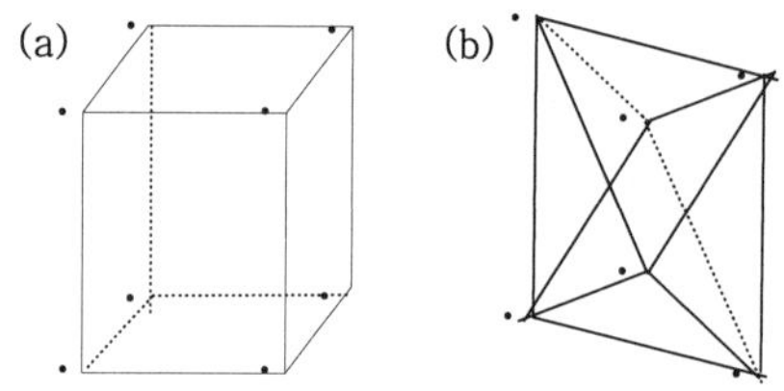

[그림 7-30] 정육면체와 정팔면체

7-5 그래프 착색

지도를 작성할 때, 인접해 있는 국가들은 서로 다른 색을 칠하여 쉽게 구분할 수 있도록 구성한다. 지도 채색 문제는 19세기 중반으로 거슬러 올라가며 다양한 형태로 활발한 연구 대상이 되어 왔다. 평면에 그려진 어떠한 지도도 4가지 색상으로 채색할 수 있음을 1976년 컴퓨터의 도움으로 밝혀졌다. 그래프 G를 착색하는 방법은 2가지가 있다. 하나는 **간선착색**이고 다른 하나는 **정점착색**이 있다.

정의 7-5-1. 그래프 착색(graph coloring)

그래프 G에서 인접한 정점이 서로 다른 색을 가지도록 k 가지 색으로 구별할 수 있으면 G는 **k색 가능**이라고 하고, G를 착색하는데 필요한 최소 색의 가짓수를 **착색 수**(chromatic number)라고 한다.

그래프 G의 착색에 대하여, 다음 몇 가지를 정리하여 보자.

- 1. 길이 짝수인 모든 순환은 2색 가능하다.
- 2. 길이 홀수인 모든 순환은 3색 가능하다.

⋯▸ 3. 완전 그래프 K_n의 착색 수는 n가지이다.

⋯▸ 4. 이분그래프는 2색 가능하다.

예제 22

[그림 7-31]에 나타난 다음 지역을 구별하여라.

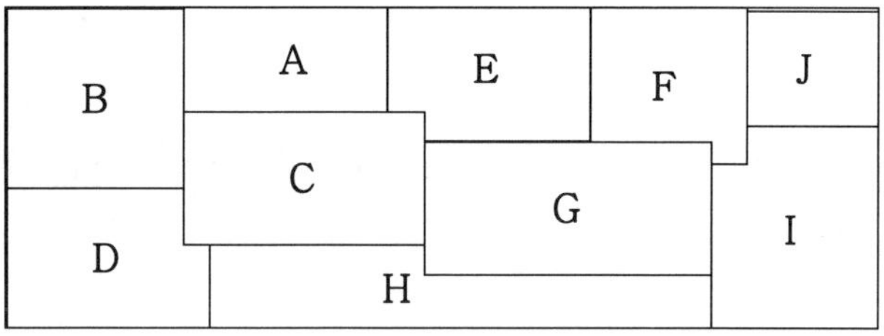

[그림 7-31] 임의의 지역

풀이 평면그래프를 그린다. A, B, C, ⋯, J를 정점으로 하여 간선을 이으면 [그림 7-32]이 된다. 정점의 차수는 큰것부터 차례로 다음과 같다.

deg(C)=6, deg(G)=5, deg(H)=4, deg(F)=4, deg(E)=4, ⋯, deg(J)=2.

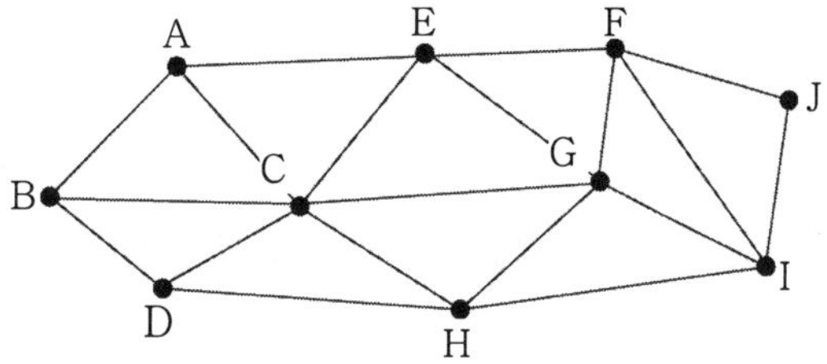

[그림 7-32] 그래프

정점의 차수가 가장 큰 정점 C와 인접하지 않은 점 I을 택하여 하나의 색인 푸른색(B)을 칠한다. 다음으로 정점 H를 택하고 인접하지 않은 정점 B, E, J를 택하여 또 다른 하나의 색인 노란색(Y)을 칠한다. 이런 순서로 정점 A와 D, F를 택하고 나면 나머지 정점 G가 남는다. 각각의 색은 붉은색(R)과 초록색(G)이다.

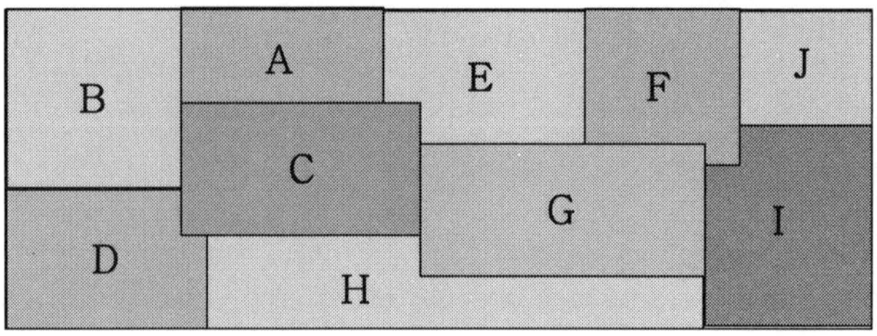

[그림 7-33] 그래프 착색

위의 [예제22]는 Welch Powell의 알고리즘을 이용한 것이다. 이제 그래프 G가 평면그래프가 아닌 경우의 채색방법으로 Welch Powell의 알고리즘에 의해 해결할 수 있는데, 그 과정은 다음과 같다.

- 1. 그래프 G정점의 차수를 조사한 다음 내림차순으로 나열한다.
- 2. 나열된 첫 번째 정점을 첫 번째 색으로 채색한다.
- 3. 이 정점과 이웃하지 않는 정점들을 선정하여 두 번째 색으로 채색한다.
- 4. 위의 과정을 그래프 G의 모든 정점이 선정될 때까지 반복한다.

예제 23

다음 그래프 G를 Welch Powell의 알고리즘을 이용하여 착색하여라.

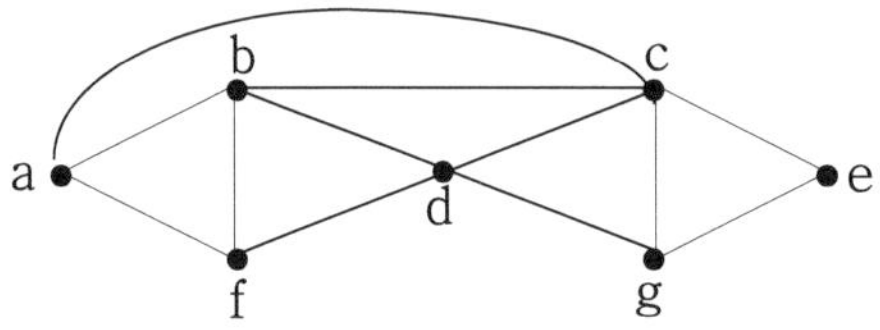

[그림 7-34] 그래프 G

풀이 각 정점의 차수는 다음과 같다.

deg(a)=3, deg(b)=4, deg(c)=5, deg(d)=4, deg(e)=2, deg(f)=3 deg(g)=3.

1. 정점 c와 인접하지 않은 정점 f에 붉은색(R)을 칠한다.
2. 정점 b와 인접하지 않는 정점 g에 노란색(Y)을 칠한다.
3. 나머지 정점 a, d, e에 초록색(G)를 칠한다.

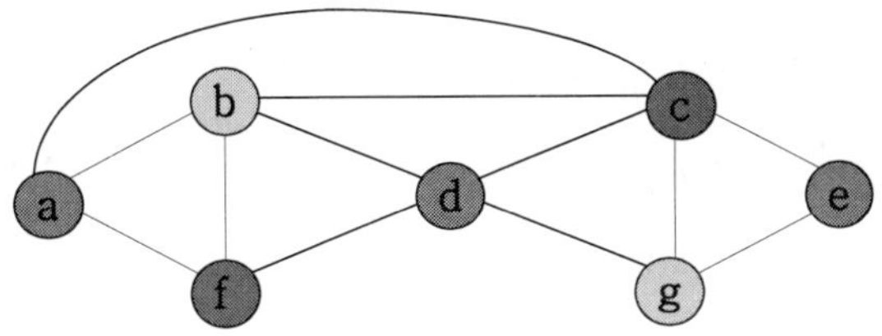

[그림 7-35] 그래프 착색

〈참고〉 과정 2.에서 b, g 대신 b, e를 선택할 경우 4색으로 칠해진다.

유제 10

다음 그래프 G를 착색하여라.

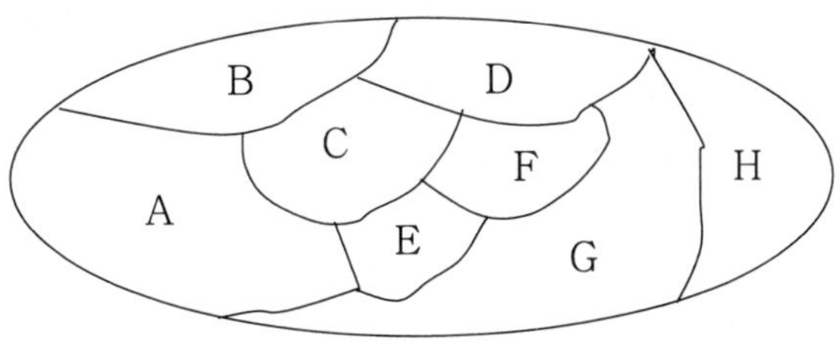

[그림 7-36] 그래프 G

7-6 그래프 탐색

그래프 탐색은 그래프 안에 어떤 정점들이 있는지 알고 싶을 때 사용한다. 그래프의 정점에 자료를 저장해 두었을 때 그 자료를 찾아야 하는 경우 모든 정점들을 방문해야 한다. 이러한 경우에 모든 정점들을 체계적으로 방문하는 것이 필요한데, 이것을 그래프 탐색(graph traversal)이라 한다.

정의 7-6-1. 그래프 탐색(graph traversal)

1. 깊이우선탐색 : DFS(Depth First Search)
2. 너비우선탐색 : BFS(Breath First Search)

(1) 깊이우선탐색 방법은 다음 순서에 따라 정리할 수 있다. 그래프 G=(V, E)를 탐색할 때, 집합을 T라고 하자.

⋯→ 1. G의 정점 S를 택하여 출발점으로 한다. T={S}로 둔다.
⋯→ 2. S에 인접한 정점 중에서 방문되지 않은 정점 Y을 택한다. T={S, Y}로 둔다.
⋯→ 3. 다시 Y로부터 탐색을 시작하여 인접한 정점 U을 방문한다. T={S, Y, U}로 둔다.
⋯→ 4. 정점 U에 인접한 모든 정점들이 이미 방문된 경우에는 정점 U이전에 마지막으로 방문된 정점 Y로 되돌아가서 단계 (3)의 과정을 반복한다.
⋯→ 5. 모든 정점을 방문한 후 탐색은 종료한다.

깊이우선탐색(DFS)에서 선택해야 할 정점들이 여러 개일 경우는 순서대로 선택하여 방문하는 것을 원칙으로 한다.

예제 24

[그림 7-37]에 나타난 그래프 G=(V, E)에서 정점 a부터 시작하여 DFS로 방문할 때, 방문순서를 나열하여라.

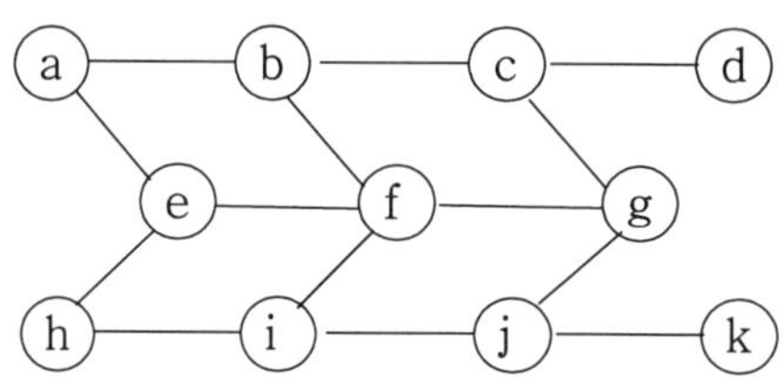

[그림 7-37] 그래프 G

풀이 위의 탐색순서를 이용한다.

1. T={a}, 다음 b, e중에서 b를 선택, T={a, b}로 둔다. c, f중 c를 선택 T={a, b, c}로 둔다. d에 인접하면서 T에 포함되지 않은 정점은 없으므로 다시 c로 되돌

아가서 c에 인접한 g를 택한다.

2. T={a, b, c, d, g}로 둔다. g에 인접한 f, j중에서 f를 택한다. T={a, b, c, d, g, f}로 둔다. e, i중 e를 선택하여 T={a, b, c, d, g, f, e}로 둔다.
3. e에 인접하면서 T에 포함되지 않은 정점은 h밖에 없다. T={a, b, c, d, g, f, e, h}로 둔다. 같은 방법을 계속하여 반복해 간다. T={a, b, c, d, g, f, e, h, i, j}.

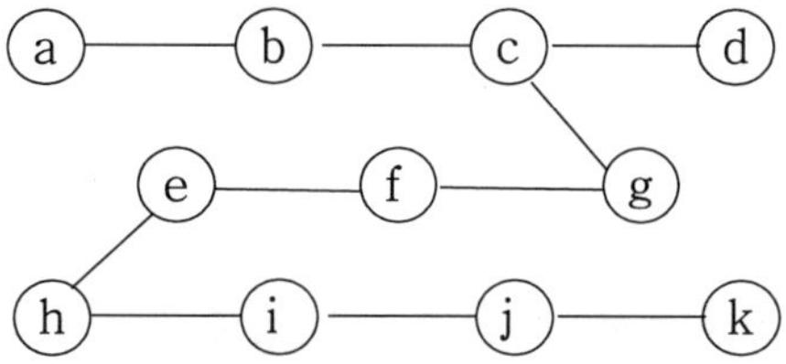

[그림 7-38] 깊이우선 탐색

(2) 너비우선탐색은 깊이우선탐색과는 달리 처음에 방문한 정점과 인접한 정점들을 차례로 방문한다는 점에서 다르다. 너비우선방법(BFS)은 다음순서와 같다. 그래프 G를 탐색하는 방법에서 T는 방문한 정점들의 집합이라 하자.

- 1. G의 정점 S를 출발점으로 하고 T={S}로 둔다.
- 2. S에 인접한 정점 중에서 방문되지 않은 모든 정점 {X, Y, …}들을 차례로 방문 한다. 그리고 T={S, X, Y, … }로 둔다.
- 3. 다시 정점 X로부터 탐색을 시작한다. 정점 X에 인접한 정점 중에서 T에 포함되지 않은 정점 {U, V, …}들을 차례로 방문하고 T={S, X, Y, …, U, V, …} 로 둔다.
- 4. 단계 (3)을 계속 반복하여 모든 정점들이 방문되었을 때, 탐색은 종료된다.

예제 25

[그림 7-37]에 나타난 그래프 G=(V, E)에서 정점 a부터 시작하여 너비우선탐색[BFS]으로 방문할 때, 방문순서를 나열하여라.

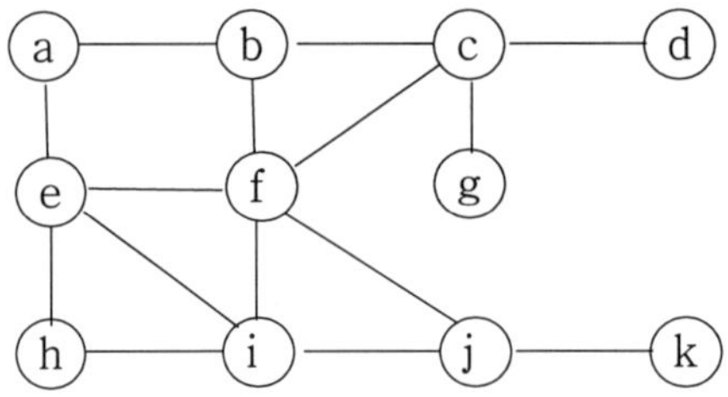

[그림 7-39] 그래프G

풀이 너비우선탐색을 이용한다.

1. T={a}, a에 인접한 b, e를 선택하여 T={a, b, e}로 둔다.
2. 알파벳 순서에 따라 b에 인접한 c, f를 선택하여 T={a, b, e, c, f}로 둔다. 또한, e에 인접한 h, i를 선택하여 T={ a, b, e, c, f, h, i}로 둔다.
3. 새로 포함된 c, f, h, i에서 알파벳 순서에 따라 c에 인접한 d, g를 택하여 T={a, b, e, c, f, h, i, d, g}로 둔다. 계속하여 f에 인접한 j를 선택하여 T={a, b, e, c, f, h, i, d, g, j}로 둔다.
4. 이제 j 에 인접한 k뿐이다. 따라서 너비 우선방식의 방문순서는 다음과 같다.
   T={a, b, e, c, f, h, i, d, g, j, k}.

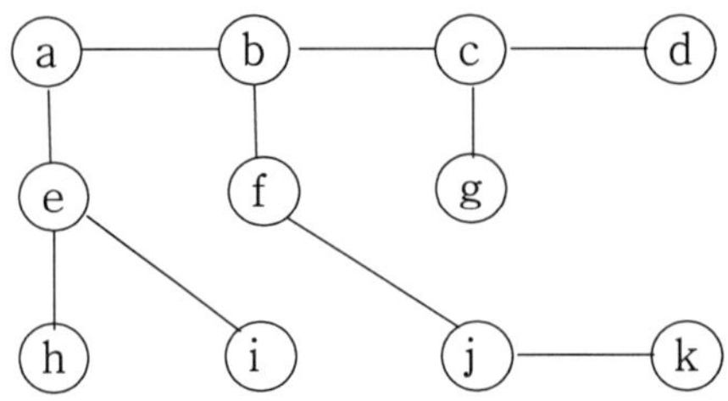

[그림 7-40] 너비우선탐색

유제 11

다음 물음에 답하여라.

1. 예제 24의 [그림 7-37]에 나타난 그래프 G에서 출발점을 a로부터 출발하여 너비 우 선탐색으로 방문할 때, 방문순서를 나열하고 그림으로 나타내어라.
2. 예제 25의 [그림 7-37]에 나타난 그래프 G에서 출발점을 a로부터 출발하여 깊이 우선 탐색으로 방문할 때, 방문순서를 나열하고 그림으로 나타내어라.

이산수학 연습문제

1. 아래의 그래프를 그림으로 표현하여라.

G=(V, E)

V={1, 2, 3, 4}

E={a, b, c, d, e}={(1,2),(4,3),(2,4),(1,2)}

2. 다음 그래프에서 정점의 집합 V와 간선의 집합 E를 구하여라.

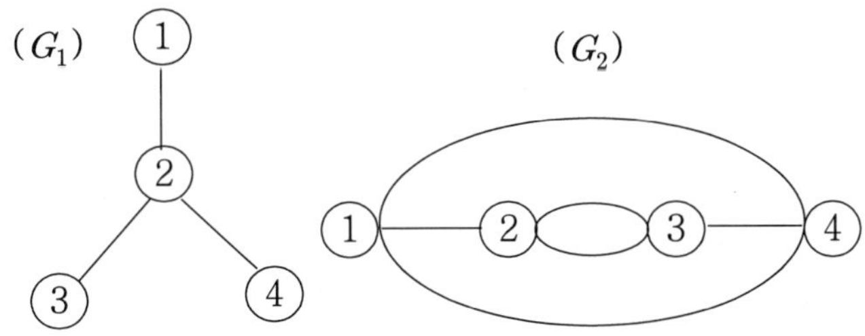

[그림 7-41]

3. [예제5]의 [그림 7-4]에 나타난 그래프 G의 각 정점에서의 차수를 구하여라.

4. 어느 그래프에서 정점의 차수의 총합이 150일 때, 그 그래프는 몇 개의 간선이 있는가?

5. 다음 그래프의 인접행렬을 구하여라.

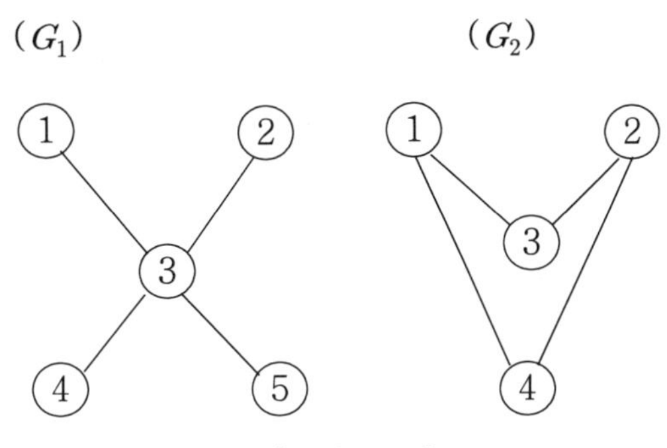

[그림 7-42]

6. 다음 인접행렬을 그래프로 나타내고 인접리스트를 만들어라.

$$M=\begin{pmatrix}1\,1\,1\,1\\1\,1\,1\,1\\1\,1\,1\,1\\1\,1\,1\,1\end{pmatrix}$$

7. [그림 7-31]에 나타난 그래프에서 다음 물음에 답하여라.

(1) 정점 c를 제거했을 때의 부분그래프를 그려라.

(2) 간선 (A, E), (C, H), (B, D)를 제거했을 때의 부분 신장그래프를 그려라.

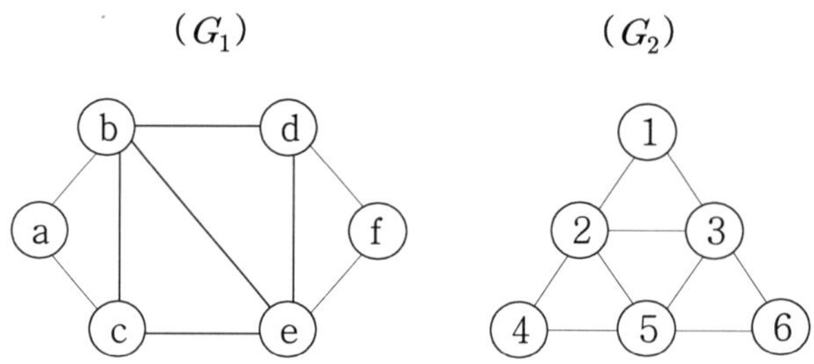

[그림 7-43]

8. 다음 그래프는 동형인지를 판별하여라.

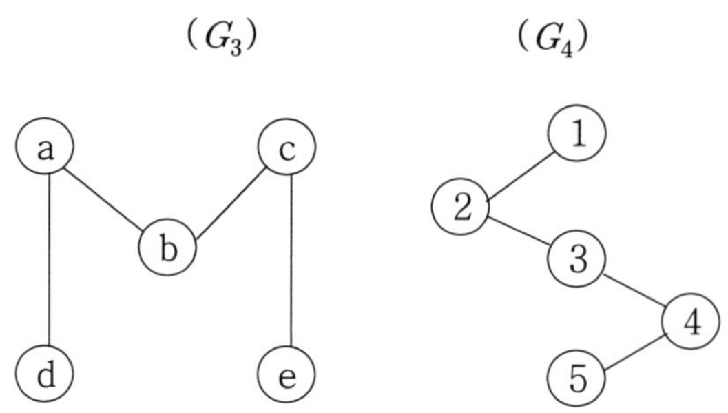

[그림 7-44]

9. [그림 7-32]의 그래프를 보고 다음과 같이 표현했을 때, 이들이 경로, 단순경로, 순환, 단순순환인지를 판별하고 그 길이를 구하여라.

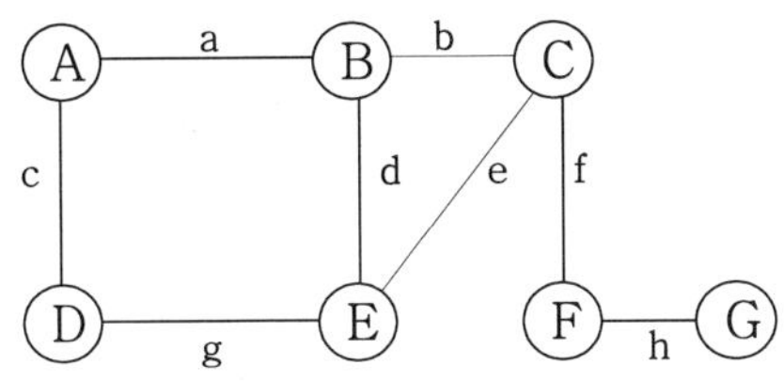

[그림 7-45]

(1) (A, B, C, E, B, D, E F)

(2) (B, C, E, D, B)

(3) (c, a, b, e, g)

10. 다음 그래프에서 오일러 그래프인지를 판단하고 오일러 그래프이면 그 순환을 찾아라.

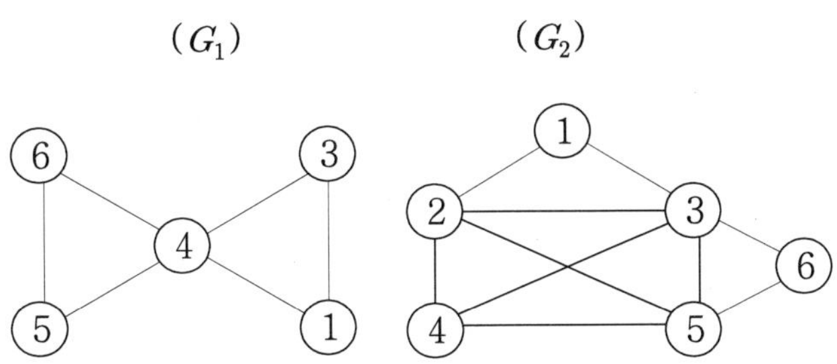

[그림 7-46

11. 다음 [그림 7-35]에 나타난 그래프를 Welch Powell의 알고리즘을 이용하여 착색하여라.

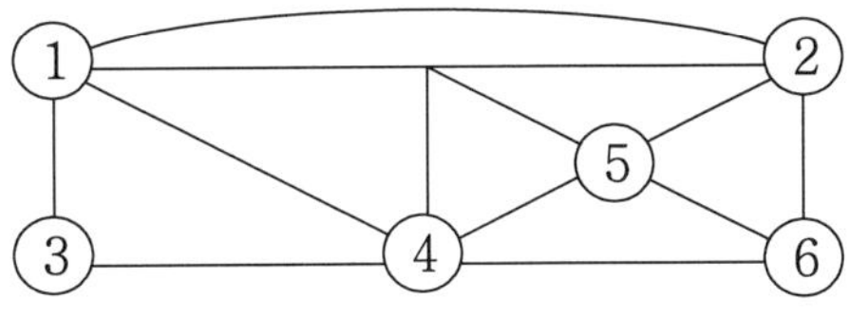

[그림 7-47]

12. 다음 [그림 7-36]에 나타난 그래프에서 정점 A부터 시작하여 너비우선 탐색과 깊이우선탐색 방법으로 방문할 때, 방문하는 정점의 순서를 나열하고 그림으로 나타내어라.

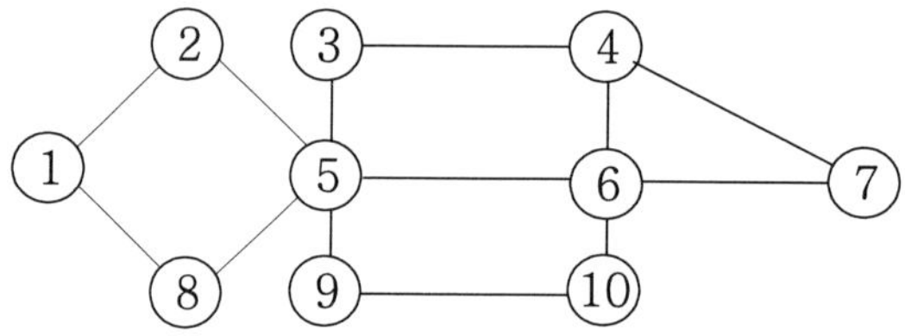

[그림 7-48]

CHAPTER 8

트리(tree)

우리는 앞장에서 그래프이론을 접하였다. 그래프이론의 연속으로 트리라고 하는 특수한 형태의 그래프에 초점을 두고자 한다. 트리는 1847년 키르히호프에 의하여 그의 전자회로 작업에 최초로 이용되었고, 트리의 명칭은 케일리(Arther Cayley : 1821-1895)에 의하여 붙혀졌다.

이 장에서는 신장트리, 근트리, 이진트리, 이진트리의 순회 그리고 이진 탐색트리 및 트리의 표현 등에 관하여 다루겠다.

8-1 트리와 신장트리

트리구조는 컴퓨터 구조에서 인공지능 분야의 문제해결, 검색기법, 컴퓨터 내부구조, 게임이론 등 다양하게 이용되고 있다. 간단한 예로써 학교 기숙사에 있는 모든 방에 케이블을 설치하는 경우 케이블의 길이를 가장 효율적으로 설치하는 방법 등이 트리를 접하는 목적이기도 하다.

8-1-1 트리의 정의와 정리

이절에서는 트리에 대한 기본용어와 정의 및 정리에 관하여 다루겠다. [정의 8-1-1]에 사용된 트리의 3가지 조건은 서로 동치이다. 증명은 연습문제에서 다루겠다.

정의 8-1-1. 트리(tree)

다음 3가지 조건 중 하나를 만족하는 그래프를 트리라고 한다.
1. 순환을 갖지 않는 연결그래프.
2. 어느 변을 제거해도 비 연결 그래프가 되는 연결그래프.
3. 서로 다른 두 꼭짓점 사이에 유일한 단순경로가 존재하는 그래프.

예제 1

다음 [그림 8-1]에 나타난 그래프 (a), (b), (c)는 트리인지를 판별하여라.

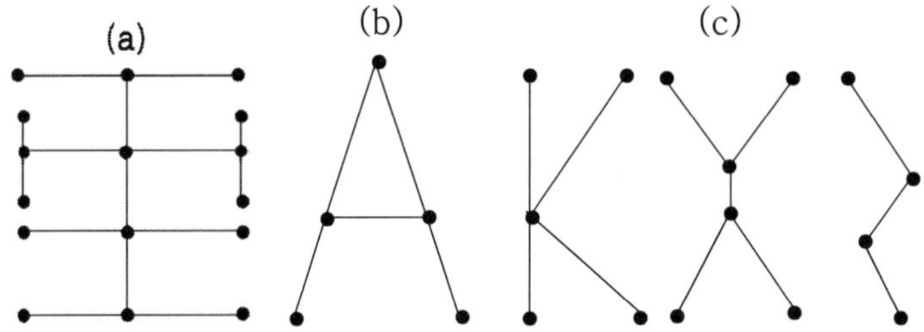

[그림 8–1] 그래프 (a), (b), (c).

풀이 정의 8-1-1을 이용한다.

(a) 순환이 없는 연결그래프이므로 트리이다.
(b) 순환이 있으므로 트리가 아니다.
(c) 각각의 그래프는 순환이 없지만 연결이 아니므로 트리가 아니다.

유제 1

다음 그래프는 트리인지를 판별하여라.

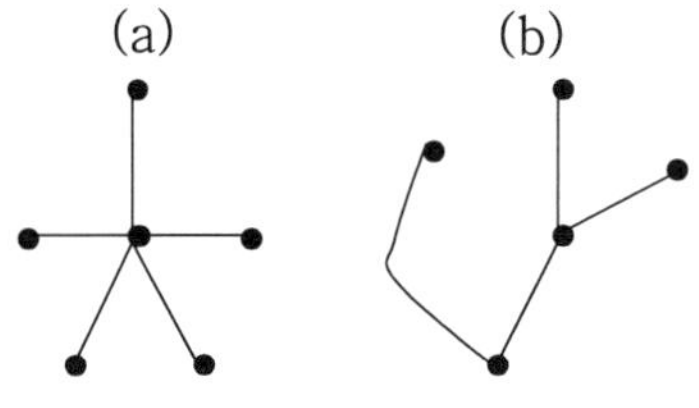

[그림 8–2] 그래프 (a), (b).

위의 [예제1]에서 (c)의 경우 그래프의 각각은 연결그래프이지만 그래프 전체는 연결이 아닌 트리들의 집합을 숲(forest)이라 한다. 지금부터 트리는 T=(V, E)와 같이 표현하겠다.

정리 8-1-1. 트리의 성질

트리 T=(V, E)의 임의의 두 정점을 u, v라 하자. 두 정점 u, v 사이에는 유일한 경로가 T내에 존재한다.

증명 1) 트리의 정의 8-1-1에 의하여 명백하다.

2) 트리 T의 정의에 의하여 T는 연결그래프이고 어떤 순환도 갖고 있지 않다. 따라서 T의 어떤 두 정점에 대해서도 이 사이에는 경로가 존재한다. 이 두 정점사이에 경로가 또 하나 존재한다면 이 정점사이에는 순환이 존재하게 되어 정의에 모순이 된다. 즉, u, v사이에는 유일한 경로가 T내에 존재하게 된다.

이제 트리의 특성을 정리하면 다음과 같다. 정점 n개(n≥1)의 무방향그래프 G에서 다음 조건들은 동치이다.

1. G는 연결되어 있고, 순환이 없다.
2. G는 순환이 없고, (n–1)개의 간선을 가진다.
3. G는 연결되어 있고, (n–1)개의 간선을 가진다.
4. G는 인접하지 않은 두 개의 정점을 연결하는 간선을 추가하면 꼭 하나의 순환이 형성된다.
5. G가 연결되어 있으나 G에 있는 임의의 한 간선을 제거하면 비 연결 그래프가 된다.
6. G에 있는 임의의 두 정점 사이에는 오직 하나의 경로가 존재한다.

예제 2

그래프 G=(V, E)의 정점이 12개로 구성된 트리가 있다. 다음 물음에 답하여라.

1. 이 트리에는 몇 개의 간선이 존재하는가?
2. 이 트리에서 임의의 간선 2개를 제거했을 때, 연결그래프는 몇 개로 되는가?

풀이 위의 정리를 참고한다.

1. 간선의 개수=정점의 수-1=11개.
2. 연결그래프는 3개로 분리된다.

유제 2

30개의 간선으로 구성된 어떤 트리가 있다. 이 트리에서 임의로 1개의 간선만을 추가하면 몇 개의 순환이 생기는가?

8-1-2 신장트리

그래프 G=(V, E)의 모든 정점을 포함하면서 간선은 E의 부분집합으로 구성된 부분그래프가 신장 부분 그래프라는 사실은 이미 앞장에서 언급 하였다. 이런 신장 부분 그래프 중에서 트리인 것을 **신장트리**(spanning tree) 또는 생성트리라고 한다.

예제 3

다음 [그림 8-3]에 나타난 그래프 G에서 생성트리를 만들어라.

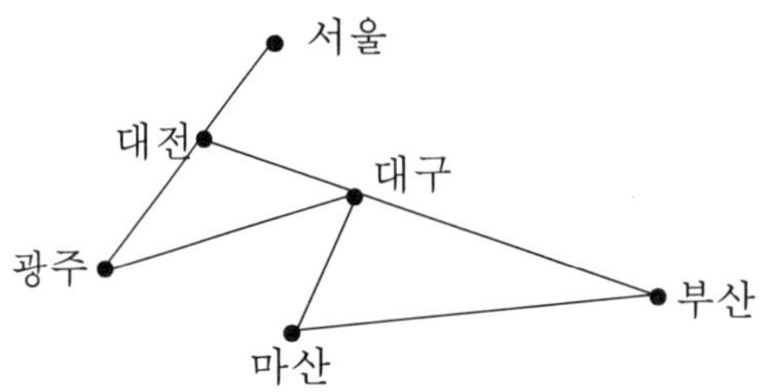

[그림 8-3] 그래프 G.

풀이

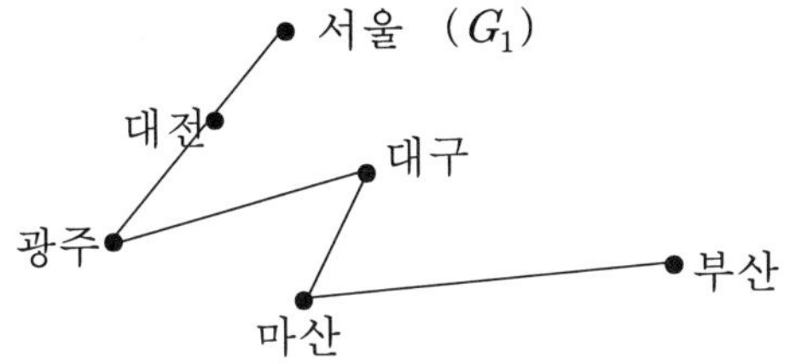

[그림 8-4] 생성트리 G_1, G_2.

예제 4

다음 [그림 8-5]의 그래프 G를 다음 조건에 따라 신장트리를 만들어라.

1. 너비우선탐색을 이용하여라.
2. 깊이우선탐색을 이용하여라.

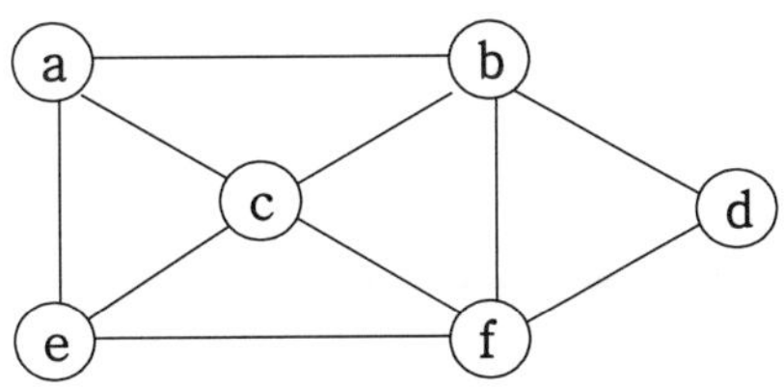

[그림 8-5] 그래프G.

풀이 [그림 8-6]의 (a)는 너비우선 탐색한 신장트리이고, (b)는 깊이우선 탐색 신장트리이다.

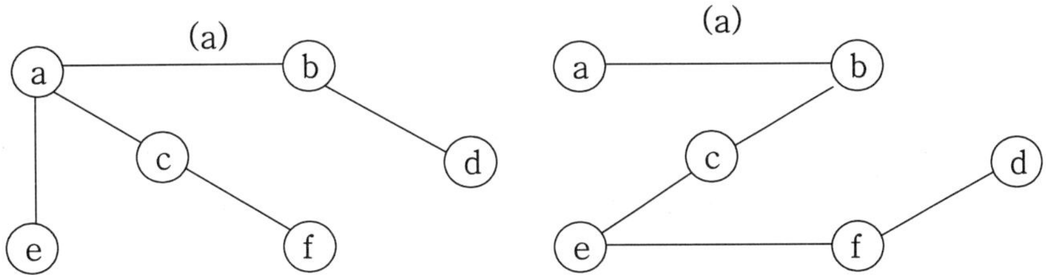

[그림 8-6] 신장트리 (a), (b).

도로망을 그래프로 표현할 때 각 도로의 거리를 나타내어 표시하는 것이 필요하다. 가중그래프(weight graph)는 각 간선에 가중치를 할당한 그래프를 말하며, 여기서 가중치는 거리, 시간, 비용 등을 나타낸다.

가중그래프에서 간선에 표시된 가중치의 총합인 전체의 가중치가 최소가 되도록 모든 정점을 연결한 그래프를 최소신장트리라고 한다.

정의 8-1-2. 최소(비용)신장트리(minimal spanning tree)

모든 정점들을 가장 적은 수의 간선과 비용으로 연결하는 신장트리를 말하며, 간선에는 가중치(weight) 값이 있고, 각 간선이 가지고 있는 가중치 값이 최소가 되는 신장트리이다.

최소신장트리를 구하는 방법으로 다음 두 가지 크루스칼의 방법(Kruskal algorithm)과 프림의 방법(Prim' s algorithm)이 있다.

프림(Prim)의 방법

연결그래프 G에서 최소신장트리 T=(V, E)를 구하는 방법은 다음과 같다.

[1단계] 시작 : G의 임의의 정점 a을 선택, T의 정점 V={a}, E=∅으로 놓는다.

[2단계] 이 정점에서 다른 정점으로 갈수 있는 최소 비용의 정점을 선택한다. T가 G의 모든 정점을 포함하면 끝낸다.

[3단계] 아니면 새로운 간선을 찾는다. V에 속하는 정점과 V에 속하지 않는 정점을 연결하는 간선을 찾는다. 그러한 간선 중 최소가중치를 가진 간선과 정점을 선택하여 T의 V와 E에 포함시킨다. G=∅일 때까지 [2단계]로 돌아간다.

예제 5

다음 [그림 8-7]에 나타난 가중 그래프 G를 Prim의 방법을 이용하여 최소신장트리를 구하여라.

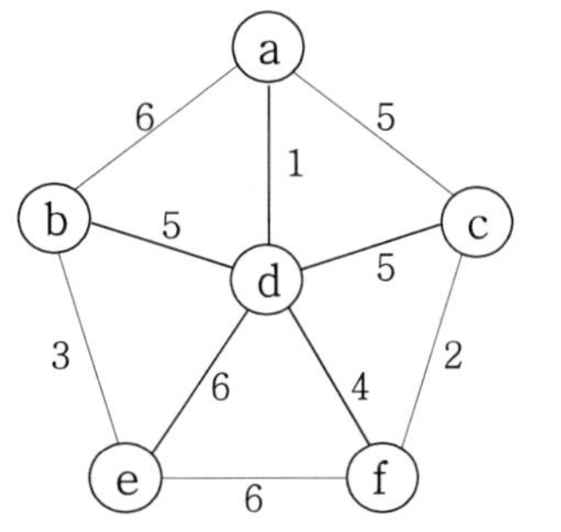

[그림 8-7] 가중 그래프 G.

풀이 다음과 같다.

1. 정점 a를 선택 트리T에 놓는다. V={a}
2. a에 연결된 b, c, d중에서 최소가중치를 가진 d를 선택 T에 연결한다. V={a, d}
3. V={a, d}에 연결된 b, c, e, f중에서 f를 선택 T에 연결한다. V={a, d, f}
4. V={a, d, f}에 연결된 b, c, e중에서 c를 선택 T에 연결한다. V={a, d, f, c}
5. V={a, d, f, c}에 연결된 b, e중에서 b를 선택 T에 연결한다. V={a, d, f, c, b}
6. 이제 남은 정점 e와 연결하고 종료한다. V={a, d, f, c, b, e}.

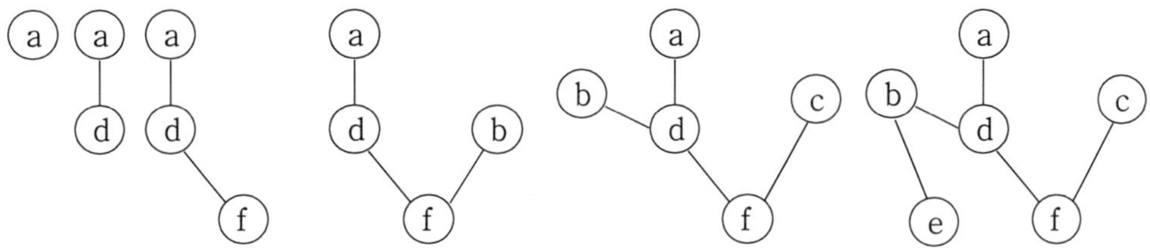

[그림 8-8] Prim의 방법

크루스칼(Kruskal)의 방법

[1단계] : 모든 간선을 가중치에 따라 오름차순으로 정렬한다.

[2단계] : 가중치가 낮은 간선부터 선택하면서 트리를 만든다. 만약 순환이 존재하면 다음 가중치가 낮은 간선을 선택한다.

[3단계] : N개의 정점이 있다고 가정할 때 (N-1)개의 간선이 선택될 때까지 단계 2를 반복한다.

예제 6

다음 [그림 8-9]에 나타난 그래프 G를 크루스칼(Kruskal) 방법을 이용하여 최소신장 트리를 구하여라.

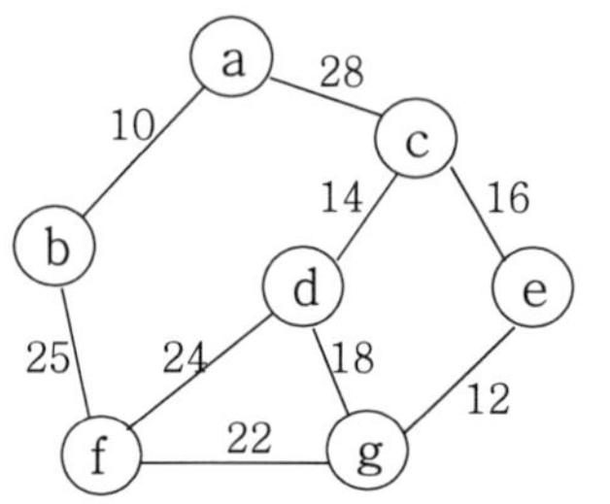

[그림 8–9] 그래프 G.

풀이 [그림 8-10]과 같다.

1. 먼저 정점만 생각한다. 그림(1)
2. 가중치가 10, 12, 14인 간선 (a, b), (e, g), (c. d)을 차례로 택한다. 그림 (2), (3), (4).
3. 남아있는 간선중 가중치가 16인 가장 작은 간선 (c, e)을 택한다. 그림(5).
4. 다음으로 가중치가 22인 가장 작은 간선 (g, f)을 택한다. 그림(6).
5. 마지막으로 가중치가 25인 가장 작은 간선 (b, f)를 택한다. 그림(7).

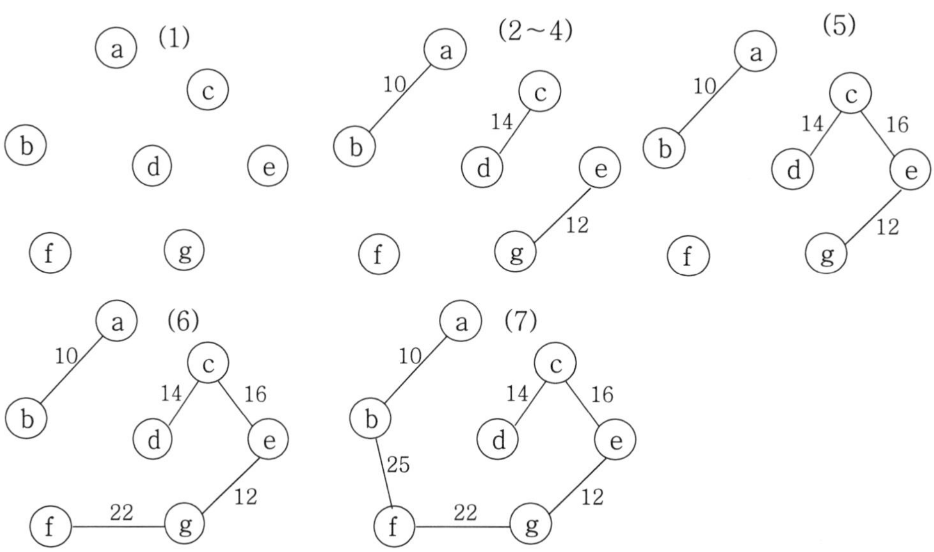

[그림 8–10] 크루스칼 방법

유제 3

다음 [그림 8-7]와 [그림 8-9]의 그래프에서 최소생성트리를 구하여라.

1. [그림 8-7]은 크루스칼(Kruskal)의 방법을 이용하여라.
2. [그림 8-9]는 프림(Prim)의 방법을 이용하여라.

8-2 근 트리(rooted trees)

그래프 G=(V, E)에서 정점의 집합 V의 원소들을 정점이라고 불렀는데, 지금부터는 노드(node)라고 부르기로 한다. 트리 T의 시작노드로서 일반적으로 트리의 가장 높은 곳에 위치한 노드를 **근(root)노드**라고 하며, 이 때 T를 **근 트리(rooted tree)**라고 한다.

정의 8-2-1. 근 트리(rooted tree)

근 트리 T는 다음의 조건을 만족하는 1개 혹은 그 이상의 노드를 가지는 유한집합이다.

1. 근이라고 하는 특정한 노드가 1개 있다.
2. 근 노드를 제외한 나머지 노드는 m(≥0)개의 서로 다른 부분집합 T_1, T_2, ⋯, T_m으로 분리되며, 각 집합 $T_i(i=1,2,\cdots,m)$는 또 다른 트리를 이룬다.

위의 정의에서 부분집합(disjoint subset) T_1, T_2, ⋯, T_m는 근 트리의 **부분트리**(subtree)라고 부른다. 그리고 한 개의 노드만 구성된 트리를 **퇴화된 트리(degenerate tree)**라고 한다.

예제 7

[그림 8-11]에서 (a)는 근 트리이다. 다음 물음에 답하여라.

1. (a)의 부분트리는 몇 개이며, 무엇인가?

2. (d)의 부분트리는 몇 개이며, 무엇인가?

3. (k)의 부분트리는 몇 개이며, 무엇인가?

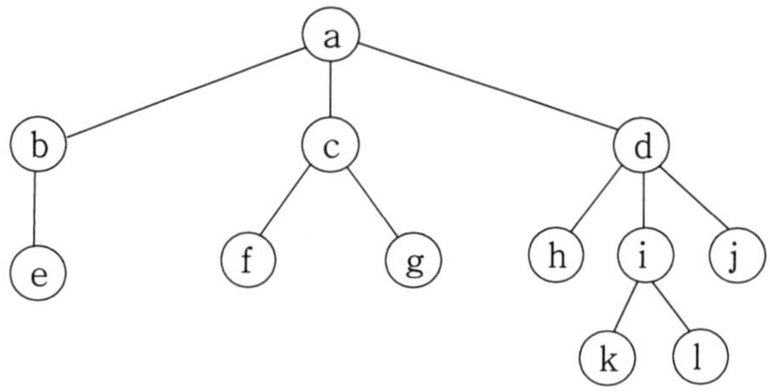

[그림 8–11] 근 트리

풀이 정의 8-2-1을 이용한다.

1. (a)의 부분트리는 (b, e), (c, f, g), (d, h, *i*, j, k, l)의 3개이다.
2. (d)의 부분트리는 {h}, {i, k, l}, {j}의 3개이다.
3. (k)의 부분트리는 없다.

지금부터 트리에 사용되는 용어를 보다 쉽게 이해하기 위하여 [그림 8-11]의 트리를 예를 들어 정리하면 다음과 같다.

1. **근 노드(root node)** : T의 시작노드로서 가장 높은 곳에 위치한 노드(a)
2. **차수(degree)** : 차수에는 노드의 차수와 트리의 차수가 있다.
   * 노드의 차수 : 노드가 가지는 부분트리의 개수.
   * 트리의 차수 : 트리를 이루고 있는 각 노드의 차수 중 최댓값이다.

[그림 8–11]에 나타난 트리의 각 노드의 차수는 [표 8–1]이다.

[표 8–1] 각 노드의 차수

노드	a	b	c	d	e	f	g	h	i	j	k	l
차수	3	1	2	3	0	0	0	0	2	0	0	0

3. **잎 노드(leaf node)** : 차수가 0인 노드(단말 노드 : terminal node)

   [예 : e, f, g, h, j, k, l]

4. **비 단말 노드(non-terminal node)** : 차수가 0이 아닌 노드(내부노드)
   [예 : a, b, c, d, i]
5. **자식노드(children node)** : 어떤 노드에 연결된 부분트리의 근 노드
   [예 : a의 자식노드는 b, c, d이고, b의 자식노드는 e, e의 자식노드는 없다.]
6. **부모노드(parent node)** : 어떤 부분트리의 근 노드.
   [예 : b, c, d의 부모노드는 a, e의 부모는 b, k, l의 부모는 i이다.]
7. **형제노드(brothers node)** : 동일한 부모노드에 연결된 노드.
   [예 : b, c, d는 형제노드이고, f, g도 형제노드이며, e는 형제노드가 없다.]
8. **조상노드(ancestor node)** : 근 노드로부터 그 노드에 이르는 경로에 나타난 모든 노드.
   [예 : e의 조상노드는 b, a이고, l의 조상노드는 i, d, a이다.
9. **자손노드(descendant node)** : 임의의 노드로부터 잎 노드에 이를 때까지 경로에 있는 모든 노드.
   [예 : b의 자손노드는 e이고, d의 자손노드는 h, i, j, k, l이다.]
10. **레벨(level)** : 근 노드의 레벨을 1로 정하고, 자손노드로 내려가면서 1씩 증가한다.
    [예 : 노드 a의 레벨은 1이고, b, c, d의 레벨은 2이고, e, f, g, h, i, j의 레벨은 3이며, k, l의 레벨은 4이다.]
11. **깊이(depth : height)** : 트리를 이루고 있는 각 노드의 레벨 중에서 최댓값을 말한다. 즉, k, l의 레벨이 가장 큰 4이므로 이 트리의 깊이는 4이다.
12. **숲(forest)** : 서로 교차하지 않는 트리들의 집합. 근 노드 a를 제거하면 3개의 트리를 가진 숲을 얻을 수 있다.

예제 8

트리 T가 [그림 8-12]에 나타나 있다. 다음 물음에 답하여라.

1. 근 노드는 어느 것인가?
2. 노드 a의 부분트리는 몇 개이며, 무엇인가?
3. 노드 h의 부분트리는 몇 개이며, 무엇인가?
4. 노드 b의 차수는 얼마인가?
5. 잎 노드는 무엇인가?
6. 노드 h의 부모노드는 무엇인가?
7. 노드 j의 조상노드는 무엇인가?

8. 노드 g의 레벨은 얼마인가?
9. 트리의 깊이는 얼마인가?

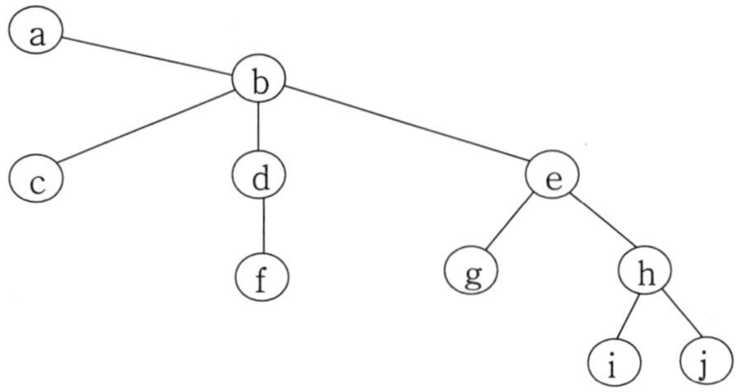

[그림 8-12] 트리 T.

풀이 다음과 같다.

1. 근 노드는 {a}이다.
2. 노드 a의 부분트리는 {b}이므로 1개이다.
3. 노드 h의 부분트리는 {i}, {j}의 2개이다.
4. 노드 b는 3개의 부 트리를 가지므로 차수는 3이다.
5. 잎 노드는 차수가 0이므로 {c}, {f}, {g}, {i}, {j}이다.
6. 노드 h의 부모노드는 e이다.
7. 노드 j의 조상노드는 {h}, {e}, {b}, {a} | 이다.
8. 노드 g의 레벨은 4이다.
9. 트리의 깊이는 5이다.

유제 4

트리 T가 [그림 8-13]에 나타나 있다. 다음 물음에 답하여라.

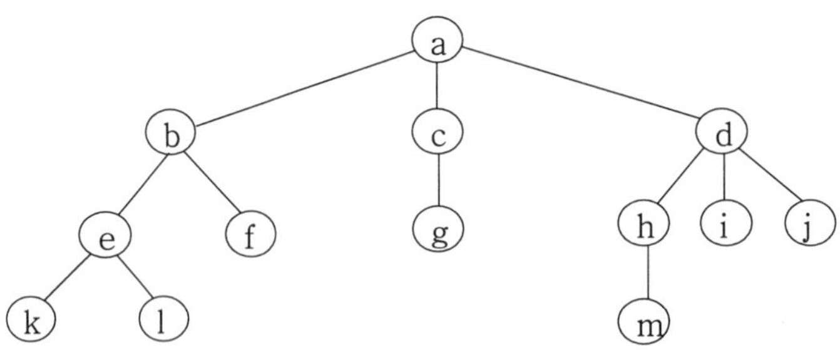

[그림 8-13] 트리 T.

1. b의 부 트리는 몇 개인가?
2. 비 단말노드를 구하여라.
3. h의 부모노드를 구하여라.
4. j의 조상노드를 구하여라.

유제 5

트리 T가 [그림 8-13]에 나타나 있다. 다음 물음에 답하여라.

1. 이 트리의 차수를 구하여라.
2. d의 자식노드를 구하여라.
3. b의 자손노드를 구하여라.
4. 이 트리의 깊이(높이)를 구하여라.

일반적으로 근 트리에서 노드의 차수라고 하면 진출차수(out degree)를 말함이다. 또, 각 노드의 자식노드들의 순서가 어떤 새로운 상황을 나타낼 수 도 있다. 예를 들어 각 노드의 자식들이 왼쪽에서부터 오른 쪽으로 순서를 가지며, 그 순서가 중요한 의미를 가지는 트리를 **순서트리**(ordered tree)라고 하며, 트리에서 모든 노드의 차수가 m과 같거나 작으면 이 트리를 **m항 트리**라고 한다.

예제 9

[그림 8-14]의 트리 T는 m항 트리이다. (1), (2)의 m 값을 구하여라.

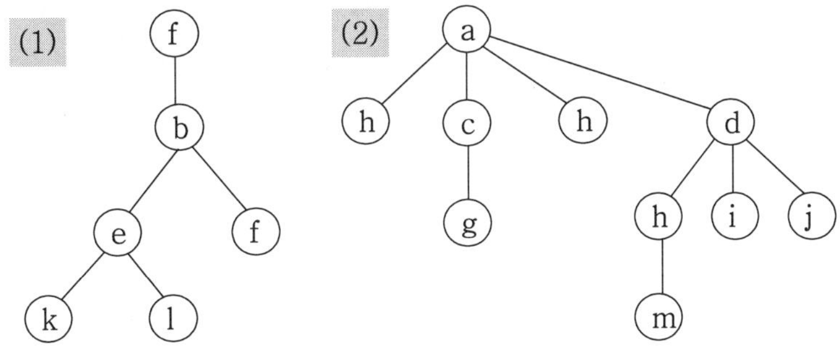

[그림 8-14] 트리 T.

풀이 다음과 같다.

(1) 은 각 모드의 최대차수가 2이므로 2항 트리이다.

(2) 는 최대차수가 4이므로 4항 트리이다.
∴ m의 값은 2와 4이다.

8-3 이진트리(binary tree)

이절에서는 컴퓨터 응용에서 가장 활용도가 높은 이진트리를 소개한다. 이진트리(binary tree)란 한 노드가 최대 두 개의 자식 노드를 가지는 트리를 뜻한다. 보통 첫 번째 노드를 부모 노드라고 하며 자식 노드는 왼쪽(left)과 오른쪽(right)으로 불린다. 이진트리는 이진 탐색 트리와 이진 힙의 구현에 흔히 쓰인다.

정의 8-3-1. 이진트리(binary tree)

1. 사향트리(skewed tree) : 노드가 한 쪽으로 만 정렬되어 있는 트리.
2. 포화이진트리(full binary tree) : 각 노드의 차수가 2이거나 0인 노드만으로 이루어진 트리(정 이진트리).
3. 완전 이진트리(complete binary tree) : 깊이가 d인 이진트리에서 레벨 (d-1)에는 있을 수 있는 최대한의 노드를 가지는 트리.

[그림 8-15]에서 사향트리는 모든 노드들이 왼쪽으로만 정렬되었을 때, (1)의 경우를 왼쪽 부 트리라 하고, 오른 쪽으로만 정렬되었을 때, (2)의 경우를 오른 쪽 부 트리라고 한다.

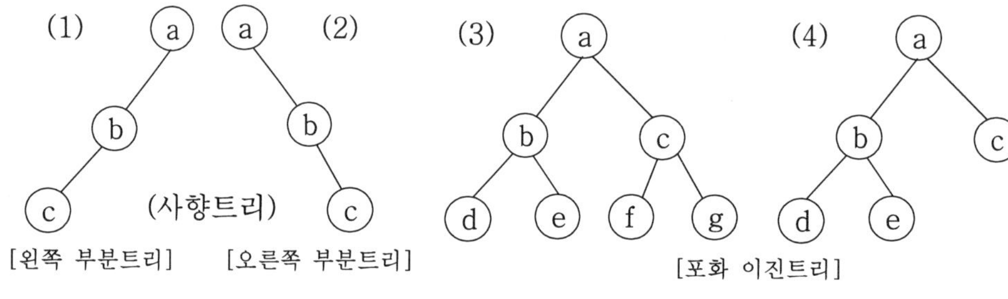

[그림 8-15] 이진트리.

(3)과 (4)의 경우는 포화이진트리인데, (3)의 경우는 모든 노드의 차수가 2임을 알 수 있으며, (4)의 경우는 노드 c는 차수가 0이고 나머지는 차수가 모두 2임을 알 수 있다.

정리 8-3-1. 이진트리의 성질

1. 레벨이 $i(i \geq 1)$이면 그 레벨에는 최대 2^{i-1}개의 노드가 있을 수 있다.
2. 깊이가 d(≥1)이면 그 트리에는 최대($2^d - 1$)개의 노드가 있을 수 있다.

증명 1의 경우 수학적 귀납법으로 증명한다.

1. P(n) : 레벨 n에서 최대 2^{n-1}개의 노드가 있을 수 있는 술어라 하자.
   기본단계 : n=1일 때, $2^{1-1} = 1$ 이므로 P(1)이 성립한다.
   귀납가정 : n=k일 때, P(k)이 성립한다고 가정하면 2^{k-1}개의 노드가 있을 수 있다는 의미이다.
   귀납단계 : P(k+1)이 성립함을 보이자. 즉, n=k+1일 때, 2^k이 성립함을 보이면 된다. 레벨 k에서 각 노드의 자식은 최대 2개를 가질 수 있으므로 레벨 (k+1)에서의 노드의 개수는 레벨 k에서의 노드의 개수의 2배이다. 따라서 레벨 k에서 노드의 개수가 2^{k-1}개 이므로 (k+1)에서의 노드의 개수는
   $2 \times (2^{k-1}) = 2^k$개 이다. 즉, P(k+1) 이 성립한다.
2. 깊이가 d인 이진트리에서 가질 수 있는 최대 노드의 개수는 각 레벨에서의 최대 노드개수의 총합과 같다. 즉,

$$\sum_{k=1}^{d} 2^{k-1} = (2^d - 1)\text{개}$$

예제 10

다음 이진트리에서 물음에 답하여라.

1. 레벨이 9이면 이 레벨에는 최대 몇 개의 노드가 존재가능한가?
2. 깊이가 6인 경우 이 트리에는 최대 몇 개의 노드가 있을 수 있는가?

풀이 정리 8-3-1을 이용한다.

1. 레벨이 9이므로 $2^{9-1} = 256$ 개이다.
2. 깊이가 6이므로 $(2^6 - 1)$ =63개이다.

완전 이진트리는 깊이가 d인 경우 레벨 (d-1)에는 가질 수 있는 최대한의 노드를 가지고 있으며, 레벨 d에는 왼쪽에서 오른 쪽으로 노드가 채워지는 이진트리를 말한다. [그림 8-16]은 완전이진트리의 예이다.

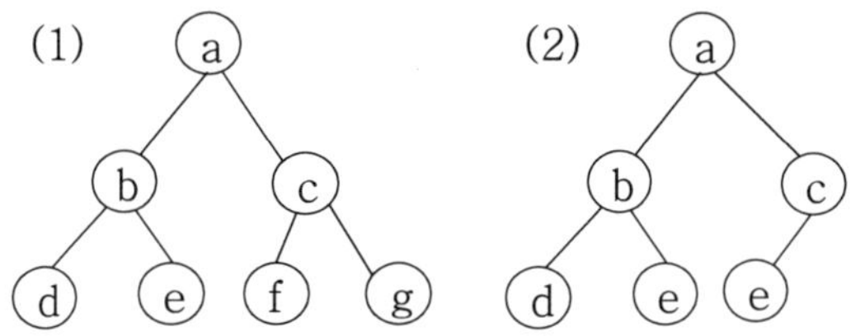

[그림 8-16] 완전 이진트리.

[그림 8-16]의 (1)의 경우는 완전 이진트리이고, 포화 이진트리이며, (2)의 경우는 깊이 3인 트리로 레벨 2에서는 최대의 노드를 가지고 있고 레벨 3에서는 왼쪽에서부터 오른 쪽으로 노드를 채워가고 있으므로 완전이진트리이다.

예제 11

다음 [그림 8-17]에서 포화 이진트리와 완전이진트리를 판별하여라.

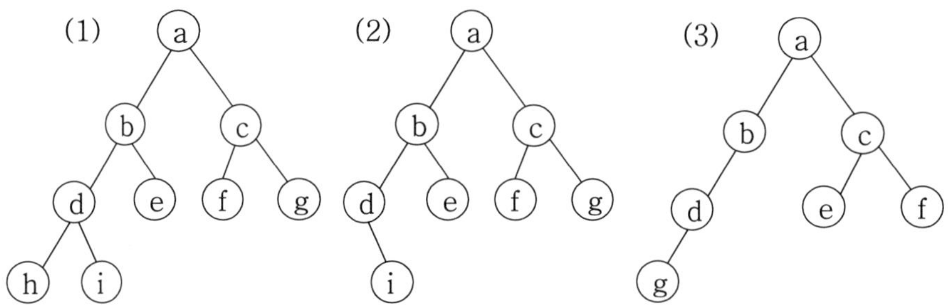

[그림 8-17] 트리 (1), (2), (3).

풀이 다음과 같다.

(1) 포화 이진트리이면서 완전이진트리이다.

(2) 레벨 4에서 왼쪽부터 부 트리가 채워져야 하는데, 오른쪽부터 노드 i가 채워졌으며, 노드 d의 차수가 1이므로 포화이진트리도 완전이진트리도 아니다.

(3) 레벨 3에서 최대의 노드를 가지지 못했으므로 완전이진트리가 아니며, 노드 b, d 에서 차수가 1이므로 포화이진트리도 아니다.

정리 8-3-1. 이진트리의 성질

노드의 개수가 n개인 트리 T에 대하여, 단말노드(차수가 0)의 개수를 n_0, 차수가 2인 비 단말노드를 n_2라 하자. 다음이 성립한다.

$$n_0 = n_2 + 1 \ .$$

증명 트리 T의 전체 노드의 총 개수 n은 차수가 0, 1, 2인 n_0, n_1, n_2의 노드들로 이루어져 있고, 간선의 개수를 $|E|$ 라 하면, 각 노드의 차수의 총합은 $n = |E| + 1$(트리이므로 |E| = n-1)을 이용한다.

$n = n_0 + n_1 + n_2 \quad \cdots$ ①

$n = |E| + 1$

$= 0 \times n_0 + 1 \times n_1 + 2 \times n_2 + 1$ (간선(변)을 중심으로)

$= n_1 + 2n_2 + 1 \quad \cdots$ ②

①=② : $n_0 = n_2 + 1$.

예제 12

다음 이진트리에 대한 물음에 답하여라.

1. 잎 노드의 개수가 12일 때, 차수가 2인 내부노드는 몇 개인가?
2. 차수가 2인 노드가 11개, 차수가 1인 노드가 5개 있다. 총 노드의 개수는?

풀이 다음과 같다.

1. $n_0 = n_2 + 1$ 에서 $n_0 = 12$ 이므로, $n_2 = 11$ 이다.
2. $n = n_0 + n_1 + n_2$
   $= 2n_2 + n_1 + 1$
   $= 2 \times 11 + 5 + 1$
   $= 28$ (개).

수식 이진트리

산술식을 이진트리로 표현하기 위해서는 다음의 몇 가지 정의가 필요하다.

정의 8-3-2. 수식트리(expression tree)

1. 연산자(operator)는 비 단말 노드에 표시한다.
2. 비연산자(operand)는 단말노드에 표시한다.
3. 마지막으로 수행되는 연산자를 근 노드에 표시한다.

수식 이진트리에서 왼쪽 피연산자는 왼쪽 자식노드에 오른 쪽 피연산자는 오른 쪽 자식노드에 표시한다. 예를 들어 왼쪽 피연산자 및 오른 쪽 피연산자가 산술적으로 구성되어 있으면, 위의 과정을 반복 수행하여 하나의 상수 혹은 변수가 단말노드에 표시될 때까지 계속하면 수식트리(expression tree)가 완성된다.

예제 13

다음 산술식을 이진트리로 표현하여라.

1. (3+(2*x))+((x-2)-(3/x))
2. 2*x*y^2+4*x^2+x*y+2

풀이 [그림 8-18]과 [그림 8-19]이다.

1. ① : (2*x) ② : (3+(2*x)) ③ : + ④ : (x-2) ⑤ : ((x-2)-(3/x))

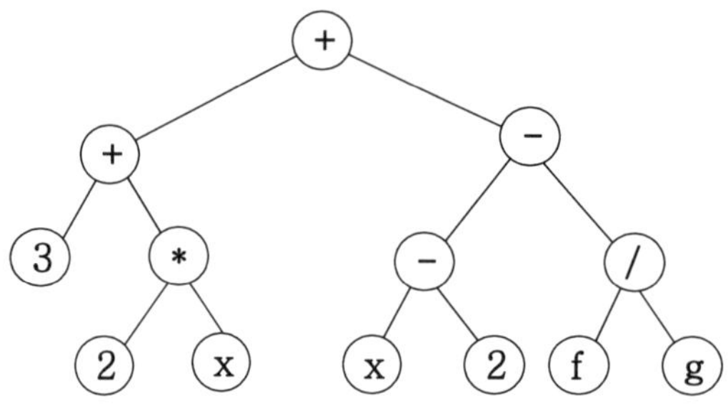

[그림 8-18] 수식트리.

2. ① : 2*x*(y∧2) ② : 2*x*(y∧2)+ ③ : (2*x*(y∧2)+ 4*(x∧2))

   ④ : (2*x*(y∧2)+ 4*(x∧2))+ ⑤ : ((2*x*(y∧2)+ 4*(x∧2))+x*y)

   ⑥ : (((2*x*(y∧2)+ 4*(x∧2))+x*y)+ ⑦ : (((2*x*(y∧2)+ 4*(x∧2))+x*y)+2.

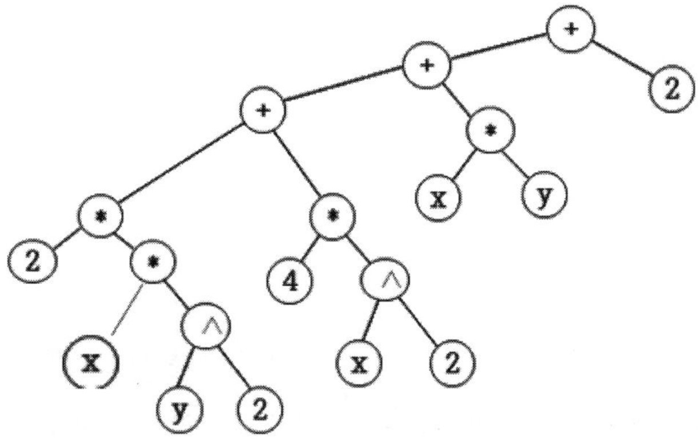

[그림 8-19] 수식트리.

유제 6

다음 산술식을 수식트리로 표현하여라.

1. ((7*2)-(4+5))÷3
2. y=(x*y+3)+(5*y)/(3+x)
3. x^3*y +2*x*y^2+3

8-4 이진트리의 순회

트리의 순회(traversal)는 트리의 각 노드를 방문하여 필요한 작업을 하는 것을 말한다. 특히, 이진트리의 탐색은 여러 가지 응용에 다양하게 활용되고 있으며, 각 노드와 그것의 부분트리를 같은 방법으로 탐색할 수 있다. 이것은 트리의 내용을 출력하거나 기표하거나 복사하는 등에 이용한다. 지금부터 이진트리의 순회방법을 소개한다. [그림 8-20]에서 근 노드 a와 왼쪽 트리 L, 오른쪽 트리 R의 3부분으로 이루어진 이진트리가 있다고 하자. 이 3부분을 차례대로 방문하는 체계적인 방법은 aLR, aRL, LaR, LRa, RaL RLa의 6가지이다.

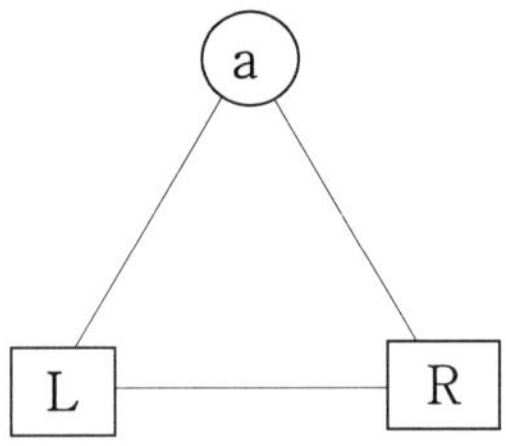

[그림 8-20] 트리 순회.

[그림 8-20]에서 왼쪽의 L을 오른 쪽의 R보다 먼저 방문한다고 하면, aLR, LaR, LRa의 3가지 경우가 된다. [그림 8-21]에서 a, L, R의 첨자 1, 2, 3이 트리의 방문순서이며, (1)의 경우를 전위 순회(preorder traversal), (2)의 경우를 중위 순회(inorder traversal), (3)의 경우를 후위순회(postorder traversal)이라고 한다.

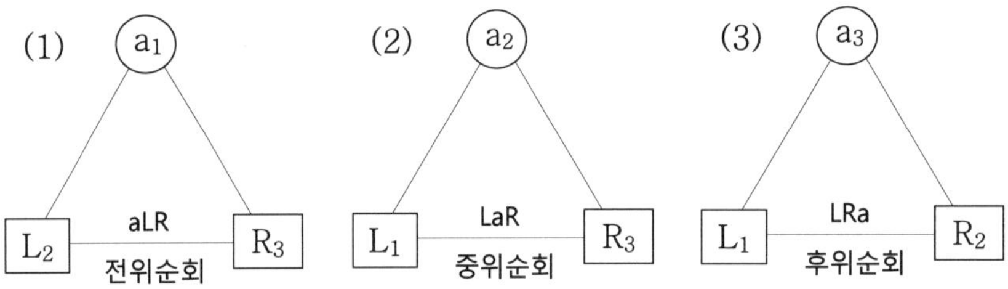

[그림 8-21] 트리 순회.

(1) 전위순회(preorder traversal)

1. 근 노드 a를 방문한다.
2. 왼쪽 부분트리L이 존재하면 L을 전위 탐색한다.
3. 오른쪽 부분트리 R이 존재하면 R을 전위 탐색한다.

(2) 중위순회(inorder traversal)

1. 왼쪽 부분트리L이 존재하면 L을 전위 탐색한다.
2. 근 노드 a를 방문한다.
3. 오른쪽 부분트리 R이 존재하면 R을 전위 탐색한다.

(3) 후위순회(postorder traversal)

1. 왼쪽 부분트리L이 존재하면 L을 전위 탐색한다.

2. 오른쪽 부분트리 R이 존재하면 R을 전위 탐색한다.
3. 근 노드 a를 방문한다.

트리 T의 모든 노드를 방문할 때까지 위와 같은 과정을 반복한다. 이진트리의 순회중 위의 3가지 방법이외에도 레벨 순서 순회도 있다. 다음은 이진트리의 탐색에 대한 예가 [그림 8-22]에 나타나 있다.

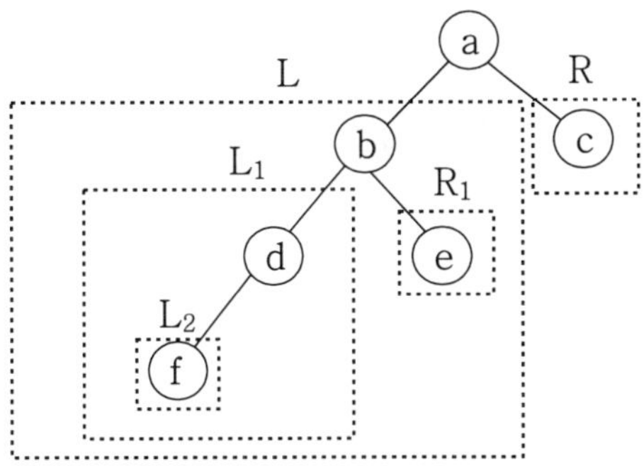

[그림 8-22] 트리의 순회

위의 [그림 8-22]에서 a의 왼쪽 트리는 L이고, 오른쪽 트리는 R, b의 왼쪽 트리는 L_1, 오른쪽 트리는 R_1, d의 왼쪽 트리는 L_2, 오른쪽 트리 R_2는 없다. 여기에 전위순회, 중위순회, 후위순회에 대한 방문순서는 다음과 같다.

- 전위순회(aLR) : L_1=(d, L_2)=(d, f), L=(b, L_1, R_1)=(b, d, f, e)
  aLR=(a, L, R)=(a, b, d, f, e, c).
- 중위순회(LaR) : L_1=(L_2, d)=(f, d), L=(L_1, b, R_1)=(f, d, b, e)
  LaR=(f, d, b, e, a, c).
- 후위순회(LRa) : L_1=(L_2, d)=(f, d), L=(L_1, R_1, b)=(f, d, e, b)
  LRa=(f, d, e, b, c, a).

예제 14

[그림 8-23]의 이진트리에 대하여, 다음 각각의 물음에 답하여라.

1. 전위순회 결과로 각 노드들을 나열하여라.

2. 중위순회 결과로 각 노드들을 나열하여라.
3. 후위순회 결과로 각 노드들을 나열하여라.

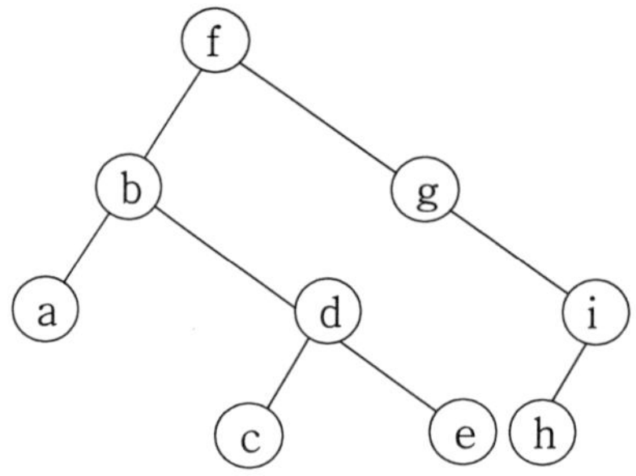

[그림 8-23] 이진트리 순회.

풀이 [그림 8-22]를 이용한다.

1. 전위순회 : (f, b, a, d, c, e, g, i, h)
2. 중위순회 : (a, b, c, d, e, f, g, h, i)
3. 후위순회 : (a, c, e, d, b, h, i, g, f)

* 레벨 순서 순회 : (f, b, g, a, d, i, c, e, h)

유제 7

[그림 8-24]의 이진트리에 대하여, 다음 각각의 물음에 답하여라.

1. 전위순회 결과로 각 노드들을 나열하여라.
2. 중위순회 결과로 각 노드들을 나열하여라.
3. 후위순회 결과로 각 노드들을 나열하여라.

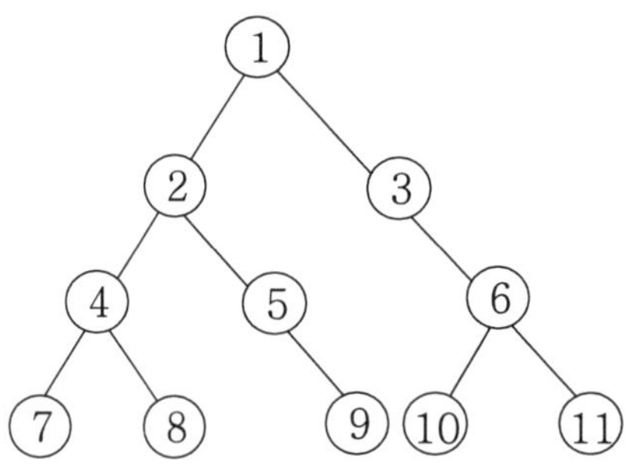

[그림 8-24] 이진트리 순회

산술식을 이진트리로 표현한 수식트리를 전위순회 했을 때, 나열되는 연산자와 피연산자의 결과를 **전위표기법**(prefix notation) 또는 Polish 표기법이라고 하는데, 이항연산에서 연산자를 두 개의 피연산자 앞에 표기하는 방법이다. 예를 들면 (*ab)와 같은 표현이다. 중위표기법(infix notation)과 후위표기법(postfix notation)은 각각 (a*b)와 (ab*)이다.

예제 15

수식 [(1+2)*3-(5/6)/7]을 다음 물음에 답하여라.

1. 수식트리로 나타내어라.
2. 전위순회 하고, 전위표기법으로 표현하여라.
3. 후위순회 하고, 후위표기법으로 표현하여라.

풀이 다음과 같다.

1. [그림 8-25]이다.

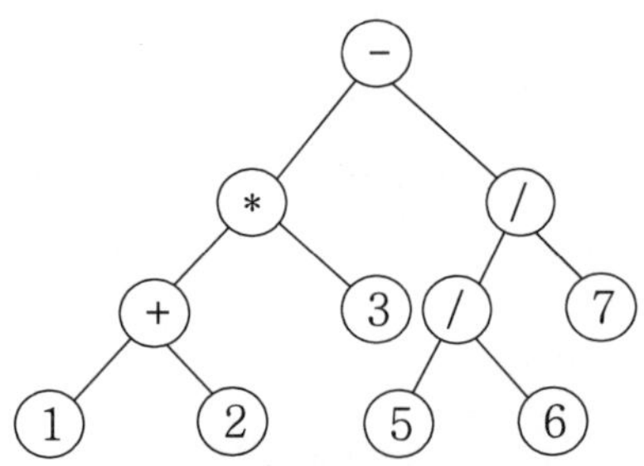

[그림 8–25] 수식트리

2. 전위표기법 : L=(*, +, 1, 2, 3), R=(/. /, 5, 6, 7).
   (-LR) : (-, *, +, 1, 2, 3, /, /, 5, 6, 7).
3. 후위표기법 : L=(1, 2, +, 3, *), R=(5, 6, /, 7, /).
   (LR-) : (1, 2, +, 3, *, 5, 6, /, 7, /).

유제 8

수식 [(1+2)*3+(5/6)*7-(8/9)]을 다음 물음에 답하여라.

1. 수식트리로 나타내어라.

2. 전위순회 하고, 전위표기법으로 표현하여라.
3. 후위순회 하고, 후위표기법으로 표현하여라.

8-5 이진트리의 표현(expression)

이진트리를 표현하는 데는 크게 두 가지 방법이 있다. 하나는 1차원 배열방법이고, 또 하나는 연결리스트 방법이 이다. n개의 노드를 가진 완전 이진트리를 근 노드부터 레벨이 높은 순으로 같은 레벨에서는 왼쪽에서 오른쪽으로 차례차례 첨자(index) i를 사용하여 **배열**(array)에 저장할 때, 임의의 노드 i의 부모노드, 왼쪽 자식노드 및 오른쪽 자식노드의 위치는 [표 8-2]와 같이 결정한다.

예제 16

100개의 자료를 완전 이진트리를 사용하여 배열에 저장하였다. 49번 인덱스를 가진 노드의 부모, 왼쪽자식, 오른쪽 자식의 인덱스 위치를 구하여라.

[표 8-2] 부모, 왼쪽, 오른쪽 자식 위치 찾는 방법

목표노드	배열 인덱스	조건
i의 부모노드	[i/2]	i〉1
i의 왼쪽 노드	2i	2i≤n
i의 오른쪽 노드	2i+1	(2i+1)≤n
근 노드	1	n≥1

풀이 [표 8-2]를 이용한다.

(1) 부모노드 : [49/2]=24에 위치한다.
(2) 왼쪽 자식노드 : 2×49=98에 위치한다.
(3) 오른쪽 자식노드 : 2×49+1=99에 위치한다.

예제 17

[그림 8-26]에 나타난 이진트리를 배열을 사용하여 표현하여라.

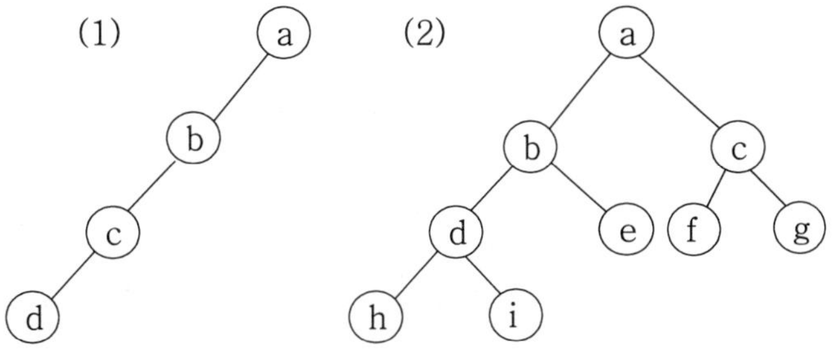

[그림 8-26] 이진트리

풀이 [표 8-2]를 이용한다.

(1) 근 노드 a는 인덱스가 1이고, b는 a의 왼쪽 자식노드이므로 2×1=2, c는 b의 왼쪽자식 노드이므로 2×2=4, d는 c의 왼쪽 자식 노드이므로 2×4=8이다. 여기에 인덱스와 배열은 [표 8-3]이다.

[표 8-3] 이진트리의 배열

인덱스	0	1	2	3	4	5	6	7	8
배열	·	a	b	·	c	·	·	·	d

(2) [표 8-4]이다.

[표 8-4] 이진트리의 배열

인덱스	1	2	3	4	5	6	7	8	9
배열	a	b	c	d	e	f	g	h	i

배열을 사용하여 완전이진트리를 저장하는 경우에는 기억장소와 공간을 극대화하는 데는 효율적이지만, 어떤 노드가 누구의 부모 노드이고 자 노드인지 쉽게 구별 할 수 없다는 것이 문제점이다. 이러한 관계로 일반적으로 이진트리를 표현하는 데는 연결리스트를 사용한다.

이 방법은 [그림 8-27]에서와 같이 각 노드가 자료를 저장하는 부분, 그의 왼쪽 자식을 가리키는 부분, 오른쪽 자식을 가리키는 세 부분으로 구성되어 있다.

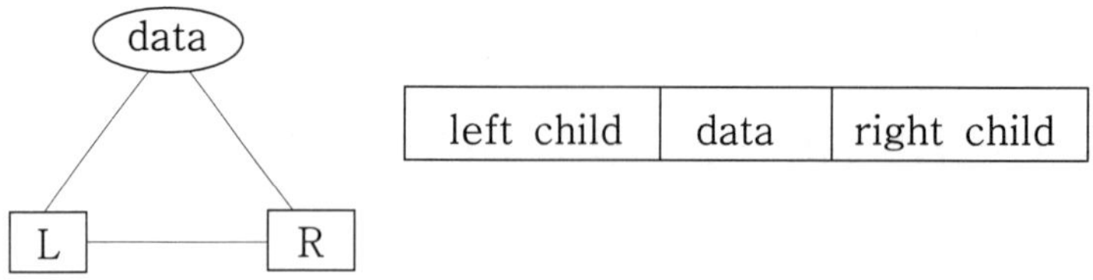

[그림 8-27] 이진트리의 노드 구조

예제 18

[그림 8-28]에 나타난 이진트리 T를 배열과 연결리스트를 사용하여 표현하여라.

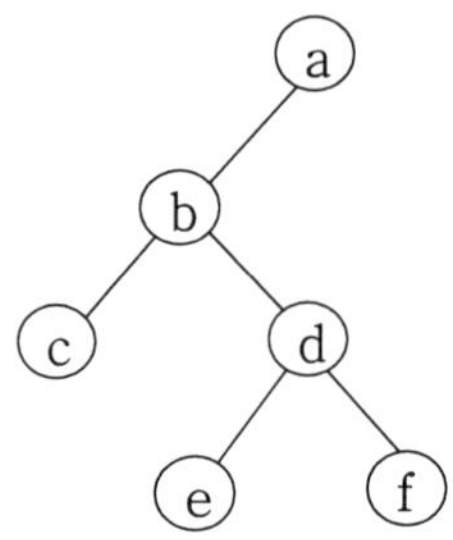

[그림 8-28] 이진트리

풀이 (1)은 배열이고 (2)는 연결리스트이다.

(1) a의 인덱스는 1, b는 2, c=2×2=4, d=2×2+1=5, e=2×5=10, f=2×5+1=11.

[표 8-5] 이진트리의 배열

인덱스	1	2	3	4	5	6	7	8	9	10	11
배열	a	b	·	c	d	·	·	·	·	e	f

(2) 연결리스트는 [그림 8-29]이다.

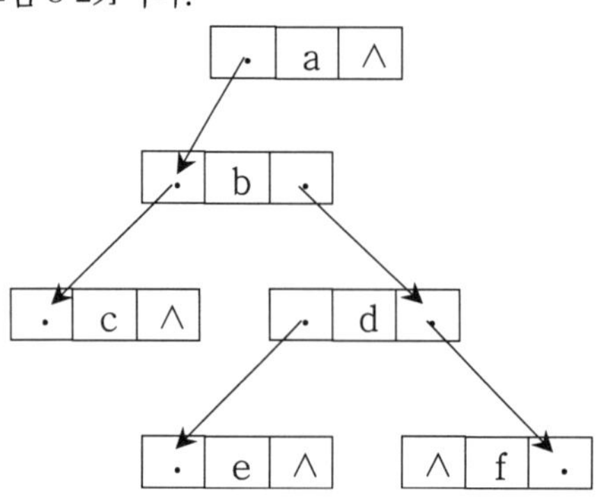

[그림 8-29] 연결리스트

유제 9

[그림 8-30]에 나타난 이진트리 T에 대하여, 다음 물음에 답하여라.

1. 배열을 사용하여 표현하여라.
2. 연결리스트를 사용하여 표현하여라.

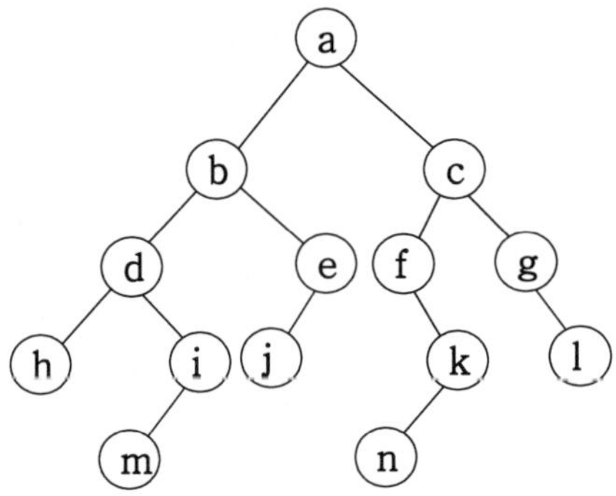

[그림 8-30] 이진트리

이산수학 연습문제

1. 70개의 간선으로 구성된 어떤 트리가 있다.

(1) 이 트리에는 모두 몇 개의 정점이 존재하는가?

(2) 이 트리에서 임의의 간선 1개를 추가하면 몇 개의 순환이 생성되는가?

2. 아래 그림에서 트리인지 아닌지를 판별하여라.

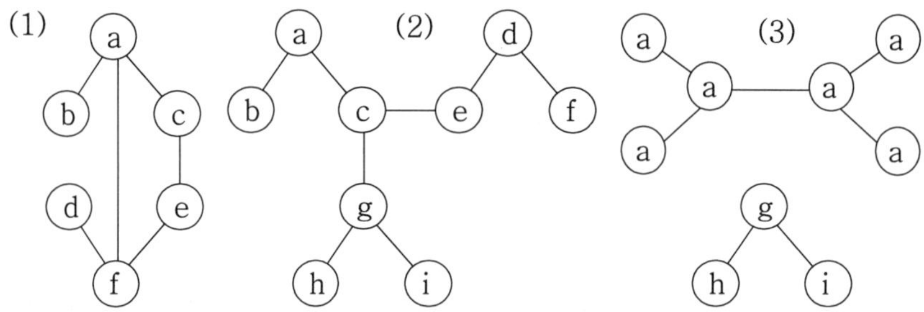

[그림 8-31]

3. [그림 8-32]에 나타난 그래프에서 너비우선 생성트리와 깊이우선 생성트리를 구하여라. 단, 선택할 정점이 여러 개일 경우는 알파벳 순서로 선택한다.

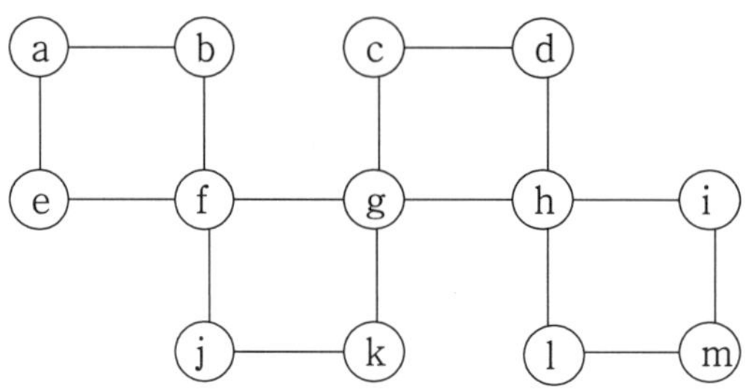

[그림 8-32]

4. 어떤 작은 마을에서는 마을 내 휴양지 사이의 산책로 시스템을 운영한다. 시스템은 [그림 8-33]에 나타난 가중치 그래프로 모델화 되었다. 이 마을은 가능한 한 저렴하게 모든 휴양지를 자전거 도로로 연결하고자 한다. 건설비용은 시설의 모든 부분에서 동일하다고 가정하고, 마을포장에 대한 계획을 세우기 위한 최소비용 생성트리를 다음

두 가지 방법으로 구하여라.

(1) Prim의 방법으로 구하여라.

(2) Kruskal의 방법으로 구하여라.

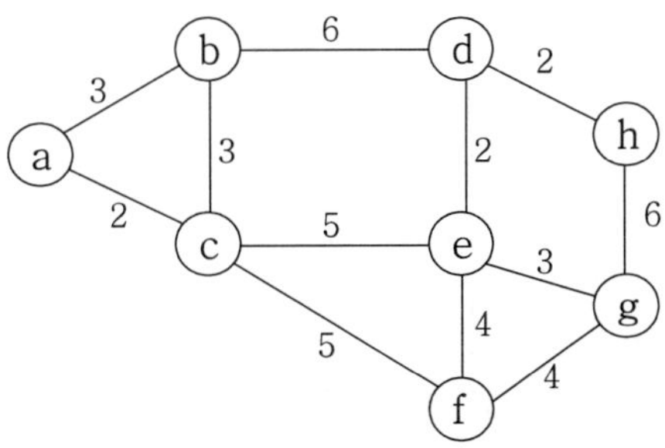

[그림 8-33]

5. 다음 3가지 조건은 서로 동치관계임을 증명하여라.

(1) 순환을 갖지 않는 연결그래프.

(2) 어느 변을 제거해도 비 연결 그래프가 되는 연결그래프.

(3) 서로 다른 두 꼭짓점 사이에 유일한 단순경로가 존재하는 그래프.

6. 깊이가 6인 이진트리의 경우 최소 노드의 개수와 최대노드의 개수를 구하여라.

7. 전위 표기법으로 표현된 다음 수식의 값을 구하여라.

(1) - * + 2 3 4 / 6 3

(2) + 3 / * 2 5+ 1 − 9 / 2 3

8. 다음 수식을 이진트리로 그리고 후위 표기법으로 표현하여라.

((8-5)*3)+7*(5/4)*2+(3/2)*4

9. [그림 8-34]에 나타난 이진트리에 대하여, 다음 물음에 답하여라.

(1) 전위 순회한 결과를 나열하여라.

(2) 중위 순회한 결과를 나열하여라.

(3) 후위 순회한 결과를 나열하여라.

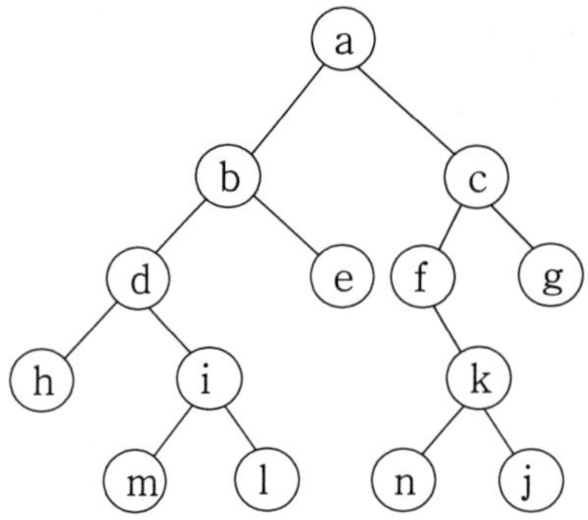

[그림 8-34]

10. [그림 8-34] 에 나타난 이진트리 T에 대하여, 다음 물음에 답하여라.

(1) 배열을 사용하여 표현하여라.

(2) 연결리스트를 사용하여 표현하여라.

CHAPTER 9 점화관계(점화식)

이 장에서는 점화관계로 정의되는 수열의 성질을 살펴보고자 한다. 점화식의 유형으로는 인접 두 항사이의 점화식, 인접 3항 사이의 점화식, 상수계수의 선형점화식, 그리고 몇몇 비선형의 경우와 생성함수를 이용하는 방법 등이 있다.

9-1 점화관계의 정의

수학에서 점화식 또는 재귀식(Recurrence relation)이란 수열의 항들 사이에서 성립하는 관계식을 말한다. 예를 들어 피보나치(Fibonacci)수열을 생각해 보자. 초기의 두 항은 각각 $f_0 = 1, f_1 = 1$ 이고 나머지 항들은 다음 관계를 만족한다.

$$f_n = f_{n-1} + f_{n-2} \quad , n > 1$$

지금부터 초기의 몇 개의 항은 구체적으로 주어지고, 나머지 항들은 전항들에 의하여 결정되는 수열들에 대하여 살펴보자.

정의 9-1-1. 점화식(recurrence relation)

1. 모든 자연수 n에 대하여, n × 0 = 0 이다.
2. 모든 자연수 n에 대하여, n × 1 = n 이다.
3. 모든 자연수 m, n에 대하여, m × n′ = (m × n) + m 이다.

예제 1

다음 관계식은 점화관계에 있음을 확인하여라.

1. Fact(0)=1, Fact(n)=n×fact(n-1), n〉1.

2. [a]는 m≤a를 만족하는 가장 큰 정수라 하자. T(1)=1, T(n)=2×T([n/2]), n≥2.

3. $\binom{n}{0}=1$, $\binom{n}{r}=\binom{n-1}{r-1}+\binom{n-1}{r}$.

풀이 수학적 귀납법, 직접증명 등을 이용한다.

1. P(n) : Fact(n)=n×fact(n-1)을 만족하는 술어라 하자.
   기본단계 : Fact(1)=1×F(0)=1이므로 P(1)이 성립한다.
   귀납가정 : P(k)이 성립한다고 가정하자. Fact(k)=k×fact(k-1) … ①
   귀납단계 : P(k+1)이 성립함을 보인다. 실제로 ①의 양변에 (k+1)을 곱하면
   좌변=(k+1)Fact(k)=F(k+1)
   우변=(k+1)kFact(k-1)=(k+1)Fact(k). 좌변=우변
   P(k+1)이 성립한다.
2. 연습문제로 남긴다.

〈참고〉 T(85) = 2T(42) = 2^2T(21) = 2^3T(10) = 2^4T(5)
= 2^5T(2) = 2^6T(1)=2^6

3. 좌변 : $\binom{n}{r}=\dfrac{n!}{r!(n-r)!}$ … ①

   우변 : $\binom{n-1}{r}+\binom{n-1}{r+1}=\dfrac{(n-1)!}{(r-1)!(n-r-1)!}+\dfrac{(n-1)!}{r!(n-r-1)!}$

   $=\dfrac{n!}{r!(n-r)!}$ … ②

   ∴ ① = ②이므로 성립한다.

유제 1

다음 관계식은 점화관계에 있음을 확인하여라.

1. $a_n=a_{n-1}+2$, $a_1=1$.   2. $f(n)=\dfrac{n}{n+1}f(n-1)$, $f(1)=2$.

예제 2

다음 수열을 점화식으로 표현하여 보아라.

(1) 1, 1, 2, 3, 5, 8, 13, 21, 34, 58, 89, …

(2) 0, 0, 1, 1, 2, 4, 7, 13, 24, 44, 81, ⋯

풀이 일반항을 a_n이라 하자.

(1) $a_1 = 1,\ a_2 = 1,\ a_3 = 2,\ a_4 = 3,\ a_5 = 5,\ a_6 = 6,\ a_7 = 13,\ \cdots$

$a_3 = a_1 + a_2 = 2\ ,\ a_4 = a_2 + a_3 = 3\ ,\ a_5 = a_3 + a_4 = 5\ ,\ \cdots$

$\therefore\ a_1 = 1,\ a_2 = 1,\ a_n = a_{n-1} + a_{n-2}\ \ ,\ n \geq 3.$

(2) $a_1 = 0,\ a_2 = 0,\ a_3 = 1,\ a_4 = 1,\ a_5 = 2,\ a_6 = 4,\ a_7 = 7,\ a_8 = 13,\ \cdots$

$a_4 = a_1 + a_2 + a_3\ ,\ a_5 = a_2 + a_3 + a_4\ ,\ a_6 = a_3 + a_4 + a_5\ ,\ \cdots$

$\therefore\ a_1 = 0,\ a_2 = 0,\ a_3 = 1,\ a_n = a_{n-1} + a_{n-2} + a_{n-3}\ \ ,\ n \geq 4.$

예제 3

다음을 점화식으로 표현하여라.

1. 버튼을 한 번 누를 때마다 A는 1개, B는 2개, C는 2개의 사탕이 나오는 자판기 A, B, c가 있다. 사탕을 뽑기 위해 자판기의 버튼을 순서대로 누르는 방법의 수를 구하려고 한다. 예를 들어 3개의 사탕을 뽑기 위해 버튼을 순서대로 누르는 방법은 5가지이다. n개의 사탕을 뽑기 위해 버튼을 순서대로 누르는 방법의 수를 구하여라.
2. 어느 공원에는 n 개의 계단이 있다. 계단을 오르는 방법은 1계단 또는 2계단을 썩어서 올라간다고 할 때, n계단을 모두 오르는 방법의 수를 구하여라.
3. 3으로도 5로도 나누어지지 않는 자연수를 작은 것부터 차례로 순서대로 나열한 수열을 구하여라.

풀이 규칙을 찾는다.

1. 사탕 n개를 꺼내는 경우의 수를 a_n이라 하자. 사탕 1개를 꺼내는 경우는 A뿐이고

$a_1 = 1,\ a_2 = 3$ (AA 또는 B, C), $a_3 = a_2 + 2a_1\ = 5$(A또는 B, C), ⋯

꺼낸 사탕이 (n-2)개일 경우 : B 또는 C에서 2개를 꺼내면 되므로 $2a_{n-2}$ 가지

꺼낸 사탕이 (n-1)개일 경우 : A에서 1개를 꺼내면 되므로 a_{n-1} 가지이다.

$\therefore\ a_n = a_{n-1} + 2a_{n-2}\ \ ,\ n \geq 3.$

2. n계단을 오르는 방법의 수를 a_n 이라 하자. 1계단을 오르는 방법의 수는 $a_1 = 1$이 고, 2계단을 오르는 방법의 수는 $a_2 = 2(11,\ 2),\ a_3 = a_1 + a_2 = 3\ ,\ \cdots$

$\therefore\ a_n = a_{n-1} + a_{n-2}\ ,\ n \geq 3.$

3. 3으로도 5로도 나누어지지 않는 자연수를 배열하면 다음과 같다.

[표 9-1] 3과 5로 나누어지지 않는 수

1	2	3	4	5	6	7	8	9	10	11	12	13	14	15
16	17	18	19	20	21	22	23	24	25	26	27	28	29	30
31	32	33	34	35	36	37	38	39	40	41	42	43	44	45
46	47	48	49	50	51	52	53	54	55	56	57	58	59	60

검은색부분이 3또는 5의 배수이고, 여기에 1줄마다 8개의 항이 존재하고 15의 차이를 가진다.

$\therefore\ a_1 = 1,\ a_2 = 2,\ \cdots,\ a_8 = 14,\ a_{n+8} = a_n + 15.$

유제 2

다음을 점화식으로 표현하여라.

1. 인구가 120만 명인 어느 도시에는 그 도심부에 80만 명, 근교에 40만 명이 살고 있다. 매 년 도심부 인구의 30%가 근교로 이동하는 반면, 근교의 인구는 도심부로 10% 씩 이동하고 있다. 이 도시의 n년 후의 추이를 구하여라.
2. 어떤 사수가 목표물을 명중시켰을 때, 계속하여 명중시킬 확률은 0.8이고, 명중시키지 못했을 때, 계속하여 명중시키지 못할 확률은 0.4이다. 제 n회째 명중시킬 확률을 p_n이라 할 때, p_n을 구하여라.

그래프 G와 그래프 행렬 M은 [그림 9-1]과 같다. 피보나치수열과 그래프행렬과의 연계성을 관찰하여 보자.

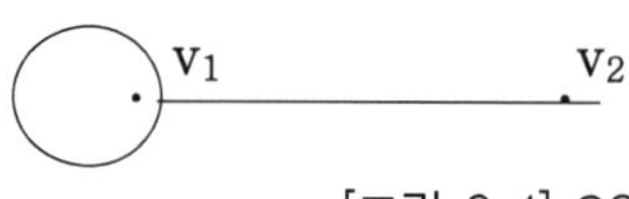

$$M = \begin{pmatrix} 1 & 1 \\ 1 & 0 \end{pmatrix}$$

[그림 9-1] G와 M

그래프 행렬 M을 이용하여 다음을 계산할 수 있다.

$$M^2=\begin{pmatrix}2&1\\1&1\end{pmatrix},\quad M^3=\begin{pmatrix}3&2\\2&1\end{pmatrix},\quad M^4=\begin{pmatrix}5&3\\3&2\end{pmatrix},$$

$$M^5=\begin{pmatrix}5&5\\5&3\end{pmatrix},\quad M^6=\begin{pmatrix}13&8\\8&5\end{pmatrix},\quad M^7=\begin{pmatrix}21&13\\13&8\end{pmatrix},\cdots$$

피보나치수열은

$$f_0=1, f_1=1, f_n=f_{n-1}+f_{n-2}\quad , n\geq 2$$

와 같이 정의되므로 다음과 같은 그래프 행렬로 표현된다.

$$M^2=\begin{pmatrix}f_2&f_1\\f_1&f_0\end{pmatrix},\quad M^3=\begin{pmatrix}f_3&f_2\\f_2&f_1\end{pmatrix}, M^4=\begin{pmatrix}f_4&f_3\\f_3&f_2\end{pmatrix},\cdots, M^n=\begin{pmatrix}f_n&f_{n-1}\\f_{n-1}&f_{n-2}\end{pmatrix}, n\geq 2.$$

예제 4

다음의 관계식을 가진 수열에 대하여, 각각의 물음에 답하여라.

$$b_0=b_1=1\ , b_n=2b_{n-1}+b_{n-2}\quad , n\geq 2$$

1. b_6을 계산하여라.
2. 모든 n에 대하여, b_n이 홀수임을 보여라.

풀이 다음과 같다.

1. $b_2=2b_1+b_0=3$, $b_3=2b_2+b_1=7$, $\cdots$, $b_6=2b_5+b_4=99$.
2. 수학적 귀납법으로 증명한다.

   기본단계 : n=0, 1 : $b_0=b_1=1$ 이므로 성립한다.

   귀납가정 : $k<n$에 대하여, $b_k=2b_{k-1}+b_{k-2}$ 이 성립한다고 가정하자.

   귀납단계 : $2b_{n-1}$은 짝수이고, b_{n-2}는 홀수이므로 b_n은 홀수이다.

9-2 점화식의 관계

우리가 점화식의 관계를 찾아내는 목적은 점화관계로 정의된 수열의 일반항을 구하는 것이다. 이절에서는 인접 2항사이의 점화식, 인접3항사이의 점화식 그리고 상수계수의 선형점화식 등에 관하여 다루겠다.

9-2-1 인접 2항사이의 점화식

이절에서는 인접2항사이의 점화식인 선형점화식(linear recurrence relation)에 관하여 소개한다. 일반적으로 선형점화식은 다음과 같이 정의한다.

정의 9-2-1. 선형점화식(linear recurrence relation)

수열 $\{a_n\}$이 다음과 같이 정의되었을 때, 상수계수의 선형점화식이라 한다.

$$a_n = c_1 a_{n-1} + c_2 a_{n-2} + \cdots + c_d a_{n-d} + g(n),\ c_i\text{는 상수},\ d \in \mathrm{N}.$$

위의 [정의 9-2-1]에서 $g(n)$=0일 때를 **제차**(homogeneous)형이라 하고, $g(n) \neq 0$일 때를 **비제차**(non-homogeneous)형이라고 한다. 또한, 제차형의 일반해를 구하기 위하여, $a_n = \lambda^n$ 이라 가정하자.

$$a_n = c_1 a_{n-1} + c_2 a_{n-2} + \cdots + c_d a_{n-d} + g(n) \quad \cdots ①$$

①에 $a_n = \lambda^n$ 을 대입하면 다음과 같다.

$$\lambda^n = c_1 \lambda^{n-1} + c_2 \lambda^{n-2} + \cdots + c_d \lambda^{n-d}$$
$$\Rightarrow \lambda^d - c_1 \lambda^{d-1} - c_2 \lambda^{d-2} - \cdots - c_d = 0 \quad \cdots ②$$

우리는 식②를 선형점화식의 **특성방정식**(characteristic equation)이라고 한다. 이제 인접 2항사이의 선형점화식에서 제차형과 비제차형에 관하여 다루겠다.

(1) **제차형** : $a_{n+1} = f(n)a_n$

정리 9-2-1. 제차형 : $a_{n+1} = f(n)a_n + g(n)$, $g(n) = 0$ **인 꼴**

1. $a_{n+1} = pa_n$, p는 상수 $\Rightarrow a_n = p^{n-1}a_1$.

2. $a_{n+1} = f(n)a_n \Rightarrow a_n = f(1)f(2)\cdots f(n-1)a_1$.

설명 1. $a_{n+1} = pa_n$ 의 해법 : 공비가 p인 등비수열이다.

$$
\begin{aligned}
a_{n+1} = pa_n &\Rightarrow a_2 = pa_1 \\
&\Rightarrow a_3 = pa_2 = p^2a_1 \\
&\Rightarrow a_4 = pa_3 = p^3a_1 \\
&\quad \vdots \\
&\Rightarrow a_n = pa_{n-1} = p^{n-1}a_1.
\end{aligned}
$$

2. $a_{n+1} = f(n)a_n$ 의 해법 : 축차대입법을 이용한다.

$$
\begin{aligned}
a_2 = f(1)a_1 &\Rightarrow a_3 = f(2)a_2 = f(1)f(2)a_1 \\
&\Rightarrow a_4 = f(3)a_3 = f(1)f(2)f(3)a_1 \\
&\quad \vdots \\
&\Rightarrow a_n = f(n-1)a_{n-1} = f(1)f(2)\cdots f(n-1)a_1 .
\end{aligned}
$$

예제 5

다음 점화식의 일반항 $\{a_n\}$을 구하여라.

1. $a_1 = 3$, $a_{n+1} = \left(\frac{1}{2}\right)^n a_n$.

2. $a_1 = 2$, $a_{n+1} = \frac{n}{n+1}a_n$.

풀이 [정리 9-2-1]을 이용한다.

1. $a_{n+1} = \left(\frac{1}{2}\right)^n a_n \Rightarrow a_2 = \frac{1}{2}a_1$

$$
\begin{aligned}
&\Rightarrow a_3 = \left(\frac{1}{2}\right)^2 a_2 = \left(\frac{1}{2}\right)^{1+2} a_1 \\
&\quad \vdots \\
&\Rightarrow a_n = \left(\frac{1}{2}\right)^{1+2+\cdots+(n-1)} a_1
\end{aligned}
$$

$$\therefore\ a_n = 3\times\left(\frac{1}{2}\right)^{\frac{n(n-1)}{2}}.$$

2. $a_n = f(1)f(2)f(3)\cdots f(n-1)a_1$

$$= \frac{1}{2}\times\frac{2}{3}\times\frac{3}{4}\times\cdots\frac{n-1}{n}a_1$$

$$= \frac{2}{n}.$$

유제 3

다음 점화식의 일반항을 구하여라.

1. $a_1 = 1,\ a_{n+1} = 2^n a_n$, 일 때, a_n을 구하여라.
2. $a_1 = 2,\ a_{n+1} = 3a_n$ 일 때, a_n을 구하여라.

(2) 비제차형 : $a_{n+1} = f(n)a_n + g(n)$, $g(n) \neq 0$.

선형점화식에서 일반항 $\{a_n\}$은 일반해인 $\{h_n\}$과 특수해인 $\{p_n\}$의 합으로 이루어지며 다음과 같은 방법으로 일반항을 구한다.

1. g(n)=0 로 놓고, 재차선형 점화식의 일반해 $\{h_n\}$를 구한다.
2. 주어진 점화식의 한 수열(해)를 구한다. 이 해를 특수해 $\{p_n\}$이라 한다.
3. 일반항 $\{a_n\}$은 일반해와 특수해의 합으로 나타나며, 초기조건을 이용하여 상수를 구한다.

비제차형인 점화식의 일반해를 구하기 위하여, 위의 식에서 $g(n)$의 형태는 매우 중요하다. 여기서 $g(n)$의 형태는 다음의 유형만 소개한다.

1. $g(n) = c_1 n^n + c_2 n^{n-1} + \cdots + c_n$인 경우
2. $g(n) = cp^n$ 인 경우

정리 9-2-2. 비제차형 : $a_{n+1} = f(n)a_n + g(n)$, $g(n) \neq 0$ 인 꼴

1. $a_{n+1} = a_n + g(n) \Rightarrow a_n = a_1 + \sum_{k=1}^{n-1} g(k)$

2. $a_{n+1} = pa_n + q$ (p,q는 상수) $\Rightarrow a_n = h_n + p_n = cp^n + \alpha$

3. $a_{n+1} = pa_n + g(n) \Rightarrow a_n = h_n + p_n = c_1 p^n + p_n$.

설명 위의 정리에서 h_n은 일반해이고, p_n은 특수해이다.

1. $a_{n+1} = a_n + g(n)$

$a_2 - a_1 = g(1)$ ⋯ (1)

$a_3 - a_2 = g(2)$ ⋯ (2)

⋮

$a_n - a_{n-1} = g(n-1)$ ⋯ (n)

(1)+(2)+⋯+(n) : $a_n - a_1 = g(1) + g(2) + \cdots + g(n-1)$.

$\therefore a_n = a_1 + \sum_{k=1}^{n-1} g(k)$. 여기서 $g(n) = q$ 이면 등차수열이다.

2. $a_{n+1} = pa_n + q$ 에서 q=0일 때, 특성방정식 $\lambda^2 = p\lambda$ 에서 $\lambda = p$, 0 이므로 일반해는 $h_n = cp^n$ 이고, 특수해는 $g(n) = q$ (상수)이므로 $p_n = \alpha$라 하자.

$\alpha = p\alpha + q$ 에서 $\alpha = \frac{q}{1-p}$이다.

$\therefore a_n = h_n + p_n = cp^n + \alpha$.

3. (1) $g(n) = an + b$ 일 때, 특성방정식에서 $\lambda = p$, 0. 일반해는 $h_n = cp^n$ 이고, 특수해는 $p_n = a_1 n + b_1$ 이다.

$\therefore a_n = h_n + p_n = cp^n + a_1 n + b_1$.

(2) $g(n) = d \times b^n$ 일 때, 특성방정식에서 $\lambda = p$, 0. 일반해는 $h_n = cp^n$ 이고, 특수해는 $p_n = d_1 \times b^n$ 이다.

$\therefore a_n = h_n + p_n = cp^n + d_1 \times b^n$.

예제 6

다음 점화식의 일반항 $\{a_n\}$을 구하여라.

1. $a_1 = 1$, $a_{n+1} = a_n + 2^n$.

2. $a_1 = 1$, $a_{n+1} = 2a_n + 3$.

3. $a_1 = 2,\, a_{n+1} = 2a_n + n$.

풀이 [정리 9-2-2]를 이용한다.

1. $a_n = a_1 + \sum_{k=1}^{n-1} 2^k$

$= 1 + \dfrac{2(2^{n-1} - 1)}{2 - 1}$

$= 2^n - 1$.

2. 특성방정식 $\lambda^2 = 2\lambda$ 에서 일반해는 $h_n = c \times 2^n$ 이고,

특수해 p_n은 α=2α+3으로부터 α=-3이다. $a_n = h_n + p_n = c \times 2^n - 3$ ···①

n=1을 ①에 대입하면, $a_1 = 2c - 3,\ \ c = 2$.

$\therefore\ a_n = 2^{n+1} - 3$.

3. 일반해는 위의 문제 2에서와 같이 $h_n = c \times 2^n$ 이고, 특수해는 $p_n = an + b$ 라 둔다.

$a(n+1) = 2(an + b) + n \Rightarrow (a+1)n + b - a = 0$.

$a_n = c \times 2^n - n - 1 \Rightarrow$ n=1 : $a_1 = 2c - 2$, c=2.

$\therefore\ a_n = 2^{n+1} - n - 1$.

유제 4

다음 물음에 답하여라.

1. $a_1 = 1,\, a_{n+1} = a_n + 5$ 일 때, a_n을 구하여라.
2. $a_1 = 1,\, 2a_{n+1} - a_n = 4$ 일 때, a_{100}을 구하여라.
3. $a_1 = 1$, $a_{n+1} = 3a_n + n^2 + n$ 일 때, a_{10}을 구하여라.

예제 7

다음 물음에 답하여라.

1. $a_1 = 1$, $a_{n+1} = 2a_n + 3^n$ 일 때, a_{10}을 구하여라.
2. $a_1 = 3$, $a_{n+1} = 3a_n^2$ 일 때, a_n을 구하여라.

풀이 [정리 9-2-2]의 3을 이용한다.

1. 특성방정식 $\lambda^2 = 2\lambda$ 에서 일반해는 $h_n = c \times 2^n$ 이고, 특수해는 $p_n = d \times 3^n$ 이라 하면 다음이 성립한다.
   $d \times 3^{n+1} = 2d \times 3^n + 3^n \quad \Rightarrow d = 1.$
   $a_n = h_n + p_n = c \times 2^n + 3^n \quad \Rightarrow$ n=1 : $a_1 = 2c + 3$, c=-1.
   $\therefore\ a_n = 3^n - 2^n$.
2. $a_{n+1} = 3a_n^2 \ \Rightarrow \log_3 a_{n+1} = 1 + 2\log_3 a_n$. $b_n = \log_3 a_n$ 이라 하자.
   $b_{n+1} = 2b_n + 1$, $b_1 = 1$. 일반해는 $h_n = c \times 2^n$, α=2α+1에서 특수해 $p_n = -1$.
   $a_n = c \times 2^n - 1 \ \Rightarrow a_1 = 2c - 1$, c=1. $a_n = 2^n - 1$.
   $\therefore\ a_n = 3^{2^n - 1}$.

유명한 하노이의 탑(Tower of Hanoi) 문제는 1883년 프랑스의 수학자 Edouard Lucas가 제안한 것으로 n 개의 원판을 이동하는 회수를 수열 $\{a_n\}$으로 정의하자. n개의 원판을 이동시키기 위해서는 그 위쪽 (n-1)개의 원판을 다른 막대로 이동한 후, 맨 아래쪽 원판을 이동하고, 다시 (n-1)개의 원판을 이동해야 하므로 다음과 같은 점화식이 성립함을 알 수 있다.

$$a_n = 2a_{n-1} + 1$$

위의 점화식은 우리가 다루어 온 $a_{n+1} = pa_n + q$ $(p, q \neq 0)$인 인접 2항사이의 선형점화식임을 알 수 있다.

9-2-2 인접 3항 사이의 점화식

이절에서는 인접한 3항 사이의 관계에서 제차식과 비제차식에 관하여 소개한다. 특히, 피보나치수열은 인접 3항사이의 선형점화식 중에 하나인 제차형에 속한다.

(1) 제차형 : $pa_{n+1}+qa_n+ra_{n-1}=0$ **또는** $a_n=pa_{n-1}+qa_{n-2}$.

정리 9-2-3. $a_n=pa_{n-1}+qa_{n-2}$**인 꼴**

특성방정식 $\lambda^2-p\lambda-q=0$ 의 두 근을 α, β라 하자.

1. 서로 다른 근 일 때, $a_n=c_1\alpha^n+c_2\beta^n$

2. 중근일 때, $a_n=(c_1+c_2n)\alpha^n$

증명 특성방정식의 근을 이용한다.

1. $\lambda^2-p\lambda-q=0$ 의 두 근이 α, β이므로 다음이 성립한다.

$\alpha^n=p\alpha^{n-1}+q\alpha^{n-2}$, $\beta^n=p\beta^{n-1}+q\beta^{n-2}$.

자연수 n에 대하여, $a_n=c_1\alpha^n+c_2\beta^n$ 이라 하자.

$$\begin{aligned} pa_{n-1}+qa_{n-2} &= p(c_1\alpha^{n-1}+c_2\beta^{n-1})+q(c_1\alpha^{n-2}+c_2\beta^{n-2}) \\ &= c_1(p\alpha^{n-1}+q\alpha^{n-2})+c_2(p\beta^{n-1}+q\beta^{n-2}) \\ &= c_1\alpha^n+c_2\beta^n \\ &= a_n. \end{aligned}$$

2. $\lambda^2-p\lambda-q=0$ 의 두 근이 중근 α이므로 $p=2\alpha$, $q=-\alpha^2$ 이다. 여기에 다음이 성립한다.

$a_n=2\alpha a_{n-1}-\alpha^2a_{n-2}$

자연수 n에 대하여, $a_n=(c_1+c_2n)\alpha^n$ 이라 하자.

$$\begin{aligned} 2\alpha a_{n-1}-\alpha^2a_{n-2} &= 2\alpha(c_1\alpha^{n-1}+c_2(n-1)\alpha^{n-1}) \\ &\quad -\alpha^2(c_1\alpha^{n-2}+c_2(n-2)\alpha^{n-2}) \\ &= (c_1+c_2n)\alpha^n \\ &= a_n. \end{aligned}$$

$-\ a_n=\alpha+p^{n-1}(a_1-\alpha)$

예제 8

다음 물음에 답하여라.

1. $a_1=1, a_2=3$, $a_{n+1}-3a_n+2a_{n-1}=0$ (n≥2)일 때, 일반항 $\{a_n\}$을 구하여라.

2. $a_0=a_1=1$, $a_n=a_{n-1}+a_{n-2}$ (n≥2)일 때, 일반항 $\{a_n\}$을 구하여라.

풀이 [정리 9-2-3]을 이용한다.

1. 특성방정식 $\lambda^2 - 3\lambda + 2 = 0$ 에서 두 근이 $\lambda = 1$, 2이므로 일반해는 식 ①과 같으며, 여기에 초기조건 n=1과 n=2를 식①에 대입하면 다음과 같다.

   $a_n = a \times (1)^n + b \times 2^n$ … ①

   n=1 : $a_1 = a + 2b = 1$ … ②

   n=2 : $a_2 = a + 4b = 3$ … ③. ②, ③에서 a=-1, b=1.

   $\therefore\ a_n = 2^n - 1$.

2. 특성방정식 $\lambda^2 - \lambda - 1 = 0$ 의 두 근을 a, b라 하자.

   $a = \dfrac{1+\sqrt{5}}{2}$, $b = \dfrac{1-\sqrt{5}}{2}$.

   $a_n = pa^n + qb^n$ … ①

   n=0 : $a_1 = p + q = 1$ … ②

   n=1 : $a_1 = pa + qb = 1$ … ③. ②, ③에서 $p = \dfrac{a}{\sqrt{5}}$, $q = \dfrac{b}{\sqrt{5}}$.

   $$\therefore\ a_n = pa^n + qb^n = \frac{1}{\sqrt{5}}\left[\left(\frac{1+\sqrt{5}}{2}\right)^{n+1} - \left(\frac{1-\sqrt{5}}{2}\right)^{n+1}\right].$$

유제 5

다음 물음에 답하여라.

1. $a_1 = 1, a_2 = 3$, $2a_{n+1} - 7a_n + 3a_{n-1} = 0$ (n≥2)일 때, 일반항 $\{a_n\}$을 구하여라.
2. $a_0 = a_1 = 3$, $a_n = a_{n-1} + 2a_{n-2}$ (n≥2)일 때, 일반항 $\{a_n\}$을 구하여라.

예제 9

다음 수열의 일반항 $\{a_n\}$을 구하여라.

$$a_0 = 1\ ,\ a_1 = -3\ ,\ a_n = -2a_{n-1} - a_{n-2}\ ,\ n \ge 2.$$

풀이 [정리 9-2-3]의 2를 이용한다. 특성방정식 $\lambda^2 + 2\lambda + 1 = 0$ 이 중근 $\lambda = -1$을 가지므로 일반항은 식 ①이며, n=0, 1을 식 ①에 대입하면 다음의 결과를 얻는다.

$a_n = (a+bn)(-1)^n$ … ①

n=0 : $a_0 = a = 1$,

n=1 : $a_1 = -a-b = -3$. $a=1, b=2$.

$\therefore\ a_n = (1+2n)(-1)^n$.

(2) 비제차형 : $a_{n+1} = pa_n + qa_{n-1} + f(n)$ **인 꼴.**

비제차형인 점화식의 일반해를 구하기 위하여, 위의 식에서 f(n)의 형태가 매우 중요하다는 사실은 앞에서 언급하였다. 여기서도 f(n)은 다음의 형태에서만 소개한다.

1. $f(n) = c_1 n^n + c_2 n^{n-1} + \cdots + c_n$ 인 경우
2. $f(n) = cp^n$인 경우

정리 9-2-4. $a_{n+1} = pa_n + qa_{n-1} + f(n)$**인 꼴**

1. $\lambda^2 = p\lambda + q$ 의 두 근이 a, b일 때 : $a_n = pa^n + qb^n + p_n$
2. $\lambda^2 = p\lambda + q$ 의 근이 중근 a일 때 : $a_n = (p_1 + q_1 n)a^n + p_n$

증명 [예제11]에서 설명한다.

예제 10

다음 물음에 답하여라.

1. $a_0 = 1, a_1 = 2$, $a_n = a_{n-1} + 2a_{n-2} + 3^n$ 일 때, a_n을 구하여라.
2. $a_0 = 1, a_1 = 2$, $a_n = a_{n-1} + 2a_{n-2} + 3n + 1$ 일 때, a_n을 구하여라.

풀이 [정리 9-2-4]의 1을 이용한다.

1. 특성방정식 $\lambda^2 - \lambda - 2 = 0$ 의 두 근이 -1, 2이므로 일반해는 식 ①이다.

$h_n = a \times (-1)^n + b \times 2^n$ … ①

특수해는 $p_n = c \times 3^n$ 이라 가정하고, 원식에 대입한다.

$c\times 3^n = c\times 3^{n-1} + 2c\times 3^{n-2} + 3^n \quad \Rightarrow c = \frac{9}{4}.$

$a_n = a\times(-1)^n + b\times 2^n + \frac{9}{4}\times 3^n \qquad \cdots ②$

이제 초기조건을 식 ②에 대입한다.

n=0 : $a_0 = a + b + \frac{9}{4} \Rightarrow a + b = \frac{5}{4} \qquad \cdots ③$

n=1 : $a_1 = -a + 2b + \frac{27}{4} \Rightarrow -a + 2b = \frac{19}{4}$ $\cdots$ ④. ③,④에서 $a = -\frac{3}{4}$, $b = 2$.

$\therefore\ a_n = -\frac{3}{4}\times(-1)^n + 2^{n+1} + \frac{9}{4}\times 3^n$.

2. 일반해는 위의 문제 1과 같다.

$h_n = a\times(-1)^n + b\times 2^n \qquad \cdots ①$

특수해는 $p_n = sn + t$ 라 가정하고 원식 에 대입하면 다음과 같다.

$sn + t = s(n-1) + t + 2[s(n-2) + t] + n + 1$
$= (3s+1)n - 5s + 3t + 1$

$s = 3s + 1 \ \cdots ② \quad t = -5s + 3t + 1 \ \cdots ③$. ②,③에서 $s = -\frac{1}{2}$, $t = -\frac{7}{4}$.

$a_n = a\times(-1)^n + b\times 2^n - \frac{1}{2}n - \frac{7}{4} \qquad \cdots ②$

식 ②에 초기조건을 대입하면 다음과 같다.

n=0 : $a_0 = a + b - \frac{7}{4} \qquad \cdots ③$

n=1 : $a_1 = -a + 2b - \frac{9}{4} \qquad \cdots ④$. ③,④에서 $a = -\frac{61}{12}$, $b = \frac{7}{3}$.

$\therefore\ a_n = -\frac{61}{12}\times(-1)^n + \frac{7}{3}\times 2^n - \frac{1}{2}n - \frac{7}{4}.$

예제 12

수열 $\{a_n\}$이 다음과 같이 주어졌을 때, 일반항 a_n을 구하여라.

$$a_0 = 4,\ \ a_1 = 7\ ,\ a_n = 4a_{n-1} + 4a_{n-2} + n.$$

풀이 [정리 9-2-4]의 2를 이용한다. f(n)=0일 때, 특성방정식 $\lambda^2 - 4\lambda + 4 = 0$ 은 중근 $\lambda = 2$

를 가지므로 일반해는 식 ①과 같다.

$h_n = (a+bn)\times 2^n$ … ①

특수해는 $p_n = cn+d$ 로 가정하고 원식 a_n에 대입한다.

$cn+d = 4[c(n-1)+d] - 4[c(n-2)+d] + n$

$= n+4c$

$\Rightarrow c=1,\ d=4c=4.$

$a_n = (a+bn)\times 2^n + n + 4$ … ②

n=0 : $a_0 = a+4$ … ③,

n=1 : $a_1 = 2(a+b)+5$ … ④. ③, ④에서

$a=0, b=1.$

$\therefore\ a_n = n\times 2^n + n + 4.$

유제 1

다음 물음에 답하여라.

1. $a_0 = 0$, $a_1 = -1$, $a_{n+1} = 2a_n + 3a_{n-1} + 4^n$.
2. $a_1 = 1,\ a_2 = 3,\ \ a_{n+2} = 6a_{n+1} - 9a_n + 2n + 3$.

우리는 지금까지 비제차형「$a_n = pa_{n-1} + qa_{n-2} + g(n)$」인 경우를 다루면서, 특수해 $\{p_n\}$은 다음과 같은 규칙을 추론할 수 있다.

1. $g(n) = r$(상수)일 때, $p_n = \alpha$(상수)
2. $g(n) = a^n$ 일 때, $p_n = ca^n$
3. $g(n) = n^2$ 일 때, $p_n = an^2 + bn + c$.

9-2-3 여러 가지 유형의 점화식

이절에서는 비선형의 점화식과 연립점화식 그리고 Dividing and Conquering 방법 등에 관하여 살펴본다.

(1) 비선형 : $a_{n+1}=\dfrac{a_n}{pa_n+q}$ **또는** $a_n=\dfrac{pa_{n-1}+q}{sa_{n-1}+t}$.

예제 12

다음 물음에 답하여라.

1. $a_1=\dfrac{1}{2},\ a_{n+1}=\dfrac{a_n}{2a_n+3}$ 일 때, 일반항 a_n을 구하여라.

2. $a_1=1\ ,\ a_{n+1}=\dfrac{3a_n+2}{a_n+2}$ 일 때, 일반항 a_n과 $\lim\limits_{n\to\infty}a_n$을 구하여라.

3. $a_1=1,\ a_{n+1}=\dfrac{a_n-1}{a_n+3}$ 일 때, 일반항 a_n과 $\lim\limits_{n\to\infty}a_n$을 구하여라.

풀이 문제 1은 양변에 역수를 취하고, 2는 특성방정식을 이용한다.

1. $a_1=\dfrac{1}{2},\ a_{n+1}=\dfrac{a_n}{2a_n+3}\ \Rightarrow\ \dfrac{1}{a_{n+1}}=2+\dfrac{3}{a_n}.\ b_n=\dfrac{1}{a_n}$이라 하자.

$b_1=2,\ b_{n+1}=3b_n+2$ … ①

①의 특성방정식 $\lambda^2=3\lambda$ 에서 일반해는 $h_n=c\times 3^n$ 이고, 특수해는 $p_n=\alpha$ 라 가정하면 $\alpha=3\alpha+2$ 에서 $\alpha=-1$.

$b_n=c\times 3^n-1$ … ②

n=1 : $b_1=3c-1=2\ ,\ c=1.\ b_n=3^n-1.$

$\therefore\ a_n=\dfrac{1}{3^n-1}.$

2. 특성방정식 $\lambda=\dfrac{3\lambda+2}{\lambda+2}$ 의 근이 $\lambda=-1$, 2이다.

$a_{n+1}+1=\dfrac{3a_n+2}{a_n+2}+1=\dfrac{4(a_n+1)}{a_n+2}$ … ①

$a_{n+1}-2=\dfrac{3a_n+2}{a_n+2}-2=\dfrac{a_n-2}{a_n+2}$ … ②. ①/②에서 다음이 성립한다.

$\dfrac{a_{n+1}+1}{a_{n+1}-2}=4\dfrac{a_n+1}{a_n-2}.\ \dfrac{a_n+1}{a_n-2}=b_n$ 이라하자.

$b_1=\dfrac{a_1+1}{a_n-2}=-2\ \ ,\ b_{n+1}=4b_n\Rightarrow b_n=4^{n-1}b_1=-2\times 4^{n-1}.$

$$\therefore\ a_n = \frac{2b_n+1}{b_n-1} = \frac{2^{2n}-1}{2^{2n-1}+1}.\ \lim_{n\to\infty} a_n = 2\ .$$

3. 특성방정식 $\lambda = \dfrac{\lambda-1}{\lambda+3}$ 를 풀면, $\lambda^2+2\lambda+1=0$ 에서 $\lambda=-1$(중근)이다.

$$a_{n+1}+1 = \frac{a_n-1}{a_n+3}+1 = \frac{2a_n+2}{a_n+3} \qquad \cdots ①$$

여기서 양변에 역수를 취하면 다음과 같다.

$$\frac{1}{a_{n+1}+1} = \frac{a_n+3}{2a_n+2} = \frac{1}{a_n+1}+\frac{1}{2}\ ,\ \frac{1}{a_n+1} = b_n$$ 이라 하자.

$$b_{n+1} = b_n+\frac{1}{2},\ b_1 = \frac{1}{a_1+1} = \frac{1}{2}$$

수열 $\{b_n\}$은 첫째항 $b_1 = \dfrac{1}{2}$, 공차 $\dfrac{1}{2}$인 등차수열을 이루므로 다음과 같다.

$$b_n = \frac{1}{2}+(n-1)\times\frac{1}{2} \quad \Rightarrow \quad \frac{1}{a_n+1} = \frac{n}{2}\ .$$

$$\therefore\quad a_n = -1+\frac{2}{n}\ ,\ \lim_{n\to\infty} a_n = -1\ .$$

유제 7

다음 물음에 답하여라.

1. $x_1=1,\ x_{n+1} = \dfrac{x_n}{3x_n-2}$ 일 때, 일반항 x_n을 구하여라.

2. $x_1=2,\ x_{n+1} = \dfrac{x_n-3}{2x_n+1}$ 일 때, 일반항 x_n을 구하여라.

(2) 연립점화식과 인접4항사이의 점화식

예제 13

다음 물음에 답하여라.

1. $\begin{pmatrix} a_1 \\ b_1 \end{pmatrix} = \begin{pmatrix} 2 \\ 4 \end{pmatrix}$, $\begin{pmatrix} a_{n+1} \\ b_{n+1} \end{pmatrix} = \begin{pmatrix} 3a_n + b_n \\ a_n + 3b_n \end{pmatrix}$ 일 때, 일반항 $\begin{pmatrix} a_n \\ b_n \end{pmatrix}$ 을 구하여라.

2. $a_1 = 0,\ a_2 = 1,\ a_3 = 2$, $a_{n+3} - a_{n+2} = a_{n+1} - a_n + 1$ 일 때, a_n을 구하여라.

3. $x_0 = x_1 = 1,\ x_2 = -3,\ x_n = 3x_{n-1} - 4x_{n-3}$, $n \geq 3$ 일 때, x_n을 구하여라.

풀이 다음과 같다.

1. 연립점화식이다.

$a_{n+1} = 3a_n + b_n$ … ① $b_{n+1} = a_n + 3b_n$ … ②

①+② : $a_{n+1} + b_{n+1} = 4(a_n + b_n)$

$\Rightarrow a_n + b_n = 4^{n-1}(a_1 + b_1) = 6 \times 4^{n-1}$ … ③

①-② : $a_{n+1} - b_{n+1} = 2(a_n - b_n)$

$\Rightarrow a_n - b_n = 2^{n-1}(a_1 - b_1) = -2^n$ … ④

∴ ③,④에서 $a_n = 3 \times 4^{n-1} - 2^{n-1},\ b_n = 3 \times 4^{n-1} + 2^{n-1}$.

2. 인접4항 점화식이다. $a_{n+1} - a_n = b_n$ 이라 하자.

$b_{n+2} = b_n + 1,\ b_1 = b_2 = 1$.

$\{b_n\}: 1,1,2,2,3,3,4,4,\cdots$ $\quad b_{2n} = b_{2n-1} = n$

n=2m-1 일 때, $a_{2m-1} = a_1 + \sum_{k=1}^{2m-2} b_k = \sum_{k=1}^{m-1}(b_{2k-1} + b_{2k}) = \sum_{k=1}^{m-1} 2k = m^2 - m$

n=2m 일 때, $a_{2m} = a_1 + \sum_{k=1}^{2m-1} b_k = \sum_{k=1}^{2m} b_k - b_{2m} = \sum_{k=1}^{m} 2k - m = m^2$.

3. 특성방정식 $\lambda^3 - 3\lambda^2 - 4 = 0$ 에서 $\lambda = 2$ (중근), $\lambda = -1$ 이므로 일반항은 식 ①이다.

$x_n = (a + bn) \times 2^n + c(-1)^n$ … ①

n=0 : $x_0 = a + c = 1$ … ②

n=1 : $x_1 = 2(a + b) - c = 1$ … ③

n=2 : $x_2 = 4(a + 2b) + c = -3$ … ④. ②,③,④에서 a=-2, b=1, c=3.

∴ $x_n = (n-2) \times 2^n + 3(-1)^n$.

예제 14

모든 항이 양수인 수열 $\{a_n\}$은 $a_1 = 10$이고, 다음을 만족시킨다.

$$(a_{n+1})^{n+1} = \frac{a_1 + a_2^2 + a_3^3 + \cdots + a_n^n}{n} (n \geq 1)$$

일반항 a_n을 구하여라.

풀이 $b_n = a_n^n$ 이라 하자. $b_1 = 10$이고 주어진 식으로부터 다음과 같다.

$b_{n+1} = \dfrac{b_1 + b_2 + \cdots + b_n}{n} (n \geq 1)$. $S_n = \displaystyle\sum_{k=1}^{n} b_k$이라 하면 다음과 같다.

$$b_{n+1} = S_{n+1} - S_n \ ,\ S_{n+1} - S_n = \frac{S_n}{n}$$

$$\Rightarrow S_{n+1} = \frac{n+1}{n} S_n$$

$$\Rightarrow S_n = \frac{2}{1} \times \frac{3}{2} \times \cdots \times \frac{n}{n-1} S_1$$

$$= nS_1 \ ,\ S_1 = 10.$$

$$b_{n+1} = \frac{S_n}{n} = S_1 = 10,\ b_n = 10.$$

$$\therefore\ a_n = \sqrt[n]{b_n} = \sqrt[n]{10}.$$

(3) Dividing and Conquering 방법

마지막으로「$a_{2n} = a_n + f(n)$」인 형태로 주어진 점화식의 일반항을 구하는 문제를 생각하자. 집합의 원소의 개수가 n 일 때, 이 알고리즘을 수행하는데 T(n)이라는 시간이 소요된다고 하자. 이러한 알고리즘의 대표적인 방법이 주어진 집합을 크기가 거의 같은 2개의 부분집합으로 나누어 이 알고리즘을 각각 수행한 다음 두 부분집합의 최대원소를 비교하면 주어진 집합의 최대원소를 구한다. 이러한 방법을 Dividing and Conquering 방법이라고 한다.

예제 15

다음 점화식은 Dividing and Conquering 방법에 의한 집합의 최대원소를 찾는 알고

리즘의 수행시간에 대한 식이다. 각각에 대하여 증명하여라.

1. $x_{2n} = 2x_n + f(n),\ n \ge 1$ 이면, $x_{2^m} = 2^m \cdot \left[x_1 + \frac{1}{2}\sum_{i=0}^{m-1}\frac{f(2^i)}{2^i}\right],\ m \ge 0.$

2. $x_{2n} = 2x_n + A + Bn$, (A, B는 상수)이면, $x_{2^m} = 2^m x_1 + (2^m - 1)A + \frac{B}{2} \cdot 2^m \cdot m.$

   특히, $n = 2^m$ 이면, $x_n = nx_1 + (n-1)A + \frac{B}{2} \cdot n \cdot \log_2 n.$

풀이 수학적 귀납법으로 증명한다.

1. 기본단계 : m=0일 때, $x_{2^0} = 2^0 x_1$ 이므로 성립한다.

   귀납단계 : m≥0일 때, 성립한다고 가정하고 m+1 일 때 성립함을 보이면 된다. 즉,

$$
\begin{aligned}
x_{2^{m+1}} &= x_{2\times 2^m} = 2 \cdot x_{2^m} + f(2^m) \\
&= 2 \cdot 2^m \cdot \left[x_1 + \frac{1}{2}\sum_{i=0}^{m-1}\frac{f(2^i)}{2^i}\right] + f(2^m) \\
&= 2^{m+1}\left[x_1 + \frac{1}{2}\sum_{i=0}^{m-1}\frac{f(2^i)}{2^i} + \frac{1}{2}\frac{1}{2^m}f(2^i)\right] \\
&= 2^{m+1}\left[x_1 + \frac{1}{2}\sum_{i=0}^{m-1}\frac{f(2^i)}{2^i}\right]
\end{aligned}
$$

   이므로 m+1일 때에도 성립한다.

2. $f(n) = A + Bn$ 의 경우이므로 다음과 같다.

$$
\begin{aligned}
\sum_{i=0}^{m-1}\frac{f(2^i)}{2^i} &= \sum_{i=0}^{m-1}\frac{A + B\times 2^i}{2^i} \\
&= A\sum_{i=0}^{m-1}\frac{1}{2^i} + mB.
\end{aligned}
$$

$$
\begin{aligned}
x_{2^m} &= 2^m\left[x_1 + \frac{1}{2}\sum_{i=0}^{m-1}\frac{f(2^i)}{2^i}\right] \\
&= 2^m\left[x_1 + \frac{1}{2}\left(A\sum_{i=0}^{m-1}\frac{1}{2^i} + mB\right)\right] \\
&= 2^m x_1 + A\sum_{i=0}^{m-1}2^i + B \cdot 2^{m-1} \cdot m \\
&= 2^m x - 1 + (2^m - 1)A + \frac{B}{2} \cdot 2^m \cdot m
\end{aligned}
$$

   이다.

이산수학 연습문제

1. 다음은 점화관계에 있음을 보여라.

(1) [a]는 m≤a를 만족하는 가장 큰 정수라 하자.

$$T(1)=1,\ T(n)=2\times T([n/2]),\ n\geq 2.$$

(2) f(0)=0, f(1)=1, f(2)=2, f(n+1)=f(n)+f(n-1) +2n+1

2. A는 흰 바둑돌과 검은 바둑돌로 [그림 9-1] 과 같은 일렬로 된 칸들을 검은 바둑돌끼리는 이웃하지 않게 채우려고 한다. 이 때, 칸을 채우는 방법이 어떠한 규칙이 있어서 조사를 해 보았더니 n개의 칸을 채우는 방법의 수를 a_n이라 할 때, a_n은 a_{n-1} 과 a_{n-2}에 의하여 결정된다는 것을 알았다. 그 규칙을 점화식으로 나타내어라. 단, n≥3.

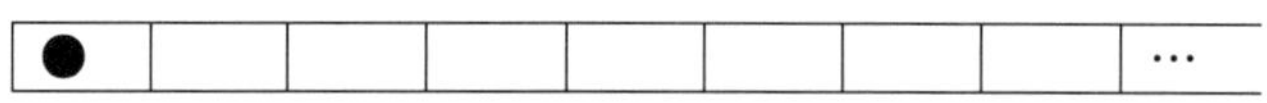

[그림 9-1]

3. 다음 제차형에 대한 점화식의 일반항을 구하여라.

(1) $a_1 = 1, a_{n+1} = \left(\frac{1}{3}\right)^n a_n$

(2) $b_1 = 1,\ b_{n+1} = \frac{n(n+1)}{(n+1)(n+2)} b_n$

4. 다음 비제차형에 대한 점화식의 일반항을 구하여라.

(1) $x_1 = 1,\ nx_{n+1} = (n+1)x_n + 1$

(2) $x_1 = 3,\ x_{n+1} = 3x_n + 3^{n+1}$

5. 일반화한 피보나치수열은 다음과 같이 정의한다.

$$a_0 = a,\ a_1 = b,\quad a_n = g_{n-1} + a_{n-2},\ n \geq 2$$

(1) a_5를 구하여라.

(2) $a=2,\ b=1$ 일 때, a_n을 구하여라.

(3) $a_n = sa_{n-1} + ta_{n-2},\ n \ge 2$ 는 피보나치수열임을 보여라.

6. 다음과 같이 점화식으로 정의된 수열의 일반항을 구하여라.

(1) $s_0 = 1,\ s_1 = -3,\quad s_n = -2s_{n-1} + 3s_{n-2},\ n \ge 2$

(2) $s_0 = 1,\ s_1 = 8,\quad s_n = 4s_{n-1} - 4s_{n-2},\ n \ge 2$

(3) $s_1 = 1,\quad s_{2n} = 2s_n + 3$

(4) $s_0 = 0,\quad s_{2n} = 2s_n - 7n + 5,\ n \ge 1$

CHAPTER 10

순열과 조합

이산수학에서 다루는 가장 기본적인 분야 중의 하나가 셈을 어떻게 보다 정확하고 효율적으로 할 수 있는지가 매우 중요하다. 이러한 점을 논리적으로 해결하기 위하여 순열이나 조합과 같은 수학적 개념을 이용한다. 이장에서는 세어야할 수학적 대상이 발생하는 경우의 수를 어떻게 정확하게 계산할 것인가에 대하여 다룬다.

10-1 셈의 기본법칙

이절에서는 셈(counting)의 기본법칙으로 경우의 수를 구하는데 기본이 되는 합의 법칙과 곱의 법칙 그리고 비둘기집의 원리에 관하여 소개한다.

(1) 합의 법칙

임의 두 사건 A, B가 있다고 하자. 두 사건이 동시에 일어날 수 없는 경우를 말한다.

정의 10-1-1. 합의 법칙

두 사건 A, B가 동시에 일어나지 않을 때, A, B가 각각 일어날 경우의 수를 a, b가지라고 하면, A또는 B가 일어나는 경우의 수는 (a+b) 가지이다.

두 집합 A, B에 대하여, 일반적으로는 $n(A\cup B)=n(A)+n(B)-n(A\cap B)$이지만, 합의 법칙에서는 $A\cap B=\varnothing$이므로 $n(A\cup B)=n(A)+n(B)$임을 유념하자.

예제 1

다음 물음에 답하여라.

1. A, B두 개의 주사위를 던질 때, 눈의 합이 3또는 5가 되는 경우의 수를 구하여라.
2. 1에서부터 30까지의 숫자가 적힌 30장의 카드가 임의의 상자에 들어 있다. 이 상자에서 한 장의 카드를 꺼낼 때, 5의 배수나 7의 배수가 나올 경우의 수는?
3. 문제 2에서 한 장의 카드를 꺼낼 때, 3의 배수나 4의 배수의 카드가 나올 경우의 수를 구하여라.

풀이 [정의 10-1-1]을 이용한다.

1. (1) 눈의 합이 3인 경우 : (1,2), (3,1) ⇒ 2가지.
   (2) 눈의 합이 5인 경우 : (1,4), (4,1), (2,3), (3,2) ⇒ 4가지.
   (1)의 경우와 (2)의 경우는 동시에 일어날 수 없으므로 합의 법칙이 성립한다.
   ∴ (2+4)=6 가지.
2. (1) 5의 배수의 카드를 꺼낼 경우 : (5,10,15,20,25,30)의 6가지.
   (2) 7의 배수의 카드를 꺼낼 경우 : (7,14,21,28)의 4가지.
   ∴ (1)의 경우와 (2)의 경우가 동시에 일어날 수 없다. (6+4)=10가지.
3. (1) 3의 배수 : 10가지.
   (2) 4의 배수 : 7가지.
   (3) 3과 4의 배수 즉, 12의 배수 : 2가지.
   ∴ (1)+(2)-(3)에서 15가지.

(2) 곱의 법칙

합의 법칙과 달리 곱의 법칙은 임의의 사건들이 동시에 일어나는 경우를 말하는데, 여기서 동시라는 의미는 시각을 뜻하는 것이 아니고 경우의 수를 구하는 과정에서 두 사건이 모두 일어나야 한다는 의미이다.

정의 10-1-2. 곱의 법칙

두 사건 A, B에 대하여, A, B가 각각 일어날 경우의 수를 a, b가지라고하면, A와 B가 동시에(잇달아)일어나는 경우의 수는 (a×b) 가지이다.

예제 2

다음 물음에 답하여라.

1. 일간지가 6종류, 주간지가 3종류 있다. 일간지와 주간지를 각각 1부씩 구독하는 방법의 수는?
2. S={1,2,3,4}에 대하여 S에서 S로의 함수 f중 $f(n) \geq n$을 만족하는 경우의 수를 구하여라.
3. [그림 10-1]에 나타난 4개 지역 A, B, C, D를 빨간색, 노란색, 파란색, 주황색 색연필을 이용하여 구별하고자 한다. 중복은 허락해도 좋으나 인접한 영역은 서로 다른 색으로 칠할 때, 색칠하는 방법의 수는?

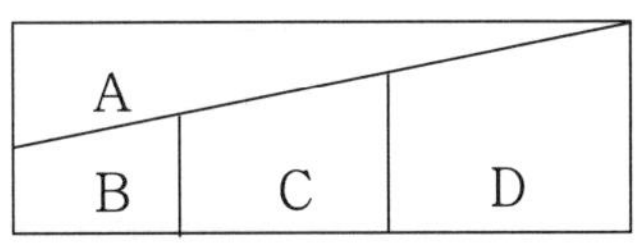

[그림 10-1]

풀이 [정의 10-1-2]를 이용한다.

1. 주간지의 종류를 a, b, c라 하고, 일간지의 종류를 1,2,3,4,5,6이라 하자. 구독하는 방법의 수는 다음과 같다.
   위 의 수형도에서와 같이 곱의 법칙이 적용된다.
   $\therefore (3\times6)=18$가지.
2. n=1 : $f(1)\geq1$인 경우, f(1)의 값은 1,2,3,4 모두 가능하다. 4가지.
   n=2 : $f(2)\geq2$인 경우, f(2)의 값은 2,3,4 가능하다. 3가지.
   n=3 : $f(3)\geq3$인 경우, f(3)의 값은 3,4 가능하다. 2가지.
   n=4 : $f(4)\geq4$인 경우, f(4)의 값은 4 이다. 1가지.
   $\therefore 4\times3\times2\times1=24$가지.
3. 다음 두 가지로 생각한다.
   (1) 중복을 허락하지 않은 경우 : 4색을 4지역에 색칠한다.
   A지역 4가지, B지역 3가지, C지역 2가지, D지역 1가지.
   $4\times3\times2\times1=24$가지.
   (2) 중복을 허락하는 경우 : 중복이 가능한 지역은 B, D이다.
   B, D에 색칠 방법의 수는 4가지. 나머지 지역은 6가지
   $4\times6=24$가지.
   $\therefore (1)+(2)=24+24=48$가지.

유제 1

다음 물음에 답하여라.

1. 부등식 $x+2y \leq 6$을 만족시키는 자연수 x, y의 순서쌍 (x, y)의 개수는?
2. (a+b+c)(x+y+z+u)를 전개했을 때, 항의 개수는?
3. 집과 대학사이의 도로가 [그림 10-2]와 같을 때, 집에서 출발하여 대학으로 가는 길잡이의 방법의 수는? 단, 한번 지나간 지점은 다시 지나지 않는다.

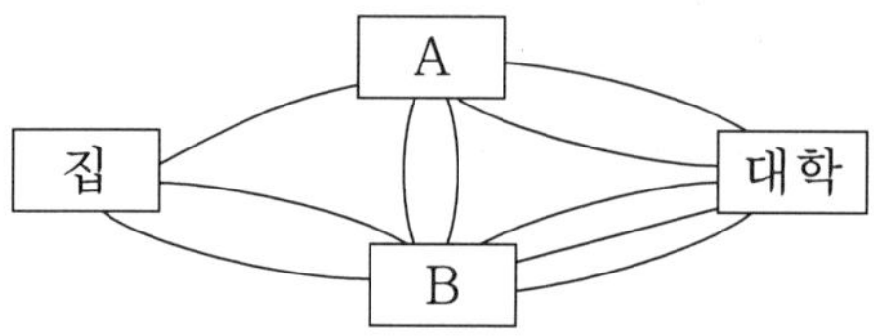

[그림 10-2]

(3) 비둘기집 원리(pigeonhole principle)

비둘기집의 원리가 연구되는 목적은 비둘기집의 원리를 이해하고 이것이 실생활에서 어떻게 사용되는지를 알아보는 것으로 직접 용례를 만들어 보고, 그 용례가 증명이 되는지 확인해 보는 것이다. 또한, 매우 단순하면서도 간단한 사실이 많은 것들의 증명에 유용하게 사용된다.

정리 10-1-1. 비둘기집 원리(I)

(n+1)마리의 비둘기가 n개의 비둘기집에 들어가려면 적어도 1개의 집은 2마리이상의 비둘기가 들어가야 한다.

증명 수학적 귀납법을 이용한다. n=1일 때 : 성립함은 자명하다. n=k일 때 성립한다고 가정하면, n=k+1일 때,

1) k+1개의 집중에 빈집이 하나 존재하는 경우 : k개의 집에 k+2마리의 비둘기가 들어가므로 성립.

2) k+1개의 집중에서 빈집이 하나도 없는 경우 : k+1개의 집에 최소 한 마리씩 들어가므로 k+1마리가 소요되므로 남은 한마리가 들어가는 비둘기집에는 2마리가 존재한다.

정리 10-1-2. 비둘기집 원리(II)

m마리의 비둘기가 n개의 집에 있다면 적어도 하나의 집은 $\left[\frac{m-1}{n}\right]+1$ 마리 이상의 비둘기를 갖는다.

증명 n개의 각 비둘기집이 $\left[\frac{m-1}{n}\right]$ 마리 이하의 비둘기를 갖는다고 가정하자.

$n\left[\frac{m-1}{n}\right] \le m-1 < m$ 이므로, 기껏해야 (m-1)개의 비둘기가 있다. 이것은 가정에 모순이다.

예제 3

다음 물음에 답하여라.

1. 반지름이 10인 원형 다트에 다트를 7번 던지면, 꽂힌 위치 중 적어도 거리가 10 이하인 두 점이 존재한다.
2. 3의 거듭제곱 중에서 십진법으로 표시하여 끝자리가 001로 끝나는 수가 존재한다.
3. 서로 다른 일곱 개의 실수를 임의로 선택했을 때, 그 중 $0<\frac{x-y}{1+xy}<\frac{1}{\sqrt{3}}$을 만족하는 두 실수 x, y가 항상 존재함을 증명하라.

풀이 [정리10-1-1]을 이용한다.

1. 원을 부채꼴로 6등분하면 다트는 일곱 개인데 원은 6개 조각으로 나누었으므로 두개의 다트는 적어도 한 군데에 같이 들어가야 한다. 따라서 한 개의 부채꼴 안에있는 두 다트는 거리가 10 이하일 수밖에 없다.
2. $3^1, 3^2, \cdots, 3^{1001}$와 같은 수 1001개를 생각하자. 1000으로 나누었을 때, 나오는 나머지는 1000개뿐이므로, 비둘기집의 원리에 의하여 적어도 두 수의 나머지가 같다. 그 두 수를 $3^n, 3^m$ (n 〉 m)이라 하면, $3^n-3^m=3^m(3^{n-m}-1)$ 이고 3^m과 1000은 서로 소이므로, $1000|(3^{n-m}-1)$, 즉 1000의 배수이다. 따라서 3^{n-m}은 십진법으로 끝자리가 001로 끝난다.
3. 임의의 실수 x에 대해 $x=\tan\theta$ 을 만족하는 θ를 $-\frac{\pi}{2}<\theta<\frac{\pi}{2}$ 범위에서 항상 찾을 수 있다. 선택된 일곱 개의 수 각각을 $x_1, \cdots, x_7$ 이라 하면 각각 $\theta_1, \cdots, \theta_7$ 이 존재해서

$x_i = \tan\theta_i$ 가 성립하게 만들 수 있다. 따라서 길이가 π인 그 구간을 6등분하면 비둘기집의 원리에 의해 $\theta_1, \cdots, \theta_7$ 중 적어도 두 수는 같은 구간에 들어간다. 그 두 수를 $\theta_i,\ \theta_j$(편의상$\theta_i > \theta_j$)라 하면, 삼각함수의 합의 공식에 의해

$$0 < \frac{x_i - x_j}{1 + x_i x_j} = \tan(\theta_i - \theta_j) < \tan\frac{\pi}{6} = \frac{1}{\sqrt{3}}$$

이 성립한다.

유제 2

다음 예에서 비둘기 집 원리가 어떻게 적용되었는지를 생각해 본다.

1. 13명의 사람들 중에는 같은 달에 생일을 갖는 사람이 적어도 두 명이상이다.
2. 101마리의 비둘기가 100개의 비둘기집에 들어가려 할 때, 적어도 하나의 집은 두 마리 이상의 비둘기가 들어가야 한다.

예제 4

사람은 기껏해야 백만 개의 머리카락을 가지고 있다고 한다. 서울은 천만 인구를 가지고 있다. 서울에는 정확히 같은 수의 머리카락을 가진 사람이 얼마나 된다고 추측되는가?

풀이 비둘기집 원리 II를 이용한다.

$\therefore \left[\frac{10000000-1}{1000000}\right] + 1 \risingdotseq 10$ 이므로 10명이상으로 추측된다.

10-2 순열

순열(permutation) 또는 치환은 순서가 부여된 임의의 집합을 다른 순서로 뒤섞는 연산이다. 즉, 치환은 정의역과 공역이 같은 일대일 대응이다. n개의 원소의 순서를 뒤섞는 치환의 개수는 n의 계승 n! 와 같다. 즉, n 이하의 양의 정수들을 곱한 값이다.

정의 10-2-1. 치환(permutation)

n개의 자연수 집합을 $J_n = \{1,2,3,\cdots,n\}$ 이라 하자. 이 때 전단사함수 $\sigma : J_n \rightarrow J_n$ 을 순열 또는 치환이라고 한다.

때로는 치환을 다음과 같이 표현한다.

$$\sigma = \begin{pmatrix} 1 & 2 & 3 & \cdots & n \\ j_1 & j_2 & j_3 & \cdots & j_n \end{pmatrix}$$

집합 $\{j_1 = \sigma(1), j_2 = \sigma(2), \cdots, j_n = \sigma(n)\}$은 J_n과 같으며, 오직 그 순서가 변한 것뿐이다. J_n의 n개의 수로된 수열의 수는 n!이므로 이러한 (순열)치환의 수는 n!가시이다.

예제 5

집합 $J_3 = \{1,2,3\}$ 에 대하여, J_3의 치환의 수는 모두 몇 가지인가?

풀이 다음과 같다.

$$\begin{pmatrix} 1 & 2 & 3 \\ 1 & 2 & 3 \end{pmatrix} \begin{pmatrix} 1 & 2 & 3 \\ 1 & 3 & 2 \end{pmatrix} \begin{pmatrix} 1 & 2 & 3 \\ 2 & 1 & 3 \end{pmatrix} \begin{pmatrix} 1 & 2 & 3 \\ 2 & 3 & 1 \end{pmatrix} \begin{pmatrix} 1 & 2 & 3 \\ 3 & 2 & 1 \end{pmatrix} \begin{pmatrix} 1 & 2 & 3 \\ 3 & 1 & 2 \end{pmatrix}$$

∴ 3!=6가지.

위의 [정의 10-2-1]은 치환의 일반적인 정의로 행렬식의 정의 등에 사용되며, 셈의 기본 법칙을 위해서는 순열에 대한 다음의 정의가 보다 유용하다.

정의 10-2-2. 순열(permutation)

서로 다른 n개의 원소를 가진 집합에서 r(r≤n)개의 원소를 선택하여, 순서를 생각하며 일렬로 배열한 것을 n개에서 r개를 선택하는 순열이라하고 다음과 같이 표현한다.

$$P(n,r) \text{ 또는 } {}_nP_r$$

이제 순열의 셈 법칙을 요약하자.

1. $P(n,0)=1$.

2. $P(n,r)=n(n-1)(n-2)\cdots(n-r+1)\ =\dfrac{n!}{(n-r)!}$, $r \le n$.

3. $P(n,n)=n(n-1)(n-2)\cdots 2$, $\cdot\ 1\ = n!$, $0!=1$.

예제 6

다음 물음에 답하여라.

1. 집합 A={0,2,4,6,8,10}에서 3개를 선택하여 3자리 자연수를 만들 수 있는 방법의 수를 구하여라. 단, 0은 포함하지 않는다.
2. 야구선수 9명에게 타순을 정하는 방법의 수는? 단, 주장은 맨 마지막으로 한다.
3. 집합 A={a, b, c, d, e, f, g} 에서 4개를 택하여, 일렬로 배열하는 방법의 수를 구하여라.

풀이 위의 정리를 이용한다.

1. 0이 포함되지 않으므로 2,4,6,8,10 중에서 3개를 선택하면 된다.
   ∴ P(5,3)=5×4×3=60가지.
2. 주장은 맨 마지막으로 결정되었으므로 8명만 타순을 정하면 된다.
   ∴ 8!가지.
3. 7개 중에서 4개를 택하는 경우는 P(7,4)이고, 택한 4개를 일렬로 배열하는 방법은4!이다. ∴ P(7,4)×4!=7×6×5×4×4!=20160가지.

예제 7

다음 물음에 답하여라.

1. 1,3,5 세 개의 홀수카드와 2,4,6,8 네 개의 짝수카드로 7자리 자연수를 만들 때, 양끝의 수는 짝수일 경우의 수를 구하여라.
2. 10권의 책을 책꽂이에 정리하려고 한다. 그는 국어책 4권, 영어책 3권, 역사책 2 권, 이산수학 1권을 가지고 있다. 이들을 같은 종류별로 정리하려고 한다. 가

능한 배열의 수를 구하여라.

3. 어느 산악 동호회에서 남자 4명, 여자 3명이 일렬로 서서 설악산을 등반하려고 한다. 이 때, 여자들끼리는 이웃하지 않게 세우는 방법의 수를 구하여라.

풀이 다음과 같다.

1. 양쪽 끝에 짝수가 오는 경우는 P(4,2)가지이고, 나머지 5개 숫자로 5자리정수를 만드는 방법은 P(5,5)=5!가지이다. 곱의 법칙을 적용하면 다음과 같다.
   ∴ P(4,2)×5!=1440가지.
2. 국어책들, 영어책들, 역사책들 그리고 이산수학을 각각 배열하는 방법은 4!3!2!1!가지이고, 과목의 배열수가 4!이다.
   ∴ (4!×3!×2!×1!)×4!=6912가지.
3. 다음 [그림 10-3]과 같이 먼저 남자 4명을 배열하여 고정하는 방법의 수 : 4!가지.
   그다음 5군데의 빈자리에 여자 3명을 배열하는 방법의 수 : P(5,3)가지.

○ 남 ○ 남 ○ 남 ○ 남 ○

[그림 10-3]

∴ P(5,3)×4!=1440가지.

유제 3

다음 물음에 답하여라.

1. A, B, C, D, E의 다섯 사람 중에서 위원장, 부위원장, 서기를 각각 1명씩 뽑으려고 한다.
   (1) 모두 몇 가지 경우인가?
   (2) 위원장은 반드시 A가 뽑히는 경우는?
   (3) C는 임원이 될 수 없는 것은?
2. 1, 2, 3, 4, 5의 5개의 숫자를 배열하여 5자리 자연수를 만든다.
   (1) 32000보다 큰 것은 몇 개인가?
   (2) 32000보다 작은 5의 배수는 몇 개인가?
   (3) 가장 적은 수부터 15번째 정수는?

예제 8

문자들 「PPEPER」을 사용하여 만들 수 있는 문자들의 배열은?

풀이 3개의 문자 P와 2개의 문자 E가 서로 구별된다고 생각하자. 그러면 $P_1P_2E_1P_3E_2R$ 을 일렬로 배열하는 경우이므로 6!가지이다. 그러나 이들 중 P들과 E들의 순서를 바꾸더라도 [표 10-1]에서와 같이 「PPEPER」이라는 문자열에는 변화가 없다. 즉, 3!2!개의 순열

[표 10-1]

P_1	P_2	E_1	P_3	E_2	R	P_1	P_2	E_2	P_3	E_1	R
P_1	P_3	E_1	P_2	E_2	R	P_1	P_3	E_2	P_2	E_1	R
P_2	P_1	E_1	P_3	E_2	R	P_2	P_3	E_2	P_1	E_1	R
P_2	P_3	E_1	P_1	E_2	R	P_2	P_1	E_2	P_3	E_1	R
P_3	P_2	E_1	P_1	E_2	R	P_3	P_2	E_2	P_1	E_1	R
P_3	P_1	E_1	P_2	E_2	R	P_3	P_1	E_2	P_3	E_1	R

은 같은 문자열이다. 그러므로 총가지수 6!에서 3!2!가지를 나누어 주어야 한다.

$\therefore \dfrac{6!}{3!2!} = 60$ 가지.

정리 10-2-1. 같은 문자(숫자)를 포함하는 순열

$n_1, n_2, \cdots, n_r$개가 같은 원소들인, 총 $n = n_1 + n_2 + \cdots + n_r$개의 집합에서의 가능한 순열의 수는 다음과 같다.

$$P(n : n_1, n_2, \cdots, n_r) = \frac{n!}{n_1!n_2!\cdots n_r!}$$

[정리 10-2-1]은 다음 절 다항계수에서 다시 설명하기로 하고, 위의 증명은 [예제8]의 풀이로 대신한다.

예제 9

success의 7개 문자를 일렬로 배열한다.

(1) 양 끝에 s가 오는 경우는?

(2) 3개의 s가 모두 인접하는 경우는?

(3) s는 홀수 번째 오는 경우는?

풀이 [정리 10-2-1]을 이용한다.

(1) $P(7:3,2,1,1)=\dfrac{7!}{3!2!}=$ 420가지.

(2) 3개의 sss를 하나 S로 묶는다. 그러면 S,c,c,u,e를 일렬로 배열하면 된다.

$\therefore\ P(5:2,1,1,1)=\dfrac{5!}{2!}=60$ 가지.

(3) [그림 10-4]와같이 7군데 중 홀수 번째의 위치는 4군데이고, s를 배치할 곳은 3군데이므로 배열하는 방법은 $P(4,3)\times\dfrac{1}{3!}$이고, 나머지 4곳을 u,c,c,e로 배열하는 방법 은 $\dfrac{4!}{2!}$ 가지이다.

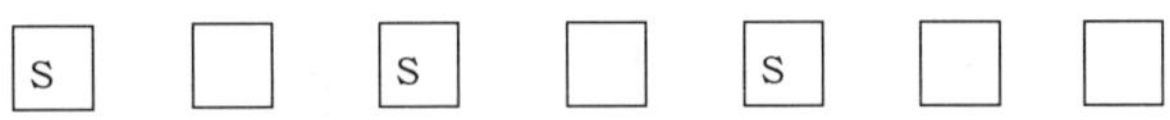

[그림 10-4]

$\therefore\ P(4,3)\times\dfrac{1}{3!}\times\dfrac{4!}{2!}=48$가지.

유제 4

1112234의 7개 숫자를 일렬로 배열한다.

(1) 일렬로 배열할 때 총경우의 수는?

(2) 1의 숫자는 이웃하지 않는 경우는?

(3) 4개를 선택하여 4자리 자연수를 만드는 경우의 수는?

예제 10

[그림 10-5]과 같은 도로망이 있다. 다음 물음에 답하여라.

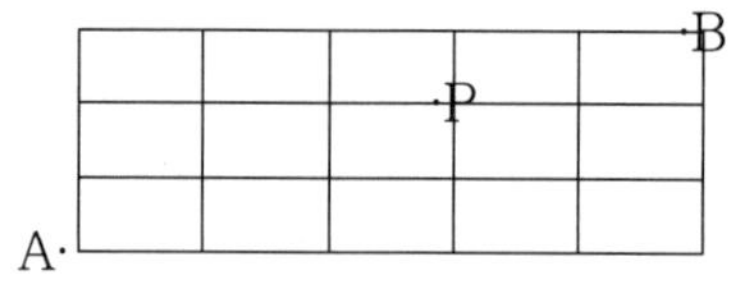

[그림 10-5]

(1) A에서 B 로 가는 최단거리를 구하여라.

(2) A에서 P를 경유하여 B로 가는 최단거리를 구하여라.

(3) A에서 P를 경유하지 않고, B로 가는 최단거리를 구하여라.

풀이 가로의 한 칸을 a, 세로의 한 칸을 b라 하자.

(1) A→B : 문자열 aaaaabbb를 일렬로 배열하는 경우와 같다.

$\therefore\ P(8:5,3)=\dfrac{8!}{5!3!}=$ 56가지.

(2) A→P→B : $P(5:3,2)\times P(3:2,1)=\dfrac{5!}{3!2!}\times\dfrac{3!}{2!}=$ 30가지.

(3) (3)의 경우는 (2)의 여사건으로 (A→B)에서 (A→P→B)를 빼면 된다.

∴ 56-30=26가지.

이제 중복을 허락하는 중복순열에 관하여 정의하자.

정의 10-2-3. 중복순열

서로 다른 n개의 집합에서 중복을 허락하여 r개를 선택하여 일렬로 배열하는 경우의 수를 중복순열이라 하고 다음과 같이 표현한다.

$$\Pi(n,r)={}_n\Pi_r=n^r$$

예제 11

집합 A={a, b, c, d, e}중에서 3개를 선택하여 만들 수 있는 가능한 문자열은?

(1) 새 개가 모두 다를 경우의 수는?

(2) 같은 문자가 있어도 무방한 경우는?

(3) 문자 a는 반드시 포함되고 같은 문자가 있어도 무방한 경우는?

풀이 순열과 중복순열에 유의 한다.

(1) P(5,3)=60가지. (2) ${}_5\Pi_3 = 5^3$ =125가지. (3) ${}_4\Pi_2 = 4^2$ 16가지.

위의 [예제11]의 (2)에서 다음과 같이 경우의 수를 생각할 수 도 있다.

1) 3개 모두 같은 문자일 경우 : 예) aaa.

5개의 문자 중 한 문자만 택하여 중복을 허락한다. ${}_5\Pi_1$ =5.

2) 3문자 중 두 문자로 이루어 진 경우 : 예) aab, abb.

5개의 문자 중 2개를 택하여, 2문자를 중복하여, 3문자로 일렬로 배열한다.

$({}_5P_2 \times \frac{1}{2!} \times \frac{3!}{2!}) \times 2 = 60.$

3) 3문자 모두 다른 경우 : 예) abc. ${}_5P_3 = 60$ 가지.

∴ 1)+2)+3)=125가지.

예제 12

두 집합 A={a, b, c, d}, B={1,2,3}에 대하여, 다음 물음에 답하여라.

(1) A에서 B로의 함수의 개수를 구하여라.

(2) A에서 B로의 함수 중 일대일 함수의 개수를 구하여라.

(3) A에서 B로의 함수 중 전사함수의 개수를 구하여라.

풀이 다음과 같다.

(1) ${}_3\Pi_4 = 3^4$ =81가지.

(2) P(4,3)=4×3×2=24가지.

(3) 집합의 분할을 이용하면 S(4,3)×3!=36가지.

유제 5

다음 물음에 답하여라.

1. 기호 ○, ■ 를 배열하여 전신부호를 만든다.

(1) ○, ■ 에서 3개를 택하여 만들 수 있는 부호의 개수는?

(2) 50개의 부호를 만들려면 이 기호를 몇 개까지 쓰면 되는가?

2. 서로 다른 3접시에 서로 다른 빵 5개를 분배하는 경우의 수는?

10-3 조합(combination)

조합(combination)은 집합에서 일부 원소를 취해 부분집합을 만드는 방법을 말한다. 그 경우의 수는 이항계수(binomial coefficient)이다. 순열을 이해하고 있으면 조합은 매우 쉽게 정의할 수 있다. 이절에서는 조합과 중복조합에 관하여 다루겠다.

정의 10-3-1. 조합(combination)

서로 다른 n개의 집합에서 순서를 생각하지 않고, r개를 선택하는 경우의 수를 조합이라고 하고 다음과 같이 표현한다.

$$C(n,r) = {}_nC_r = \binom{n}{r}$$

조합의 셈에 대한 법칙을 다음과 같이 정리한다.

1. $C(n,r) = \dfrac{P(n,r)}{r!} = \dfrac{n!}{r!(n-r)!}$, $r \le n$.
2. $C(n,0) = 1$, $C(n,n) = 1$.
3. $C(n,r) = C(n,n-r) \Leftrightarrow {}_nC_r = {}_nC_{n-r}$

순열은 n개 가운데 r개를 택하여 일렬로 배열하는 방법의 수이고, 조합은 n개 가운데서 순서를 생각하지 않고 r개를 선택하는 경우의 수이다. 예를 들어 집합 A={a, b, c, d, e}에서 3개의 문자를 순서에 관계없이 선택하는 방법은 C(5,3)이고, 3개의 문자를 선택하여 일렬로 배열한다면, P(5,3)가지의 방법이다. 여기에 다음이 성립한다.

$$C(n,r)\times r! = P(n,r) \Leftrightarrow \binom{n}{r}\times r! = {}_nP_r$$

〈참고〉 $C(9,5)=\dfrac{9!}{5!4!}$ ⇔ aaaaabbbb를 일렬로 배열하는 방법.

$P(9,5)=\dfrac{9!}{4!}$ ⇔ aaaabcdef를 일렬로 배열하는 방법.

예제 13

10명의 회원 중에 3명의 임원을 선출하려고 한다.

(1) 3명의 임원을 선출하는 방법의 수는?

(2) 회장, 부회장, 간사 3명을 선출하는 방법의 수는?

풀이 위의 셈 법칙을 이용한다.

(1) 서로 다른 10명 중에 순서에 관계없이 3명을 선택하는 방법이다.

$\binom{10}{3}= C(10,3) = \dfrac{{}_{10}P_3}{3!} = \dfrac{10\times 9\times 8}{3!}= 120$ 가지.

(2) (회장, 부회장, 간사)3명을 선출하는 방법은 순서를 생각하는 경우이다.

${}_{10}C_3 \times 3! = {}_{10}P_3$ =10×9×8=720가지.

예제 14

어느 회사 소속의 축구선수 12명이 있다.

(1) 3, 4, 5명의 3조로 짜는 방법은?

(2) 4, 4, 4명의 3조로 짜는 방법은?

(3) 5, 5, 2명의 3조로 짜는 방법은?

풀이 다음과 같다.

(1) $C(12,3)\times C(9,4)\times C(5,5) = 27720$ 가지.

(2) $C(12,4)\times (8,4)\times C(4,4)\times \dfrac{1}{3!}=$ 5755가지.

(3) $C(12,5)\times C(7,5)\times C(2,2)\times \dfrac{1}{2!}=$ 2772가지.

유제 6

다음 물음에 답하여라.

1. parabola라는 말의 문자로부터 3개를 뽑는 조합의 수는?
2. 5556.78에 있어서 숫자의 순서를 바꾸어 소수점 이하를 잘라 버리면 서로 다른 정수는 몇 가지인가?
3. 같은 종류의 찐빵 5개와 서로 다른 빵6개가 있다. 5개를 꺼내는 방법의 수를 구하여라.

예제 15

[그림 10-6]에 대하여, 다음 물음에 답하여라.

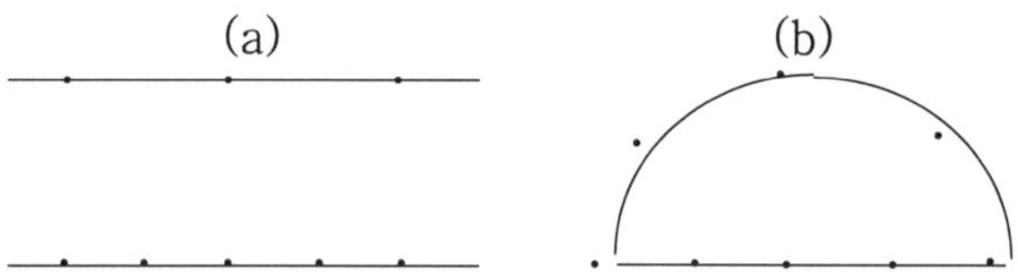

[그림 10–6]

풀이 다음 물음에 답하여라.

1. 그림 (a)에서 직선의 개수와 삼각형의 개수를 구하여라.
   * 직선의 개수 : C(8,2)-[C(3,2)+C(5,2)]+2=17개.
   * 삼각형의 개수 : C(8,3)-[C(3,3)+C(5,3)]=45개.
2. 그림 (b)에서 직선의 개수와 삼각형의 개수를 구하여라.
   * 직선의 개수 : C(8,2)-C(5,2)+1=19개.
   * 삼각형의 개수 : C(8,3)-C(5,3)=46개.

정의 10-3-2. 중복조합(combination with repetition)

서로 다른 n개의 집합에서 순서를 생각하지 않고, 중복을 허락하여 r개를 선택하는 경우의 수를 중복조합이라고 하고 다음과 같이 표현한다.

$$H(n,r) = {}_nH_r = \binom{n+r-1}{r} = {}_{n+r-1}C_r$$

중복조합을 이해하기 위하여 다음의 경우를 생각해 보자. 집합 A={1,2}에서 중복을 허락하여 3개를 택하는 조합의 수는 다음과 같다.

111, 112, 122, 222 … ①

식 ①의 각각의 첫째 수는 그대로 두고, 두 번째 수에는 1을 세 번째 수에는 2를 더하면 식 ②와 같이 된다.

123, 124, 134, 234 … ②

식 ②는 집합 B={1,2,3,4}에서 3개를 택하는 조합의 수이므로 C(4,3) 이며, 다음과 같다.

H(2,3)=C(2+3-1,3)=C(4,3).

위의 과정을 통하여 우리는 [정의 10-1-7]이 성립함을 확인할 수 있다. 중복조합은 서로 다른 n개 중에서 중복을 허락하여 순서에 관계없이 r개를 택하는 방법의 수로 정의하면 된다.

예제 16

다음 물음에 답하여라.

1. 서로 다른 3접시에 같은 빵 5개를 분배하는 방법의 수는?
2. 3아이에게 같은 종류의 우유 3개와 4개의 찐빵을 분배하는 방법의 수는?
3. 2명의 후보자에게 5명이 무기명 투표하는 방법은?

풀이 위의 [정리10-1-7]을 이용한다.

1. 중복조합에서 선택대상은 순서에 관계없으므로 구별이 되지 않거나 같은 종류이다. H(3,5)=C(7,5)=C(7,2)=21가지.
2. H(3,3)×H(3,4)=C(5,3)×C(6,4)=150가지.
3. H(2,5)=C(6,5)=C(6,1)=6가지.

예제 17

다음 물음에 답하여라.

1. x+y+z=10의 음 아닌 정수해?
2. x+y+z=11에서 양의 홀수 해? $x \geq 1,\ y \geq 2,\ z \geq 3$ 인 정수해?

풀이 다음과 같다.

1. 서로 다른 3접시에 같은 종류의 빵 10개를 분배하는 방법이므로 중복조합이다. H(3,10)=C(12,10)=C(12,2)=66가지.
2. (1) 양의 홀수 해 : x=2a+1, y=2b+1, z=2c+1을 x+y+z=11에 대입하면, a+b+c=4를 만족하는 음 아닌 정수해이다. ∴ H(3,4)=C(6,4)=15가지.
   (2) x=a+1, y=b+2, z=c+3을 x+y+z=10에 대입하면, a+b+c=5를 만족하는 음 아닌 정수해이다. ∴ H(3,5)=C(7,5)=C(7,2)=21가지.

예제 18

두 집합 A={1,2,3}, B={1,2,3,4}이 있다. 함수 f : A ⇒ B 중 다음 조건을 만족하는 함수의 개수를 구하여라.

1. 모든 $i,j \in$A에 대하여, $i \neq j \Rightarrow f(i) \neq f(j)$
2. 모든 $i,j \in$A에 대하여, $i < j \Rightarrow f(i) < f(j)$
3. 모든 $i,j \in$A에 대하여, $i < j \Rightarrow f(i) \leq f(j)$

풀이 다음과 같다.

1. 단사함수이므로 1 ; 1 대응이다. P(4,3)=24가지.
2. 서로 다른 4개중 3개만 선택하면 서열은 정해진다. C(4,3)=4가지.
3. 중복조합이다. H(4,3)=C(6,3)=20가지. 실제로 다음과 같다.

f(1)=1 : $f(1) \le f(j)$ ⇔ j=2,3이고 f(j)는 1,2,3,4이므로 H(4,2)=10
f(1)=2 : $f(1) \le f(j)$ ⇔ j=2,3이고 f(j)는 2,3,4이므로 H(3,2)=6
f(1)=3 : $f(1) \le f(j)$ ⇔ j=2,3이고 f(j)는 3,4이므로 H(2,2)=3
f(1)=4 : $f(1) \le f(j)$ ⇔ j=2,3이고 f(j)는 4이므로 H(1,2)=1..

예제 19

$(a+b+c)^5$ 을 전개할 때, 다음 물음에 답하여라.

1. 서로 다른 항은 모두 몇 개인가?
2. a^2b^2c의 계수를 구하여라.

풀이 다음과 같다.

1. x+y+z=5의 음 아닌 정수해와 같다. H(3,5)=C(7,5)=21가지.
2. aabbc를 일렬로 배열하는 경우이다. $P(5:2,2,1) = \frac{5!}{2!2!} =$ 30가지.

유제 7

다음 물음에 답하여라.

1. a+b+c+3d=10의 음 아닌 정수해를 구하여라.
2. $(x+y+z+u)^4$ 의 전개식에서 xy^2z 의 계수를 구하여라.
3. 4명의 학생들에게 같은 종류의 음료수 10개를 나누어 주려고 한다.
   (1) 음료수 10개를 나누어 주는 방법의 수는?
   (2) 각 학생에게 적어도 1개씩은 나누어 주는 방법의 수는?
4. x+y+z〈5를 만족하는 양의 정수해?

10-4 이항정리

이항 정리(binomial theorem)는 이항식의 거듭제곱에 대하여, 이항 계수를 계수로 하는 일련의 단항식들의 합으로 전개하는 정리이다. 실제로 조합을 활용한 다양한 응용 중에 하나가 이항정리일 것이다. 이절에서는 이항정리와 이에 연계된 이항계수의 공식, 그리고 다항계수 등 그 외의 응용에 관하여 다루겠다.

정리 10-4-1. 이항정리(binomial theorem)

0≤r≤n인 양의 정수 n, r에 대하여 다음이 성립한다.

$$(x+y)^n = \binom{n}{0}x^n + \binom{n}{1}x^{n-1}y + \cdots + \binom{n}{n}y^n \quad = \sum_{r=0}^{n}\binom{n}{r}x^{n-r}y^r$$

증명 $x^{n-r}y^r$ 의 이항계수가 $\binom{n}{r}$임을 보이면 된다.

$(x+y)^n = (x+y)(x+y)\cdots(x+y)$ … ① 임을 이용한다.

식 ①에서 x를 (n-r)번 택하고 y를 r번 택하면 $x^{n-r}y^r$ 이 된다. 이 때, $x^{n-r}y^r$ 의 이항계수는 다음과 같은 일렬배열의 경우의 수이다.

x x x … x y y y … y ⇔ $\dfrac{n!}{(n-r)!r!} = C(n,r) = \binom{n}{r}$

(n-r)개 (r개)

식 ①에서 y=1을 대입하면 다음이 성립한다.

$$(1+x)^n = \binom{n}{0} + \binom{n}{1}x + \cdots + \binom{n}{n}x^n = \sum_{r=0}^{n}\binom{n}{r}x^r \quad \cdots ②$$

예제 20

다음을 증명하여라.

1. $\sum_{r=0}^{n}\binom{n}{r} = 2^n$ ………… ⓐ

2. $\sum_{r=0}^{n}\binom{n}{r}(-1)^n = 0$ ...... ⓑ

3. $\sum_{r=0}^{n} r\binom{n}{r} = n \times 2^{n-1}$ ... ⓒ

풀이 $(1+x)^n$ 을 이용한 이항계수를 이용한다.

1. 식 ②에 x=1을 대입하면 ⓐ가 된다.
2. 식 ②에 x=-1을 대입하면 ⓑ가 된다.
3. 식 ②을 미분하면 다음과 같다.

$$n(1+x)^{n-1} = \sum_{r=1}^{n}\binom{n}{r} r x^{n-1}$$

∴ 위식에 x=1을 대입하면 ⓒ가 된다.

다음은 파스칼의 삼각형에 대하여 생각해보자. n=0,1,2, ⋯일 때, $(a+b)^n$ 의 전개식에 대한 이항계수가 [그림 10-7]이다.

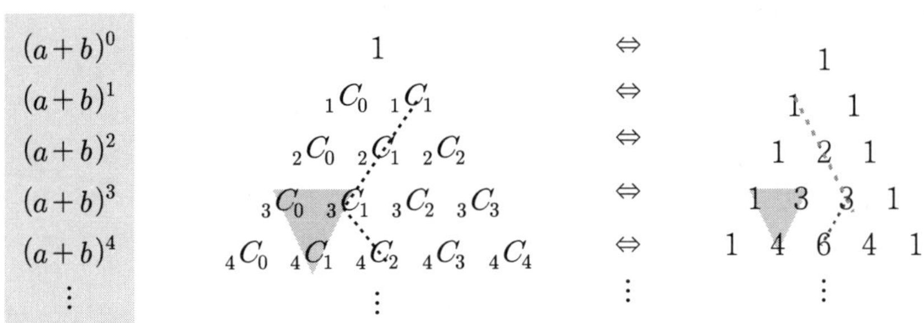

[그림 10-7] 파스칼의 삼각형

[그림 10-7]의 파스칼의 삼각형에서 다음의 관계가 성립함을 알 수 있다.

⋯▸ 1. $\binom{n}{r} = \binom{n}{n-r}$

⋯▸ 2. $\binom{n-1}{r-1} + \binom{n-1}{r} = \binom{n}{r}$

⋯▸ 3. $\binom{i}{j}+\binom{i+1}{j}+\cdots+\binom{i+m}{j}=\binom{i+m+1}{j+1}$

⋯▸ 4. $\binom{n}{0}+\binom{n+1}{1}+\cdots+\binom{n+m}{m}=\binom{n+m+1}{m}$

위의 정리에서 1의 경우는 좌우 대칭이므로 성립하고, 2의 경우 진한부분의 삼각형에서 알 수 있고, 3의 경우와 4의 경우는 각각의 점선부분에서 알 수 있듯이 서로 대칭이므로 형태는 달라 보이지만 실제로는 같은 값의 이항계수이다. 다음은 등비급수와 곱의 꼴의 이항전개를 이용한 이항계수를 생각하자.

$$(1+x)^n+(1+x)^{n+1}+\cdots+(1+x)^{n+m} = \sum_{k=0}^{m}(1+x)^{n+k} \cdots ③$$

$$(1+x)^n(1+x)^m=(1+x)^{n+m} \cdots\cdots ④$$

예제 21

다음을 증명하여라.

1. $\sum_{k=0}^{m} {}_{n+k}C_n = {}_{n+m+1}C_{n+1}$

2. $\sum_{k=0}^{n} ({}_nC_k)^2 = {}_{2n}C_n$

3. ${}_{n-1}C_{r-1} + {}_{n-1}C_r = {}_nC_r$

4. $\sum_{j=0}^{k} {}_nC_j \cdot {}_mC_{k-j} = {}_{m+n}C_k$

풀이 등비급수와 곱의 꼴의 이항전개를 이용한 이항계수를 이용한다.

1. $(1+x)^n+(1+x)^{n+1}+\cdots+(1+x)^{n+m} = \dfrac{(1+x)^{n+m+1}-(1+x)^n}{x}$

위식의 좌변에서 x^n의 이항계수는 $\binom{n}{n}+\binom{n+1}{n}+\cdots+\binom{n+m}{n}=\sum_{k=0}^{m}(1+x)^{n+k}$이고, 우변에서 x^n의 이항계수는 $(1+x)^{n+m+1}$의 전개식에서 x^{n+1} 이항계수를 구하

면 된다. 즉, $\binom{n+m+1}{n+1}$ 이다.

$\therefore \sum_{k=0}^{m} {}_{n+k}C_n = {}_{n+m+1}C_{n+1}$.

2. $(1+x)^n \times (1+x)^n = (1+x)^{2n}$ 을 이용한다. 좌변에서 x^n의 이항계수는 다음과 같이 생각할 수 있다. $(1+x)^n \times (1+x)^n =$ ①×②라 하자.

[표 10-2] : x^n의 좌변의 이항계수

①	$x^n : {}_nC_n$	$x^{n-1} : {}_nC_{n-1}$	$x^{n-2} : {}_nC_{n-2}$	$\cdots$	$x^0 : {}_nC_0$
②	$x^0 : {}_nC_0$	$x^1 : {}_nC_1$	$x^2 : {}_nC_2$	$\cdots$	$x^n : {}_nC_n$

[표 10-2]에서 ①×②를 모두 합하면 다음과 같다.

$$\begin{aligned} {}_nC_n \times {}_nC_0 + {}_nC_{n-1} \times {}_nC_1 + \cdots + {}_nC_0 \times {}_nC_n &= ({}_nC_0)^2 + ({}_nC_1)^2 + \cdots + ({}_nC_n)^2 \\ &= \sum_{k=0}^{n} ({}_nC_k)^2 \end{aligned}$$

우변 $(1+x)^{2n}$ 에서 x^n의 이항계수는 ${}_{2n}C_n$이다.

$\therefore \sum_{k=0}^{n} ({}_nC_k)^2 = {}_{2n}C_n$.

3. $(1+x)(1+x)^{n-1} = (1+x)^n$을 이용한다.

좌변에서 x^r의 이항계수를 구하기 위하여, 위에서와 같이

$(1+x) \times (1+x)^n =$ ①×②

라 하자. 이 식에서 x^r을 택하는 경우는 ①에서 x, ②에서 x^{r-1} 과 ①에서 x^0, ② 에서 x^r이므로 이항계수는 각각 ${}_1C_1 \times {}_{n-1}C_{r-1}$ 과 ${}_1C_0 \times {}_{n-1}C_r$ 이다. 한편, 우변에서 이항계수는 ${}_nC_r$ 이다.

${}_1C_1 \times {}_{n-1}C_{r-1} + {}_1C_0 \times {}_{n-1}C_r = {}_{n-1}C_{r-1} + {}_{n-1}C_r$.

$\therefore {}_{n-1}C_{r-1} + {}_{n-1}C_r = {}_nC_r$.

4. $(1+x)^n(1+x)^m = (1+x)^{n+m}$ 을 이용한다. 좌변 $(1+x)^n(1+x)^m =$ ①×② 라 하자. x^k의 이항계수는 [표 1-3]과 같다.

[표 10-3] : x^k의 좌변의 이항계수

①	$x^k : {}_nC_k$	$x^{n-1} : {}_nC_{k-1}$	$x^{n-2} : {}_nC_{k-2}$	$\cdots$	$x^0 : {}_nC_0$
②	$x^0 : {}_mC_0$	$x^1 : {}_mC_1$	$x^2 : {}_mC_2$	$\cdots$	$x^n : {}_mC_k$

[표 10-3]에서 ①×②를 모두 합하면 다음과 같다.

$${}_nC_k \times {}_mC_0 + {}_nC_{k-1} \times {}_mC_1 + \cdots + {}_nC_0 \times {}_mC_k = \sum_{i=0}^{k} {}_nC_{k-i} \times {}_mC_i$$

우변 $(1+x)^{n+m}$ 에서 x^k의 계수는 ${}_{n+m}C_k$ 이다.

$$\therefore \sum_{k=0}^{m} {}_{n+k}C_n = {}_{n+m+1}C_{n+1}.$$

유제 8

다음 물음에 답하여라.

1. $\sum_{r=0}^{10} r\binom{10}{r}$ 의 값을 구하여라.
2. $\binom{5}{5}+\binom{6}{5}+\cdots+\binom{10}{5}$ 의 값을 구하여라.
3. $\binom{5}{0}+\binom{6}{1}+\cdots+\binom{10}{5}$ 의 값을 구하여라.
4. ${}_{10}C_{10} \times {}_5C_0 + {}_{10}C_9 \times {}_5C_1 + \cdots + {}_{10}C_0 \times {}_5C_5$ 의 값을 구하여라.

정의 10-4-1. 일반화된 이항계수

임의의 $\alpha \in R$ 과 $k \in N$ 에 대하여, 다음과 같이 정의한다.

$$\binom{\alpha}{k} = \frac{1}{k!}\prod_{j=0}^{k-1}(\alpha - j) = \frac{\alpha(\alpha-1)\cdots(\alpha-k+1)}{k!},\ \binom{\alpha}{0} = 1.$$

위의 정의는 우리가 앞에서 다룬 조합의 의미와는 다르지만, 수학적으로 중요한 의미를 갖는다. 특히, 실제로 다음과 같은 실수로 확장된 이항정리를 얻는다.

$$\alpha \in R \text{ 이고 } \left|\frac{x}{y}\right| < 1 \Rightarrow (x+y)^\alpha = \sum_{k=0}^{\infty}\binom{\alpha}{k}x^k y^{\alpha-k} \quad \cdots ⑤$$

예제 22

다음 물음에 답하여라.

1. $|x| < 1$, $(1-x)^{\frac{1}{2}}$ 을 전개하여라.
2. $\sqrt{2}$ 의 근삿값을 구하여라.

풀이 식 ⑤을 이용한다.

1. $(1-x)^{\alpha} = \binom{\alpha}{0} - \binom{\alpha}{1}x + \binom{\alpha}{2}x^2 - + \cdots$

$$= 1 - \alpha x + \frac{\alpha(\alpha-1)}{2!}x^2 - \frac{\alpha(\alpha-1)(\alpha-2)}{3!}x^3 + \cdots$$

$$(1-x)^{\frac{1}{2}} = 1 - \frac{1}{2}x + \frac{1}{2}\left(\frac{1}{2}-1\right)\frac{1}{2!}x^2 - \frac{1}{2}\left(\frac{1}{2}-1\right)\left(\frac{1}{2}-2\right)\frac{1}{3!}x^3 + \cdots$$

2. 위의 식에 $x = \frac{1}{2}$ 을 대입하면 다음과 같다.

$$(1-\frac{1}{2})^{\frac{1}{2}} = 1 - \frac{1}{2}\frac{1}{2} + \frac{1}{2}\left(\frac{1}{2}-1\right)\frac{1}{2!}\frac{1}{2^2} - \frac{1}{2}\left(\frac{1}{2}-1\right)\left(\frac{1}{2}-2\right)\frac{1}{3!}\frac{1}{2^3} + \cdots$$

$$\simeq 0.7109375 .$$

$$\sqrt{2} = 2 \times \frac{1}{\sqrt{2}} = 2\left(1-\frac{1}{2}\right)^{\frac{1}{2}} = 2 \times 0.7109375 = 1.421875 .$$

다항계수를 정의하기 위하여, 집합 A={1,2,3,⋯,12}를 생각하자. 원소의 개수가 각각 3개, 5개, 7개인 부분집합의 개수는 다음과 같다.

$$\binom{12}{3}\binom{9}{4}\binom{5}{5} = \frac{12!}{9!3!} \times \frac{9!}{4!5!} \times \frac{5!}{5!} = \frac{12!}{3!4!5!}$$

위의 예에서 부분집합의 경우의 수가 곧 $(a+b+c)^{10}$ 을 전개했을 때, $a^3b^4c^5$의 계수가 된다는 사실을 앞장에서 다루었다. 위의 예를 보다 일반화하여 다음의 정리를 얻는다.

정리 10-4-2. 다항정리(multinomial theorem)

$n_1+n_2+\cdots+n_r=n$일 때, 다음이 성립한다.

$$(x_1+x_2+\cdots+x_r)^n=\sum_{(n_1,n_2,\cdots,n_r)}\binom{n}{n_1 n_2 \cdots n_r}\ x_1^{n_1}x_2^{n_2}\cdots x_r^{n_r}$$

위의 정리에서 $(n_1,n_2,\cdots,n_r)$은 음 아닌 정수 쌍으로 서로 다른 항의 개수를 나타내며, 실제로 $\binom{n+r-1}{n}=\binom{n+r-1}{r-1}$ 가지이다. 또한, $\binom{n}{n_1 n_2 \cdots n_r}$ 은 다항계수라고 한다.

$$\binom{n}{n_1 n_2 \cdots n_r}=\frac{n!}{n_1!n_2!\cdots n_r!}=\prod_{i=1}^{r}\binom{n_1+n_2+\cdots+n_r}{n_i}$$

예제 23

다항식 $(x_1+x_2+x_3)^2$ 을 [정리10-4-2]를 이용하여 전개하여라.

풀이 다음과 같다.

$$\begin{aligned}(x_1+x_2+x_3)^2 &=\binom{2}{2,0,0}x_1^2+\binom{2}{0,2,0}x_2^2+\binom{2}{0,0,2}x_3^2\\ &+\binom{2}{1,1,0}x_1x_2+\binom{2}{1,0,1}x_1x_3+\binom{2}{0,1,1}x_2x_3.\\ &=x_1^2+x_2^2+x_3^2+2x_1x_2+2x_2x_3+2x_3x_1\ .\end{aligned}$$

유제 9

다음 물음에 답하여라.

1. $f(k)={}_nC_kp^kq^{n-k}$ 일 때, $\sum_{k=1}^{n}2^kf(k)$의 값은?
2. 21^{11}을 400으로 나누었을 때 나머지는?
3. $(x^2+\frac{1}{x}+1)^6$ 의 전개식에서 x^3의 계수는?
4. $(2x+1)^4(x-3)^5$ 의 전개식에서 x^3의 계수는?

이산수학 연습문제

1. 4개의 숫자 1,2,3,4를 일렬로 배열한 것을 각각 a_1, a_2, a_3, a_4라 하자. $a_1 \neq 1$, $a_2 \neq 2$, $a_3 \neq 3$, $a_4 \neq 4$를 모두 만족시키는 것은?

2. 아래 그림과 같이 4개의 지역을 빨강, 노랑, 파랑의 3개의 색으로 구별하는 방법은? 단, 빨간색은 2번사용이 가능하다.

A	B	C	D

3. 다음 물음에 답하여라. triangle의 모든 문자를 사용하여 직 순열을 만든다.

(1) t와 a사이에 2개의 문자가 들어있는 경우는?

(2) 적어도 한쪽 끝에 자음이 오는 경우는?

(3) 자음은 자음끼리 모음은 모음끼리 이웃하는 경우는?

(4) 모음은 홀수 번째 오는 경우는?

4. student에 있는 7개의 문자를 일렬로 배열하는 방법의 수를 A, d와 e를 이웃하게 하는 방법의 수를 B, d가 n보다 앞에 오는 방법의 수를 C라 하자. A+B+C의 값을 구하여라.

5. 아래 그림에서 A에서 B까지의 최단거리를 구하여라. 또한, P, Q, R, S를 지나는 경우는 각각 어떠한가?

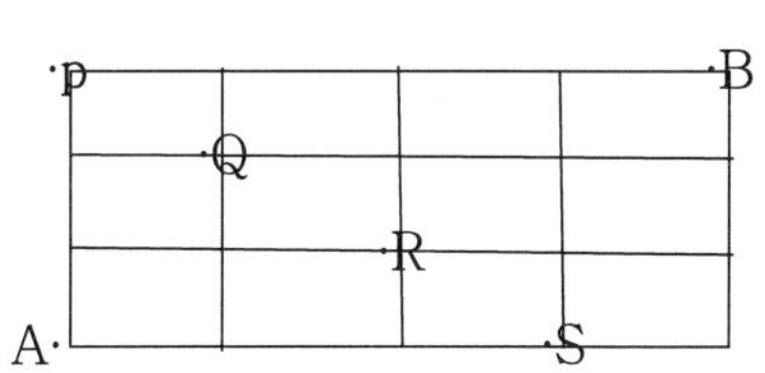

6. 7명의 선수가 토너먼트 방식으로 시합을 한다.

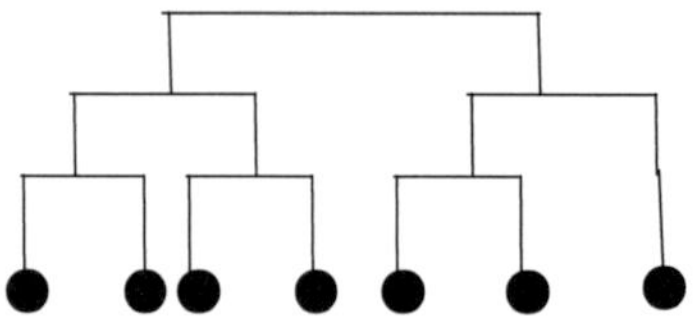

(1) 대진표를 작성하는 총 방법의 수는?

(2) A, B가 예선에서 경우는?

7. 같은 종류의 찐빵과 우유가 있다. 각각 적어도 1개는 포함하여 10개를 선택하는 방법의 수는 ? 단, 각각의 종류는 10개 이상씩 있고 같은 종류는 서로 구별되지 않는다.

8. 다음 물음에 답하여라.

(1) $(2x+1)^4(x-3)^5$ 의 전개식에서 x^3의 계수는?

(2) $(1-x)^n(1+x)^{9-n}$ 의 전개식에서 x^2의 계수가 음이 되는 경우는? (0≤n≤9)

9. 다음 물음에 답하여라.

(1) $\sum_{i=1}^{20}\sum_{j=1}^{i} {}_iC_j$

(2) $\sum_{i=1}^{20}\sum_{j=1}^{i} {}_iC_j$

10. 다음 물음에 답하여라.

(1) $f(k)={}_nC_kp^kq^{n-k}$ 일 때, $\sum_{k=1}^{n}2^kf(k)$ 의 값은?

(2) $N=69^5+5\cdot 69^4+10\cdot 69^3+10\cdot 69^2+5\cdot 69+1$일 때, N의 약수의 개수를 구하여라.

(3) $a_n=6^n+8^n$ 에서 a_{10}을 49로 나눈 나머지는?

(4) 0.99^{10}을 전개했을 때, 소수첫째, 둘째, 셋째자리의 숫자는?

CHAPTER 11 상태기계

유한 상태 기계(finite-state machine, FSM) 또는 유한 오토마타(finite automata)는 컴퓨터 프로그램과 전자 논리 회로를 설계하는데 쓰이는 수학적 모델이며, 간단히 상태 기계라고 부르기도 한다. 유한 상태 기계는 유한한 개수의 상태를 가질 수 있는 오토마타, 즉 추상 기계라고 할 수 있다. 이장에서는 형식언어와 문법 그리고 (유한상태의 기계에서 출력이 이 있는 경우와 없는 경우 및 정수론 적 상태기계), 오토마타와의 관계 등에 관하여 다루겠다.

11-1 언어(language)

언어는 크게 보아 자연언어(natural language)와 형식언어(formal language) 두 가지로 나눌 수 있으며, 자연언어는 우리가 일상 사용하는 언어(한국어, 영어 등)를 뜻하고 형식언어는 컴퓨터에 사용되는 언어(포트란, 코볼, 파스칼 등)와 같이 어떤 목적을 달성하기 위해 기호들을 인위적으로 결합시켜 만든 언어를 뜻한다.

1. 기호(symbol) 또는 문자(character) : 언어에 있어서 가장 기본이 되는 요소로 더 이상 세분할 수 없다. 예) a, b, c, … 1,2,3,… ㄱ,ㄴ,ㄷ, …
2. 알파벳(alphabet) : 기호들의 유한집합이며, 「Σ」 또는 「I」와 같이 표현한다.

정의 11-1-1. 문자열(string)

1. 알파벳Σ에 대한 문자열은 Σ에 속하는 기호들을 유한개 나열한 것이다.
2. 문자열 α의 길이는 문자열을 구성하는 기호의 개수이고, |α|로 표기한다.
3. 문자열 α의 역은 α을 이루는 기호들의 역순이며, αR로 표기한다.

위의 정의를 좀 더 쉽게 이해하기 위하여, 다음의 예를 생각하자. 기호들의 집합인 알파벳 Σ={a, b, c}에 대한 문자열은 aa, ab, aba, abab, abbc, aabbc … 등이며, 문자열 α =aaabb의 길이는 |α|=5이고, 문자열 α=abc 의 역(reverse)은 αR=cba이다.

예제 1

다음 물음에 답하여라.

1. Σ = {0,1}의 문자열의 예를 들고, 그 길이와 역을 구하여라.
2. I = {a, b, c}의 문자열의 예를 들고, 그 길이와 역을 구하여라.

풀이 정의11-1-1]을 이용한다.

1. α=11001의 경우 : |α|=5, αR=10011.
2. α=abcbbb의 경우 : |α|=6, αR=bbbcba.

정의 11-1-2. 접속(concatenation)

문자열의 접속은 문자열을 연속적으로 연결한 것이다. 임의의 두 문자열 α, β가 각각 α=$a_1a_2 \cdots a_m$ 이고 β=$b_1b_2 \cdots b_n$ 일 때, α와 β의 접속은 αβ로 나타내며 다음과 같다.

$$\alpha\beta=a_1a_2 \cdots a_m b_1b_2 \cdots b_n$$

위의 접속의 표현 αβ에서 α를 접두사(prefix)라 하며, β를 접미사(suffix)라고 한다. 예를 들어 Γ=xyz일 때, x, xy, xyz는 접두사이고, xyz, yz, x는 접미사이다. 또한, 일반적으로 αβ≠βα임을 유념해야 한다.

⋯▸ 1. 공문자열(empty string or null string) : 길이가 0인 문자열이고 「ε」와 같이 표현한다.

⋯▸ 2. 두 문자열 α, β에 대하여, 다음이 성립한다.

(1) αε=εα (2) αεβ=αβ

위의 정의에서 $a^n = aaa \cdots a$ 의 n개인 연결된 문자열이고, a^0은 공 문자열이다.

예제 2

다음 물음에 답하여라.

1. 문자열 α=campus, β=couple일 때, 접속 αβ와 그 길이를 구하여라.
2. Σ={a,1}에 대하여, a^3과 1^5을 구하여라.

풀이 위의 정의를 이용한다.

1. αβ=campuscouple, |αβ|=12.
2. $a^3 = aaa$, $1^5 = 11111$.

알파벳 Σ에 대하여, Σ*와 Σ+을 정의하자.

- 1. Σ* : 공 문자열 ε을 포함한 Σ에 속하는 모든 문자열의 집합
- 2. Σ+ : Σ*–{ε}.

예제 3

다음 물음에 답하여라.

1. Σ={a, b}일 때, Σ*와 Σ+을 구하여라.
2. Σ={1}일 때, Σ*와 Σ+을 구하여라.

풀이 위의 정의를 이용한다.

1. Σ*={ε, a, b, aa, ab, ba, bb, aaa, aab, abb, aba, … } 등이다.
   Σ+={a, b, aa, ab, ba, bb, aaa, aab, abb, aba, … }등이다.
2. Σ*={ε, 1, 11, 111, … } 등이다.
   Σ+ = {1, 11, 111, 1111,… }등이다.

위의 정의들에서 알파벳 Σ위에서의 언어(language)는 「L」로 표기하며, Σ*의 부분집합으로 정의 한다. 예를 들어, Σ={a, b}일 때, 언어 L은 Σ의 부분집합이며, 다음과 같다.

- $L_0 = \phi$
- $L_1 =$ {aa, ab, aa, bb}
- $L_i =$ {a, b, aa, ab, bb, aaa, $\cdots$ }, $i = 1,2,3,\cdots$

위의 등등은 각각 하나의 언어이다. 언어 L에 속하는 각 문자열을 **문장(단어)**이라고 하며, 언어를 구성하는 단어의 수에 따라 유한 또는 무한언어라 한다. 예를 들어 위의 예에서 L_1은 유한언어이며, L_i는 무한언어(infinite language)라고 한다.

정의 11-1-3. 언어의 접속

두 언어 L_1과 L_2의 접속은 $L_1 \cdot L_2$ 또는 L_1L_2 로 표기하며, L_1에 속하는 문자열과 L_2에 속하는 문자열을 접속한 것을 다음과 같이 표기한다.

$$L_1L_2 = \{xy | x \in L_1,\ y \in L_2\}$$

다음은 언어의 접속을 위하여 몇 가지 연산을 정의하자. 합집합이나 교집합 그리고 차집합 등은 일반적인 집합의 연산이 가능하다.

- 1. $L^0 = \{\epsilon\}$, $L^n = L^{n-1}L,\ n \geq 1.$
- 2. L^*(star closure) : $L^* = L^0 \cup L^1 \cup L^2 \cup \cdots = \bigcup_{i=0}^{\infty} L^i$
- 3. L^+(positive closure) : $L^+ = \bigcup_{i=1}^{\infty} L^i = L^* - L^0.$

예제 4

다음 물음에 답하여라.

1. $L_1 = \{\mathrm{for},\ \mathrm{if}\}$, $L_2 =$ {do, if}일 때, $L_1 \cup L_2$ 를 구하여라.
2. $L_1 =$ {a, ab}, $L_2 =$ {c, cd}일 때, L_1L_2와 L_2L_1를 구하여라.
3. $L =$ {0,1}일 때, L^3과 L^*를 구하여라.

풀이 위의 보조정리를 이용한다.

1. $L_1 \cup L_2$ ={for, do, if}
2. L_1L_2 ={ac, acd,abc, abcd}, L_2L_1 = {ca, cab, cda, cdab}
3. $L^2 = LL$

$= \{00, 01, 10, 11\}$

$L^3 = \{000, 001, 010, 011, 100, 101, 110, 111\}$

$L^* = L^0 \cup L^1 \cup L^2 \cup \cdots$

$= \{\epsilon\} \cup \{0,1\} \cup \{00,01,10,11\} \cup \{000,010,011,100,101,110,111\} \cup \cdots$

$= \{\epsilon,0,1,00,01,10,11,000,010,011,100,101,110,111,0000, \cdots\}$

유제 1

다음 물음에 답하여라.

1. Σ = {ㄱ, ㄴ, ㄷ, ㄹ}의 문자열의 예를 들고, 그 길이와 역을 구하여라.
2. Σ={1,2,3}일 때, Σ*와 Σ+을 구하여라.
3. $L = \{0,1,2,3\}$일 때, L^*와 L^+를 구하여라.

11-2 문법(grammar)

우리는 형식언어의 올바르게 구조화된 문장을 위하여 언어 생성시스템인 문법에 대해 4가지 요소를 다음과 같이 정의한다.

정의 11-2-1. 문법(grammar)

문법 또는 형식문법 G=(N, T, P, S)는 다음 4가지 요소로 정의한다.

1. N : 비 단말 기호(non-terminal symbol)들의 유한집합이다.
2. T : 단말 기호(terminal symbol)들의 유한 집합이다.
3. P : 생성규칙(production rule)들의 유한 집합으로 다음과 같이 표기한다.
   $\alpha \rightarrow \beta$, $\alpha \in (N \cup T)^+ = V^+$, $\beta \in (N \cup T)^* = V^*$
4. S : 시작기호(start symbol)이다. $S \in N$, $(N \cup T) \neq \varnothing$, $N \cap T = \varnothing$.

문법 G=(N, T, P, S)를 **G=(V, T, P, S), V=N∪T**와 같이 표현하는데, 단말 기호 T는 알파벳 Σ의 기호들이며, 비 단말 기호 N은 Σ에 속하지 않는 기호로서 언어의 생성과정 중 중간상태를 나타내는 기호들의 집합으로 변수의 역할을 한다. 예를 들면 T={a, b, c, … }, N={A, B, C, … }이다. 다음은 생성규칙에 대한 예를 들어 보자. 문법 G={N, T, P, S}에서

$$N=\{A, S\},\ T=\{a, b\},\ P=\{S \rightarrow A,\ A \rightarrow aAb,\ A \rightarrow ab\}$$

는 하나의 언어를 정의하는 문법이며,

$$G=(\{A, S\}, \{a, b\}, \{S \rightarrow A,\ A \rightarrow aAb,\ A \rightarrow ab\}, S)$$

와 같은 형태로 나타내기도 한다. 여기서 생성규칙 A→aAb와 A→ab를 간단히 A→aAb|ab로 쓸 수 있다. 다시 말해 두 개의 생성규칙 α→β와 α→γ을 간단히 α→β|γ로 표시한다. 다음은 유도(derivation)에 관하여 정의하자.

- 1. x, y가 (N∪T)*=V*에 속하는 문자열이고, 생성규칙 α→β가 있을 때, xαy는 xβy를 직접 유도한다고 하고, $x\alpha y \Rightarrow x\beta y$ 와 같이 표기한다.
- 2. V*에 속하는 문자열 $\alpha_1, \alpha_2, \cdots, \alpha_n$ 에 대하여, 다음과 같이 표기하고 α_1은 α_n을 유도한다고 한다. $\alpha_1 \Rightarrow \alpha_2 \Rightarrow \cdots \Rightarrow \alpha_n$ 이면 $\alpha_1 \overset{*}{\Rightarrow} \alpha_n$

또한, 기호「*⇒」에서「*」의 의미는 0번이상의 단계들로 유도된 것이고,「+⇒」에서「+」는 1번 이상의 단계들로 유도된 것을 나타낸다.

예제 5

다음 물음에 답하여라.

1. 문법 G=({A, B, S}, {a, b}, {S→AB, A→aA, B→Bb, B→b, S)에서 aaabb가 유도되는 과정을 보여라.
2. 문법 G=(V, T, P, S), V=N∪T에서 N={A, B, S}, T={0,1}, P=(S→1B, S→1, A→1B, B→0A, A→1) 일 때, 문장 111 및 10101이 각각 유도되는 과정을 보여라.
3. 문법 G=(N, T, P, S)에서, N={A, S}, T={t}, P={S→A | ε, A→AtA | t, S}에서 ttt와 tttt 및 ttttt를 구하는 유도과정을 보여라.

풀이 위의 정의를 이용한다.

1. [표 11-1]이다.

[표 11-1] 유도과정

생성규칙	S→AB A→aA A→aA A→a, B→Bb B→b
유도과정	S ⇒ AB ⇒ aAB ⇒ aaAB ⇒ aaaBb ⇒ aaabb
	$S \overset{*}{\Rightarrow}$ aaabb

2. [표 11-2]이다.

[표 11-2] 유도과정

생성규칙	S→1B B→0A A→1B B→0A A→1
유도과정	S ⇒ 1B ⇒ 10A ⇒ 101B ⇒ 1010A ⇒ 10101
	$S \overset{*}{\Rightarrow}$ 10101

3. (1) S ⇒ A ⇒ AtA ⇒ ttA ⇒ ttt.
   (2) S ⇒ A ⇒ AtA ⇒ AtAtA ⇒ ttttA 더 이상 유도할 수 없으므로 tttt는 위의 문법에 맞지 않는 문장이다.
   (3) S ⇒ A ⇒ AtA ⇒ AtAtA ⇒ ttttA ⇒ ttttt.

유제 2

다음 물음에 답하여라.

1. 문법 G=(N, T, P, S)에서 N={A, S}, T={a, b, c}, P={S→abS, S→a, A→ε, S} 일때, aabbc, aaabbbcc의 유도과정을 보여라.
2. 문법 G=(V, T, P, S), V=N∪T에서 N={A, S}, T={0,1}, P={S→01S, S→0, A→ε, S}

일 때, 0101, 010101010의 유도과정을 보여라.

정의 11-2-2. 언어(language)

문법 G=(V, T, P, S), V=N∪T에서 G에 의하여 생성된 언어는 S로 부터 유도할 수 있는 단말기호로 이루어진 문자열의 집합이며, L(G)와 같이 표기하고 다음과 같이 정의한다.

$$L(G)=\{\alpha\in T^{*}\mid S \overset{*}{\Rightarrow} \alpha\}$$

위의 정의에서 $S\overset{*}{\Rightarrow}\alpha$에서 $\alpha\in(N\cup T)^{*}$이면 α를 문장형태(sentential form)라 하고, 오로지 $\alpha\in T^{*}$ 이면 문장(sentence)이라고 한다. 예를 들어 비 단말 기호를 포함하면 문장형태이고, 단말기호로만 이루어지면 문장이다.

예제 6

다음 물음에 답하여라.

1. G=({A, B, S}, {1, 2}, {S→1A∣B, A→12, B→21}, S)일 때, G에 의해 생성되는 언어 L(G)를 구하여라.
2. G=({A, B, S}, {a, b}, {S→aA∣B, A→ab, B→ba}, S)일 때, G에 의해 생성되는 언어 L(G)를 구하여라.

풀이 [정의11-2-2]를 이용한다.

1. S ⇒ 1A ⇒ 112, S ⇒ B ⇒21.

∴ L(G)={112, 21}.

2. S ⇒ aA ⇒ aab, S ⇒ B ⇒ ba.

∴ L(G)={aab, ba}.

위의 예제에서 aA는 문장형태이고, aab는 하나의 문장이다. 이제 다음 예제를 통하여 로부터 생성문법을 만들어 보자.

예제 7

다음 언어들로부터 생성문법 G를 구하여라.

1. 언어 L={0^n1^n|$n \geq 1$ }.
2. 언어 L={1^n2341^n |n≥1}

풀이 다음과 같다.

1. 0^n1^n : 01, 0011, 000111, … 이므로 G=(N, T, P, S)는 다음과 같다.
   (1) N={A, S}, T={0,1}, P={S→0A1, A→0A1, A→ε} 또는
   (2) G=({S}, {0,1}, {S→0S1, S→01}, S)
2. 1^n2341^n : 12341, 1123411, … 이므로 G=(N, T, P, S)는 다음과 같다.
   (1) N={A, S}, T={1,2,3,4,1}, P={S→1A1, A→1A1, A→234} 또는
   (2) G=({S}, {1,2,3,4,1}, {S→1S1, S→234}, S).

유제 3

다음 언어들로부터 생성문법 G를 구하여라.

1. 언어 L={x^ny^{n-1}|$n \geq 0$ }.
2. 언어 L={$a^nb^nc^n$|$n \geq 0$ }.

우리는 올바른 문장을 유도해 내는 일은 프로그래밍 언어의 문법을 보고 올바른 프로그램을 작성하는 일과 마찬가지이므로 이러한 문법의 분류방법은 형식언어의 창시자인 촘스키(Noam Chomsky)가 언어의 생성규칙의 형태에 따라 분류한 촘스키 계층구조가 일반화되어 있으며, 다음 [표 11-3]과 같은 4가지 형태로 분류한다.

[표 11-3] 문법의 종류

문법	생성규칙	특이사항
무제한 문법 : type(0) unrestricted grammar	제약이 없다.	α→β에서 길이가 |α|≰|β|

문맥 의존 문법 : type(1) context sensitive grammar	$\alpha A\beta \rightarrow \alpha\theta\beta$, V=N∪T $\alpha,\beta \in (V)^*$, $A \in N$, $\theta \in V^*-\varepsilon$	α, β의 길이가 $\lvert\alpha\rvert \leq \lvert\beta\rvert$
문맥 자유 문법 : type(2) context free grammar	$A \rightarrow \alpha$, $A \in N$, $\alpha \in V^*$	왼쪽에 비단말 기호는 1개
정규문법 : type(3) regular grammar	$A \rightarrow aB$ or $A \rightarrow a$ or $A \rightarrow \varepsilon$, A, $B \in N$, $a \in T$	*좌선형문법 : A→aB *우선형문법 : A→Ba

위의 표에 나타난 문법의 포함 관계는 해당 언어들의 포함 관계로 이어져서 촘스키 포함 관계를 형성하고, 모든 Type(i)의 언어는 Type($i-1$), $i = 1,2,3,4$ 의 언어에 속하며, 이러한 포함 관계는 [그림 11-1]과 같이 진부분 집합의 관계를 이룬다.

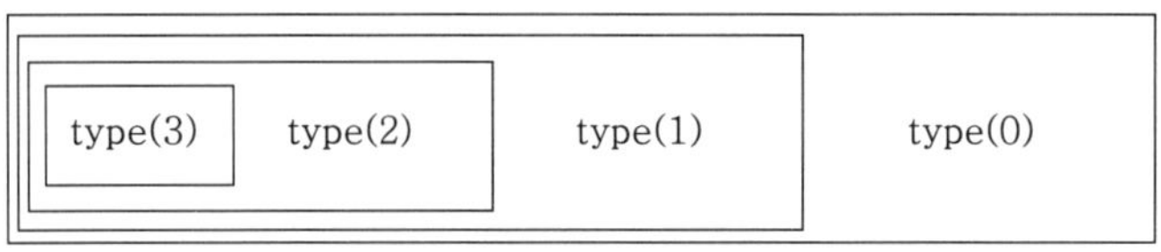

[그림 11-1] 촘스키 포함관계

예제 8

다음 문법 G의 각각은 생성규칙에 따라 어떠한 형태의 문법이 적용되었는지를 알아보고 생성된 문장 하나씩 예를 들어보아라.

1. G=({S, A, B}, {a, b, c}, P, S)에서 P가 다음과 같다.

   P={S→aSAB, S→abB, bA→bb, bB→bc, BA→AB, cB→cc}.

2. G=({S, A}, {a, b}, P={S→aAa, A→aAa, A→b}, P, S)

풀이 [표 11-3]을 이용한다.

1. 생성규칙을 α→β라 할 때, α, β의 길이가 $\lvert\alpha\rvert \leq \lvert\beta\rvert$이므로 type(1)이다. 또한, 문자열 aabbcc의 유도과정은 다음과 같다.

   $S \Rightarrow aSAB \Rightarrow aabBAB \Rightarrow aabABB \Rightarrow aabbBB \Rightarrow aabbcB \Rightarrow aabbcc.$

2. 생성규칙을 α→β라 할 때, 왼쪽에 오로지 하나의 비 단말 기호가 있으므로 type(2)이다. 또한, aba, aabaa, aaabaaa의 유도과정은 다음과 같다.

S ⇒ aAa ⇒ aba

⇒ aAa ⇒ aaAaa ⇒ aabaa

⇒ aAa ⇒ aaAaa ⇒ aaaAaaa ⇒ aaabaaa.

유제 4

다음 문법 G의 각각은 생성규칙에 따라 어떠한 형태의 문법이 적용되었는지를 알아보고 생성된 문장 하나씩 예를 들어보아라.

1. G=({S, A, B}, {a, b, c}, {S→aAB, AB→a, A→b, B→AB}, S)
2. G=({S, A, B}, {a, b}, P={S→aS, S→aA, A→bB, B→aB, B→a}, S)

위의 type(2)의 문맥 자유 문법에서 문자열을 유도하는 과정을 유도트리(derivation tree)라고 하는 순서 트리로 표현할 수 있다.

예제 9

다음 각각의 문법에서 유도트리를 구하여라.

1. 자유문맥 문법 G=({A, S}, {a, b}, P, S)에서 P가 다음과 같을 때, 문자열 aabaa의 유도트리를 구하여라.

   P={S→aAS, S→a, A→SbA, A→ba, A→SS}

2. 정규문법 G=({A, B, S}, {0,1}, P, S)에서 P가 다음과 같을 때, 문자열 0011의 유도트리를 구하여라.

   P={S→AB, A→0A, A→0, B→B1, B→1}

풀이 다음과 같다.

1. 자유문맥 문법 G의 유도트리는 [그림 11-2]의 (a)이다.

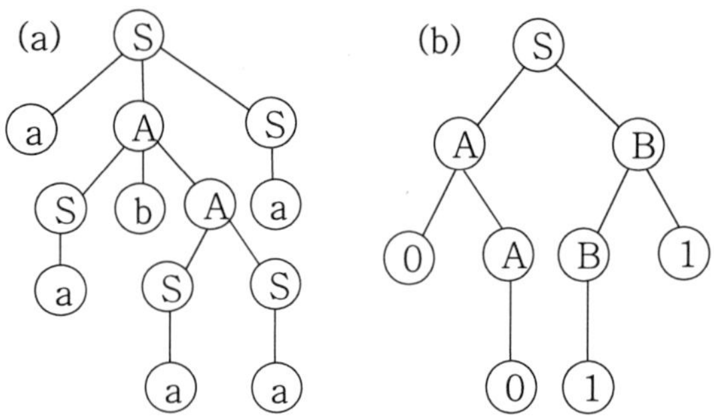

[그림 11-2] 유도트리

2. 정규문법 G의 유도트리는 [그림 11-2]의 (b)이다.

유제 5

다음과 같은 문법 G의 문자열 aba의 유도트리를 구하여라.

$$G=(\{A,B\}, \{a, b\}, P=\{S\rightarrow Aa, A\rightarrow B \mid a, B\rightarrow Bb\}, P, S)$$

11-3 유한상태기계(finite state machine)

이절에서는 유한상태기계에 관하여 다루겠다. 유한 상태 기계는 자신이 취할 수 있는 유한한 개수의 상태들을 가지며, 그 중에서 반드시 하나의 상태만 취한다. 또한, 현재 상태는 특정 조건이 되면 다른 상태로 변할 수 있고, 유한 상태 기계는 가능한 상태들의 집합과 각 상태들의 전이 조건으로 정의 될 수 있다. 그리고 유한상태기계의 유형은 출력이 있는 상태기계와 출력이 없는 상태기계 등이 있는데, 출력이 없는 유한상태기계를 유한상태오토마타(finite state automata)라 한다.

하나의 예로 전구는 두 가지 상태(on-off)를 가진다. 전구는 반드시 둘 중 하나의 상태만 취하며, 각 상태는 특정 조건 (스위치의 올림-내림)에 따라 변한다. 전구를 다음과 같이 정의할 수 있다.

⋯→ ON : 스위치가 올라가면 OFF로 전이.

⋯→ OFF : 스위치가 내려가면 ON으로 전이.

➔ 출력이 있는 유한상태기계

출력은 상태에 의해 결정되거나 상태의 추이함수에 의하여 결정된다.

정의 11-3-1. 출력이 있는 상태기계(S, I, O, f, g, s_0)

S : 상태의 집합(a set of state : $s_0, s_1, \cdots, s_n$)
I : 유한의 입력 Σ의 집합(a set of inputs)
O : 유한의 출력 알파벳
f : S×I→S(상태추이함수 : state transition function)
g : S×I→O(출력함수 : output function), s_0 : 초기상태.

위의 정의에서 유한상태기계를 M으로 나타내고, M=(S, I, O, f, g)와 같이 표현한다. 또한, 유한상태기계를 좀 더 이해하기 쉽도록 하기 위하여 시각적으로 표현하는 방법으로 상태전이도(state transition diagram)와 상태전이표(state transition table)를 이용한다.

예제 10

유한상태기계 M=(S, I, O, f, g, s_0)에서 S={s_0, s_1, s_2, s_3 }, I ={0,1}, O={0,1} 이고, 추이함수 f와 출력함수 g에 대한 상태전이표가 [표 11-4]일 때, 상태전이도를 그려라.

[표 11-4] 상태전이표

상태	출력함수 f		입력함수 g	
	input		input	
	0	1	0	1
s_0	s_1	s_0	1	0
s_1	s_3	s_0	1	1
s_2	s_1	s_2	0	1
s_3	s_2	s_1	0	0

풀이 [그림 11-3]의 레이블에 있는 숫자[1,0]에서 왼쪽이 입력, 우측이 출력 값이다.

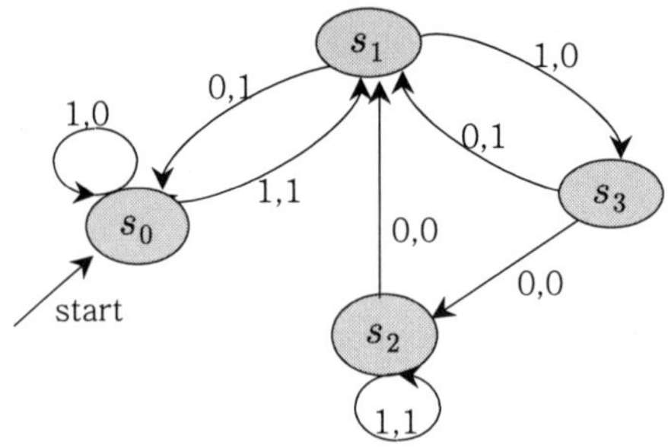

[그림 11-3] 상태전이도

예제 11

다음의 자동판매기의 입력은 100원, 500원 동전을 입력하고 700원이 되었을 때, C와 S의 버튼을 입력하면 콜라와 맥주가 나오고 초과되는 금액은 반납한다고 할 때, 다음과 같은 모델링이 된다.

입력 : (100, 500, C, S)

상태 : ($s_0, s_1, s_2, s_3, s_4, s_5, s_6, s_7$)

출력 : (null, 100, 200, 300, 400, 500, 콜라, 맥주)

상태전이표를 만들고 상태전이도를 그려라.

풀이 상태전이표는 [표 11-5]이다.

[표 11-5] 상태전이표

상태	다음상태				출력			
	input				input			
	100	500	C	S	100	500	C	S
s_0	s_1	s_5	s_0	s_0	n	n	n	n
s_1	s_2	s_6	s_1	s_1	n	n	n	n
s_2	s_3	s_7	s_2	s_2	n	n	n	n
s_3	s_4	s_7	s_3	s_3	n	100	n	n
s_4	s_5	s_7	s_4	s_4	n	200	n	n
s_5	s_6	s_7	s_5	s_5	n	300	n	n
s_6	s_7	s_7	s_6	s_6	n	400	n	n
s_7	s_7	s_7	s_0	s_0	100	500	C	S

[표 11-5]에서 n은 none(null)을 의미하며, C는 콜라이고, S는 맥주이다. 또한, 다음 상태는 전이함수 f에 해당하고, 출력은 출력함수 g에 해당하며, 상태의 추이함수에 의해 결정된 모델이다.

상태전이도는 [그림 11-4]이다.

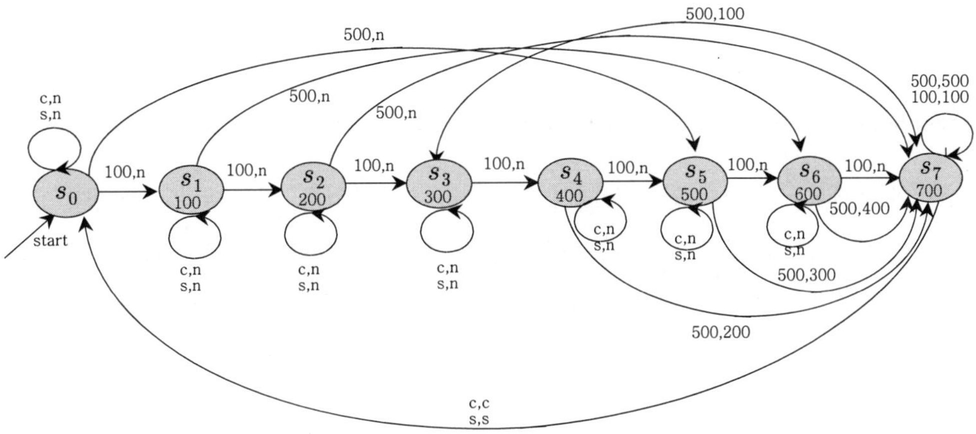

[그림 11-4] 유한상태전이도

출력이 있는 유한상태기계에서 상태에 의해 출력이 결정되는 기계로 Moore machine 등이 있다.

유제 6

다음 물음에 답하여라.

1. 유한상태기계 (S, I, f)에 대하여, S={s_0, s_1}, I={0,1}, f(s_i,x)=s_j, $i, j \in I, x \in I$ 일 때, 상태전이표를 만들고, 상태전이도를 그려라. 단, f(현재 상태, 입력 값)=결과 상태이다.
2. 유한상태기계 M=(S, I, O, f, g)에 대하여, S={s_0, s_1, s_2, s_3 }, I={0,1}, O={0,1}이고, 상태전이표가 [표 11-6]과 같다. 상태전이도를 그려라.

[표 11-6] 상태전이표

상태	f		g
	input		출력
	0	1	
s_0	s_1	s_3	1
s_1	s_1	s_2	1
s_2	s_3	s_4	0
s_3	s_1	s_0	0

앞의 예제에서는 출력이 있는 상태기계에 관하여 다루었다. 지금부터는 출력이 없는 상태기계에 관하여 다루고자 한다. 출력이 없는 상태기계는 출력이 없는 대신 최종상태의 집합이 존재하며, 이러한 유형의 기계를 유한 오토마타라 한다. 유한오토마타는 저장장치나 상태의 전이방법에 따라 분류한다.

- 튜링기계(Turing machine) : 저장장치에 아무런 제한이 없다.
- 선형한계 오토마타(linear bounded automata) : 입력문자열을 읽어들인 만큼의 저장장치만을 사용할 수 있도록 제한한다.

11-4 유한오토마타(finite automata)

오토마타는 오토마톤(automaton)의 복수형이며, 유한 오토마타는 유한상태기계라고도 한다는 것은 앞에서 언급하였는데, 출력이 없는 상태기계이다. 상태의 전이방법에 따라 결정적 유한오토마타(deterministic finite automata : DFA)와 비결정적 유한오토마타(nondeterministic finite automata : NFA)로 구분한다.

(1) 결정적 유한오토마타

결정적 유한오토마타(DFA)인 M=(S, I, f, s_0, F)은 다음과 같이 정의한다.

정의 11-4-1. 결정적 유한오토마타 : M=(S, I, f, s_0, F)

S : 상태의 집합(a set of state : $s_0, s_1, \cdots, s_n$)
I : 유한의 입력 Σ의 집합(a set of inputs)
f : S×I→S(상태전이함수 : state transition function)
F : S에 포함되어있는 상태 중 최종상태들의 집합, s_0 : 초기상태.

DFA에서 M의 기능은 M을 정의하는 다섯 가지 요소를 파악해야 하는데, 좀 더 효율적인 방법으로 상태전이도를 이용한다. 상태전이도는 노드(node)는 각 상태를 나타내고 전이함수 (s_i,a)=s_j에 대해 s_i에서 s_j로 가는 간선이 존재하고 이의 레이블이 a이다. 또한, 초기상태는 앞장에서와 같이 「→」로 표기하고, 최종상태는 이중 원(double circle)으로 표시한다.

예제 12

DFA의 M=(S, I, f, s_0, F)에 대하여, 각각의 상태전이도를 그려라.

1. S={s_0, s_1, s_2 }, I={0, 1}. F={s_2}이고, 상태전이표가 [표 11-7]이다.
2. S={s_0, s_1, s_2 }, I={a, b}, F={s_1}이고, 상태전이표가 [표 11-8]이다.

[표 11-7] 상태전이표

상태	f	
	input	
	0	1
s_0	s_0	s_1
s_1	s_2	s_2
s_2	s_1	s_0

[표 11-8] 상태전이표

상태	f	
	input	
	a	b
s_0	s_0	s_1
s_1	s_0	s_2
s_2	s_2	s_1

풀이 상태전이함수를 만든다.

1. [표 11-7]로부터 다음과 같으며, 상태전이도는 [그림 11-5]이다.

$f(s_0,0) = s_0$, $f(s_0,1) = s_1$, $f(s_1,0) = s_2$, $f(s_1,1) = s_2$,

$f(s_2,0) = s_1$, $f(s_2,1) = s_0$.

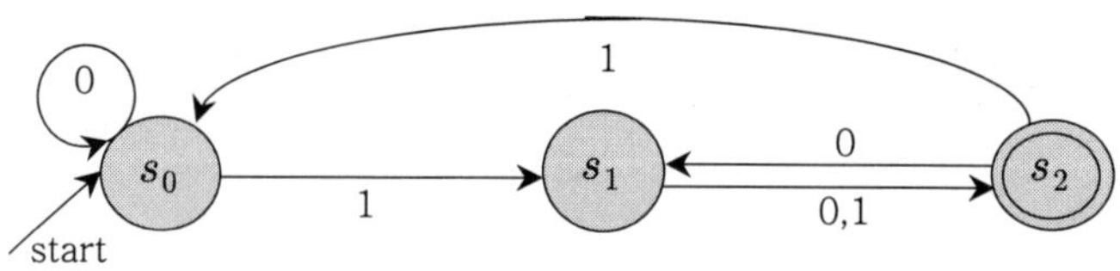

[그림 11-5] 상태전이도

2. 상태전이도는 [그림 11-6]이다.

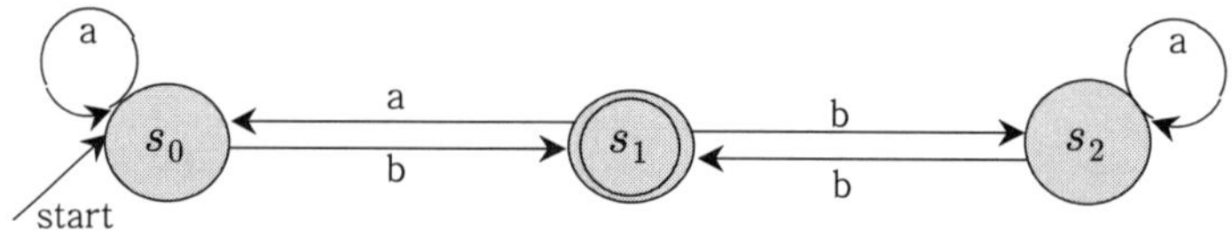

[그림 11-6] 상태전이도

언어인식에 대한 예를 들어보자. 지금부터 우리는 유한상태오토마타 M에 의해서 인식되는 언어를 L(M)와 같이 표현한다.

➔ 언어 L(M)과 L(G)

- L(M) : M에 의해서 인식되는 모든 문자열의 집합.
- L(M)은 이에 대응하는 정규문법 L(G)을 만들 수 있다.
- G에 의해 생성되는 언어와 M에 의해 인식되는 문자열의 집합은 동일하다.
  L(M) ≡ L(G).

예제 13

위의 [표 11-8]에 나타난 상태전이표로부터 DFA의 M이 다음 문자열을 인식하는지를 판별하여라.

1. 문자열 α=baab
2. 문자열 β=abba

풀이 상태전이함수를 만든다.

1. $f(s_0,b)=s_1$, $f(s_1,a)=s_0$, $f(s_0,a)=s_0$, $f(s_0,b)=s_1$

문자열 α=baab을 입력했을 때, 최종상태가 s_1이고, F={s_1}과 일치하므로 인식한다.

2. $f(s_0,a)=s_0$, $f(s_0,b)=s_1$, $f(s_1b)=s_2$, $f(s_2,a)=s_2$

문자열 β=abba을 입력했을 때, 최종상태가 s_2이므로 F={s_1}과 일치하지 않으므로므로 기각되며, 인식하지 못한다.

유제 7

DFA의 M=(S, I, f, s_0, F)에서 S={$s_0, s_1 . s_2$ }, I={0,1}, F={s_2}이고 상태전이함수 f가 다음과 같을 때, M이 문자열 01011과 1011011011을 인식하는지를 판별하여라.

$f=\{f(s_0,0)=s_0$, $f(s_0,1)=s_1$, $f(s_1,0)=s_0$, $f(s_1,1)=s_2$,

$f(s_2,0)=s_2$, $f(s_2,1)=s_1$ }.

오토마타의 각 상태에서는 모든 입력기호에 대하여 전이가 발생하여야 한다. 최종상태가 아니면서 더 이상 다른 상태로 전이할 수 없는 상태를 죽은 상태(dead state)라고 한다. 어떤 입력기호에 대하여 전이함수가 정의되지 않을 경우 즉, $f(s,a)=\phi$ 에는 죽은 상태로 전이 하도록 하며, 상태전이도에서 죽은 상태는 표시하지 않아도 무방하다. 죽은 상태의 노드를 포함하는 DFA의 M에 대한 예를 보자.

예제 14

0과 1로 이루어진 입력 문자열 001을 인식하는 유한상태오토마타 M을 설계하여라. 즉, I={0,1}, L(M)={001}일 때이다.

풀이 죽은 상태를 이용한다.

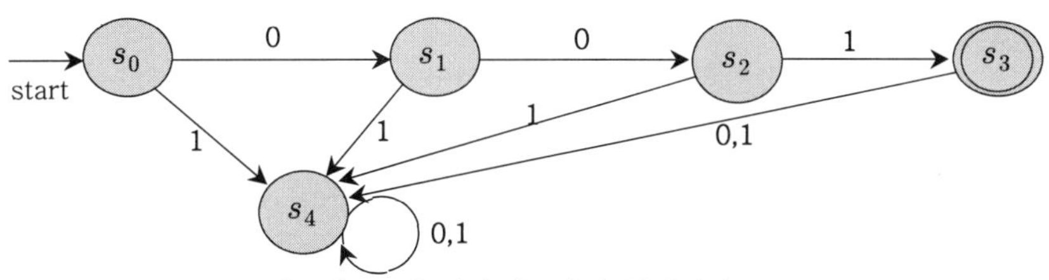

[그림 11-7] L(M)={001}의 상태전이도.

위의 [그림 11-7]에서 노드 s_4는 죽은 상태이므로 제거하면 된다.

예제 15

DFA의 M에서 I={a, b}로부터 생성할 수 있는 문자열 중에서 L(M)={ab, {a, b}}을 인식하는 M을 설계하고, 상태전이도를 그려라.

풀이 죽은 상태를 이용한다.

abxxx… 이어야 하므로 ab가 입력되기 전에 a나 b는 기각되어야 한다.

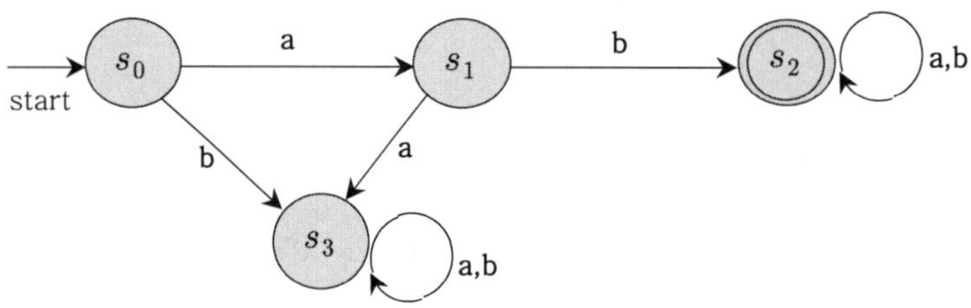

[그림 11-8] {ab, {a,b}*}를 인식하는 상태전이도

위의 표현 {a, b}* 은 {ε, a, b, aa, ab, ba, bb, aaa, …}이다. 또한, 노드 s_3는 죽은 상태이므로 제거해도 된다. 제거된 상태의 전이도가 [그림 11-9]이다.

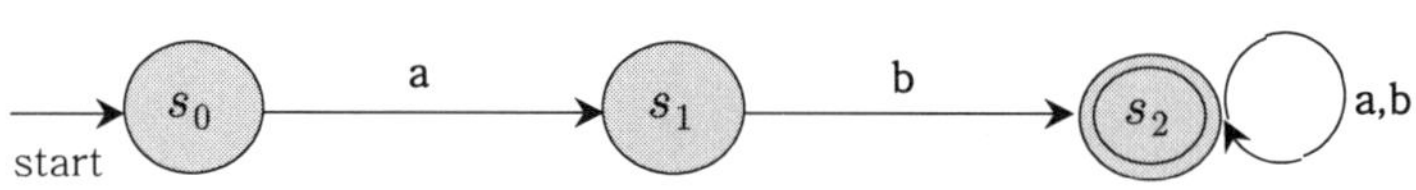

[그림 11-9] 죽은 상태가 제거된 상태전이도

예제 16

DFA의 M=(S, I, f, s_0, F)에서 I={0,1}로부터 생성할 수 있는 문자열 중에서 다음 조건을 만족하는 M을 구하여 상태전이도를 그리고 상태전이표를 만들어라.

1. 문자열 「101」을 포함하는 모든 문자열을 인식한다.

2. 문자열「101」로 끝나는 모든 문자열을 인식한다.

풀이 다음과 같다.

1. {{0,1}*, 101, {0,1}*}의 형태를 취한다.

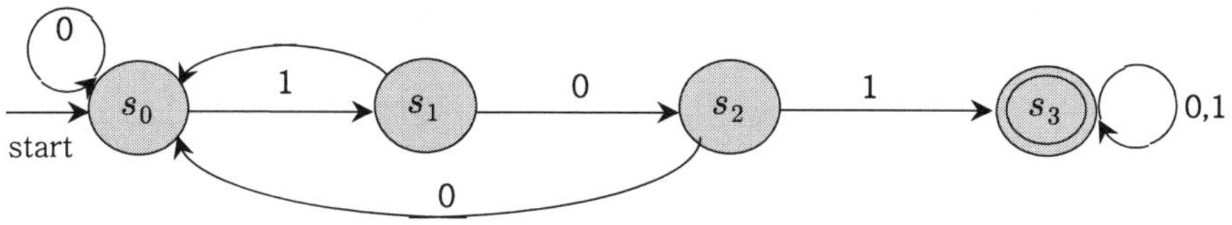

[그림 11-10]「101」을 포함하는 상태전이도

$$f = \{f(s_0,0) = s_0\ ,\ f(s_0,1) = s_1\ ,\ f(s_1,0) = s_2\ ,\ f(s_1,0) = s_0\ ,$$

$$f(s_2,0) = s_0\ ,f(s_2,1) = s_3\ ,\ f(s_3,0) = s_3\ ,\ f(s_3,1) = s_3\ \}$$

1의 상태전이표는 [표 11-9]이고, 2의 상태전이표는 [표 11-10]이다.

[표 11-9] 상태전이표

상태	f	
	input	
	0	1
s_0	s_0	s_1
s_1	s_2	s_0
s_2	s_0	s_3
s_3	s_3	s_3

[표 11-10] 상태전이표

상태	f	
	input	
	0	1
s_0	s_0	s_1
s_1	s_2	s_1
s_2	s_0	s_3
s_3	s_2	s_2

2. {{0,1}*, 101}의 형태를 취한다.

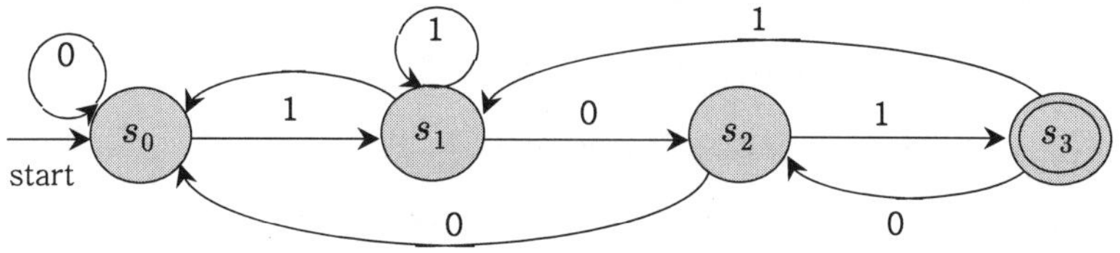

[그림 11-11]「101」로 끝나는 상태전이도

유제 8

DFA의 M=(S, I, f, s_0, F)에서 I={a, b}로부터 생성할 수 있는 문자열 중에서 다음 조건을 만족하는 M을 구하여 상태전이도를 그리고 상태전이표를 만들어라.

1. 문자열「abba」을 시작하는 모든 문자열을 인식한다.
2. 문자열「abba」을 포함하는 모든 문자열을 인식한다.
3. 문자열「abba」로 끝나는 모든 문자열을 인식한다.

예제 17

0과 1로 이루어진 모든 문자열 중에서「01」또는「10」을 포함하는 문자열을 인식하는 유한오토마타 M을 설계하여라.

풀이 L(M)={{0,1}*, 01, {0,1}*} 또는 {{0,1}*, 10, {0,1}*}인 형태로 만든다.

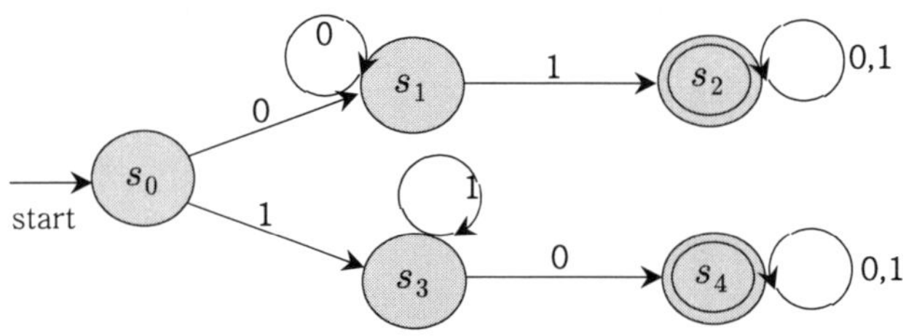

[그림 11-12] L(M)={{0,1}*, 01, {0,1}*}의 상태전이도

유제 9

다음 조건을 만족하는 유한 오토마타 M을 각각 설계하여라.

1. I={x, y} 일 때, 입력 문자열「yy」로 끝나는 문자열.
2. I={0,1}일 때, L(M)이 1에서 시작해서 1로 끝나는 문자열.

(2) 비결정적 유한오토마타

비결정적 유한오토마타(NFA)인 M=(S, I, f, s_0, F)은 다음과 같이 정의한다.

정의 11-4-2. 비결정적 유한오토마타 : M=(S, I, f, s_0, F)

S : 상태의 집합(a set of state : $s_0, s_1, \cdots, s_n$)
I : 유한의 입력 Σ의 집합(a set of inputs)
f : $S \times (I \cup \{\varepsilon\}) \rightarrow 2^{|S|}$ (상태전이함수 : state transition function)
F : S에 포함되어있는 상태 중 최종상태들의 집합, s_0 : 초기상태.

위의 정의는 결정적 유한오토마타와 거의 비슷한데, 상태전이함수에서 차이가 있다.

⋯▸ 1. 전이함수 f의 치역이 $2^{|S|}$이므로 f의 값은 S의 부분집합이다. 이것은 $f(s,a)$에서 a가 입력되었을 때, 여러 개의 다음 상태로 전이가 가능하다는 의미이다.
⋯▸ 2. 전이함수 $f(s_i, \epsilon) = s_j$ 로 정의될 때는 NFA가 입력기호의 입력이 없어도 상태 s_j 로 전이가 가능하며, 이를 ε–전이(ε–transition)라 한다.

이상에서 NFA가 문자열 α를 인식한다는 것은 상태전이도의 초기상태로부터 레이블을 따라 최종상태로 전이하여 가는 경로가 여러 개 존재할 수 있다는 것을 의미한다.

예제 18

I={0,1}이고, L(M)이 1에서 시작해서 1로 끝나는 문자열일 때, 이것을 인식하는 비결정 오토마타(NFA)의 M를 구하고, 상태전이표를 만들어라.

풀이 DFA와 NFA의 차이점을 생각한다.

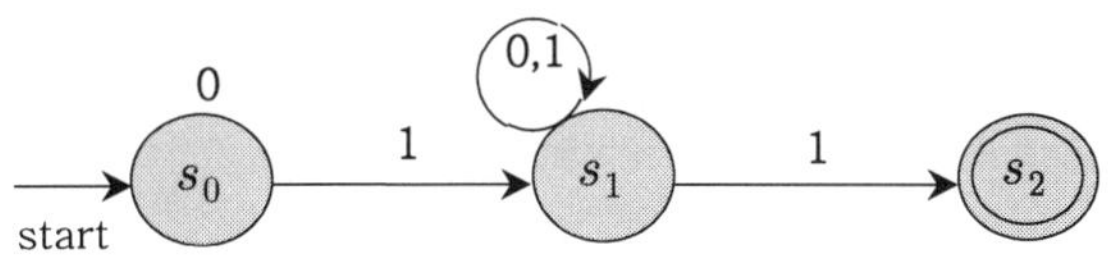

[그림 11–13] NFA의 상태전이도

위의 [그림 11-13]에서 s_0의 경우 0은 상태전이가 없으므로 무시하고, s_2에서 0과 1은 상태전이가 없으므로 무시하며, 기호「φ」로 나타낸다.

[표 11–11] 상태전이표

상태	f	
	input	
	0	1
s_0	φ	$\{s_1\}$
s_1	s_1	$\{s_1, s_2\}$
s_2	φ	φ

예제 19

NFA의 M=(S, I, f, s_0, F)에서 S=$\{s_0, s_1, s_2, s_3\}$, I={0,1}, F=$\{s_3\}$이고 상태추이함수 f가 다음과 같다.

$f=\{f(s_0,\epsilon)=s_1,\ f(s_0,b)=\{s_0,s_2\},\ f(s_1,a)=s_2,\ f(s_2,\epsilon)=s_3,\ f(s_2,a)=s_1\}$

1. 11를 인식하는지를 판별하여라.
2. 011를 인식하는지를 판별하여라.

풀이 먼저 상태전이표를 만들고 다음 상태전이도를 그린다.

[표 11–12] 상태전이표

상태	f		
	input		
	0	1	ε
s_0	φ	s_0, s_2	s_1
s_1	s_2	φ	φ
s_2	s_1	φ	s_3
s_3	φ	φ	φ

전이함수 $f(s_0,b) = \{s_0, s_2\}$는 s_0에서 b를 입력했을 때, s_0에서 머물거나 상태 s_2로 전이한다는 의미이다.

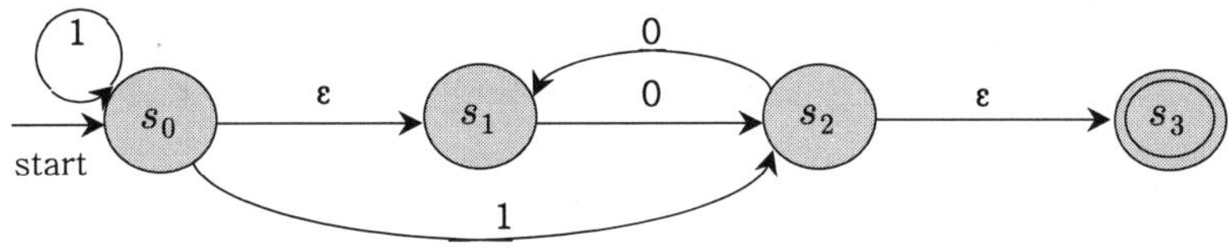

[그림 11-14] NFA의 M의 상태전이도

⋯▸ 1. L(M)={11}의 경우 : $f(s_0,1)=s_0$, $f(s_0,1)=s_2$, $f(s_2,\epsilon)=s_3$ 이므로 인식한다.

⋯▸ 2. L(M)={011}의 경우 : $s_0 \xrightarrow{\epsilon} s_1 \xrightarrow{0} s_2$ 의 순서로 s_2까지는 전이한다. 하지만 s_2에서 1로의 상태전이함수가 정의되지 않으므로 기각된다.

유제 10

NFA의 M=(S, I, f, s_0, F)에서 S={s_0, s_1, s_2 }, I={a, b}, F={s_0}이고 상태추이함수 f가 다음과 같다.

$f=\{f(s_0,\epsilon)=s_2 \ , f(s_0,b)= \ s_1, f(s_1,a)=s_0 \ , f(s_0,a)=s_2 \ , f(s_1,b)=s_2 \ \}$

1. ba를 인식하는지를 판별하여라.
2. bababa를 인식하는지를 판별하여라.

11-5 정수론적인 상태기계

앞에서 다룬 유한 상태기계는 출력이 있느냐 또는 출력이 없는 최종상태이냐에 따른 기계의 모델링이었다면 정수론적인 상태기계 또한, 처음 상태와 추이상태 그리고 최종 상태의 알고리즘을 만들고 만들어진 알고리즘이 불변식임을 확신할 수 있는 증명이 필요하다. 유한상태기계에 대한 정수론적인 예로 유클리드GCD 알고리즘, 부분순서집합에 기초한 이진탐색, 비눗방울 정렬, 그래프 알고리즘 등이 있다. 정수론적인 유한상태기계의 예로 먼저 러시아 소작인의 곱셈을 소개한다.

「곱하고 싶은 두 수 A 와 B를 제일 첫 줄에 쓴다. A부터 시작하여 2로 나누고 나머지는 버린다. 더 이상 나눌 것이 없을 때까지 계속 반복하고, 결과를 차례대로 아랫줄에 써내려간다. A를 나눈 만큼 B를 곱해나간다. 결과를 차례대로 아랫줄에 써내려간다. A단에서 홀수가 있는 줄에 있는 B단의 숫자들을 모두 더한다. 그것이 곱셈의 결과이다.」

예제 20

27*82의 계산에 대한 러시아 소작인의 곱셈법은 다음과 같다. 이러한 계산법에 대한 유한상태기계의 알고리즘을 설계하여라.

[표 11-13]러시아소작인의 곱셈

A	B	더할 숫자
27	82	82
13	164	164
6	328	
3	656	656
1	1312	1312
결과		2214

풀이 임의의 x, y는 두 수를 곱하는 값이고, p와 q는 입력하는 임시 값, a는 기억장치에 저장된 출력 값이다.

[표 11-14] x, y에 대한 알고리즘

<table>
<tr><td rowspan="2">처음상태</td><td>input</td><td>output</td></tr>
<tr><td>x=p, y=q</td><td>a=0</td></tr>
<tr><td rowspan="4">변화상태</td><td>q가 짝수, q〉0</td><td rowspan="2">a←a</td></tr>
<tr><td>p←2p, q←$\frac{q}{2}$</td></tr>
<tr><td>q가 홀수, q〉0</td><td rowspan="2">a←a+r</td></tr>
<tr><td>p←2p, q←$\frac{q-1}{2}$</td></tr>
<tr><td>최종상태</td><td>q=0</td><td>a</td></tr>
</table>

[표 11-15] 상태변화표

	input		output
처음상태	p	q	a
	82	27	0
변화상태	164	13	82
	328	6	246
	656	3	246
	1312	1	902
최종상태	2624	0	2214

[표 11-14]는 정수론적인 유한상태기계에 대한 알고리즘이며, 불변식에 대한 증명은 [표 11-15]의 상태변화표로 대신한다. 다음은 x≥y인 임의의 두 자연수 x, y에 대한 gcd(x, y)를 구하는 알고리즘을 [예제21]에서 다루어 보자.

예제 21

최대공약수 gcd(22,16)을 구하는 과정을 유한상태기계 알고리즘을 설계하여라.

풀이 먼저 gcd(x, y)에 대한 알고리즘을 구한다.

[표 11-16] gcd(x, y)에 대한 알고리즘

	input	output
처음상태	x=x_0, y=y_0	null
변화상태	$y_1 \neq 0$: $(x_1, y_1) \leftarrow (y_1, x_1 \bmod y_1)$	null
최종상태	$y_1 = 0 : (x_1, y_1)$	x_1

[표 11-17] 상태변화표

	input	output
처음	(22,16)	null
변화	(16,22mod16=6)	null
	(6,16mod6=4)	null
	(4,6mod4=2)	null
최종	(2,0)	2

위의 [표 11-16]의 표현「(x, y) ← (a, b)」에서 a는 x의 자리에 b는 y자리에 각각 대입한다는 의미의 기호이다.

유제 11

다음 물음에 답하여라.

1. 멱집합 m^n =power(m, n)을 계산하기 위한 알고리즘을 만들어라.
2. 피보나치수열 $f_0 = f_1 = 1$, $f_n = f_{n-1} + f_{n-2}$에 대한 일반항을 구하는 알고리즘을 설계하여라.

이산수학 연습문제

1. 알파벳 Σ={0,1,2}에서 A={0,00}, B={1,11}, C={2,22}일 때, AB, BC, AA를 구하여라.

2. 다음을 증명하여라.

(1) 모든 문자열 α와 모든 자연수 n에 대하여, $|\alpha^n| = n|\alpha|$.

(2) α∈Σ*에 대하여, $(\alpha^R)^R = \alpha$ 가 성립함을 문자열의 길이에 대한 수학적 귀납법을 이용한다.

3. 다음의 언어들을 생성하는 문법을 각각 구하여라.

(1) $L_1 = \{a^n b^{2n} | n \geq 0\}$

(2) $L_2 = \{a^{n+2} b^n | n \geq 1\}$

(3) $L_3 = \{\alpha \in a^* | \alpha \bmod 3 = 0\}$

4. 다음의 문법이 생성하는 언어 L을 구하여라.

(1) S→aA, A→bS, S→ε.

(2) S→Aa, A→B, B→Aa.

5. Σ={a, b} 일 때, 다음의 언어를 만드는 문법을 만들어라.

(1) a를 하나만 가지는 모든 문자열의 집합.

(2) 적어도 하나의 a를 가지는 문자열의 집합.

(3) 3개 이하의 a를 가지는 모든 문자열의 집합.

6. 문법 G에서 문자열 α의 유도트리가 다음 그림과 같다. 문자열 α를 구하고, 이 유도트리에 상응하는 문법 G를 구하여라.

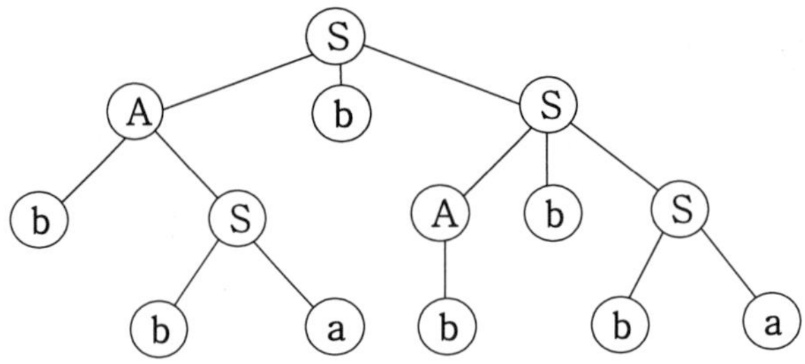

[그림 11–15] 유도트리

7. 결정적 유한오토마타 M=(S, I, f, s_0, F)에서 S={s_0, s_1, s_2, s_3 }, I={0,1}, F={s_0}이고 상태추이함수 f가 다음과 같다.

$$f = \{f(s_0,a) = s_2 \ , f(s_0,b) = s_1, f(s_1,a) = s_3 \ , f(s_1,b) = s_0 \ , f(s_2,a) = s_0 \ , f(s_2,b) = s_3 \ , f(s_3,a) = s_1 \ , f(s_3,b) = s_1 \}$$

(1) 11를 인식하는지를 판별하여라.

(2) 011를 인식하는지를 판별하여라.

8. 다음 물음에 답하여라.

(1) 5l들이의 물통과 3l들이의 물통에 물을 채우거나 비우는 일을 반복하여 4l을 채우는 유한상태 오토마타를 설계하여라.

(2) x, y로 이루어진 입력문자열로 yy를 인식하는 유한상태 오토마타를 설계하여라.

(3) [그림 11-16]의 DFA의 M의 상태전이도를 보고, L(M)을 구하여라.

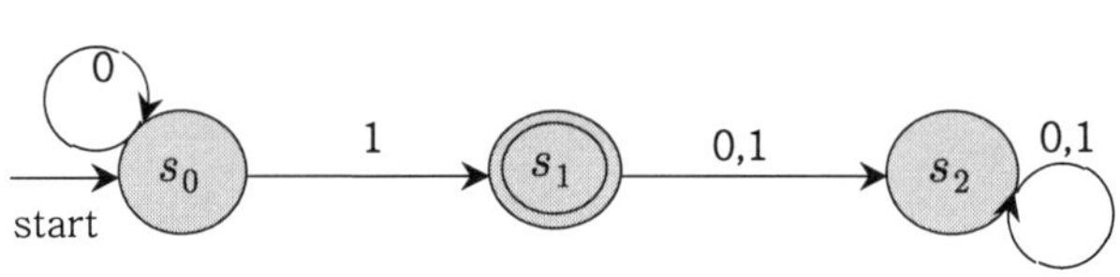

[그림 11–15] 상태전이도

찾아보기

ㅂ

ㅅ

ㅇ

찾아보기

ㅂ

ㅅ

ㅇ

이산수학

초판2쇄발행 2024년 8월 5일

지은이 강후경 · 김창한
펴낸이 오판근
펴낸곳 (주) 교우
주 소 서울시 동대문구 약령시로 8 교우빌딩 2층 (주)교우
전 화 02-925-2861 / **팩 스** 02-925-2860, **편집부** 02-925-2825
홈페이지&북스토어 www.kyowoo.co.kr / **이메일** kyowoo@kyowoo.co.kr

등 록 1994년 3월 24일 제1994-000013호
ISBN 979-11-251-0335-6 (93410)

Published by Kyowoo Co., Ltd. Printed in Korea

(주) 교우는 보다 혁신적이고 참신한 도서를 다양하게 기획하고 있습니다.
책으로 펴내고자 하는 아이디어나 원고는 메일로 보내주세요.
(주) 교우는 전과정을 책임지고 최선을 다하겠습니다.

값 30,000원

교우미디어는 (주) 교우의 Imprint 사입니다.
수학정원·과학정원은 (주) 교우의 새로운 브랜드명입니다.

잘못된 책은 구입하신 서점에서 교환해 드립니다.